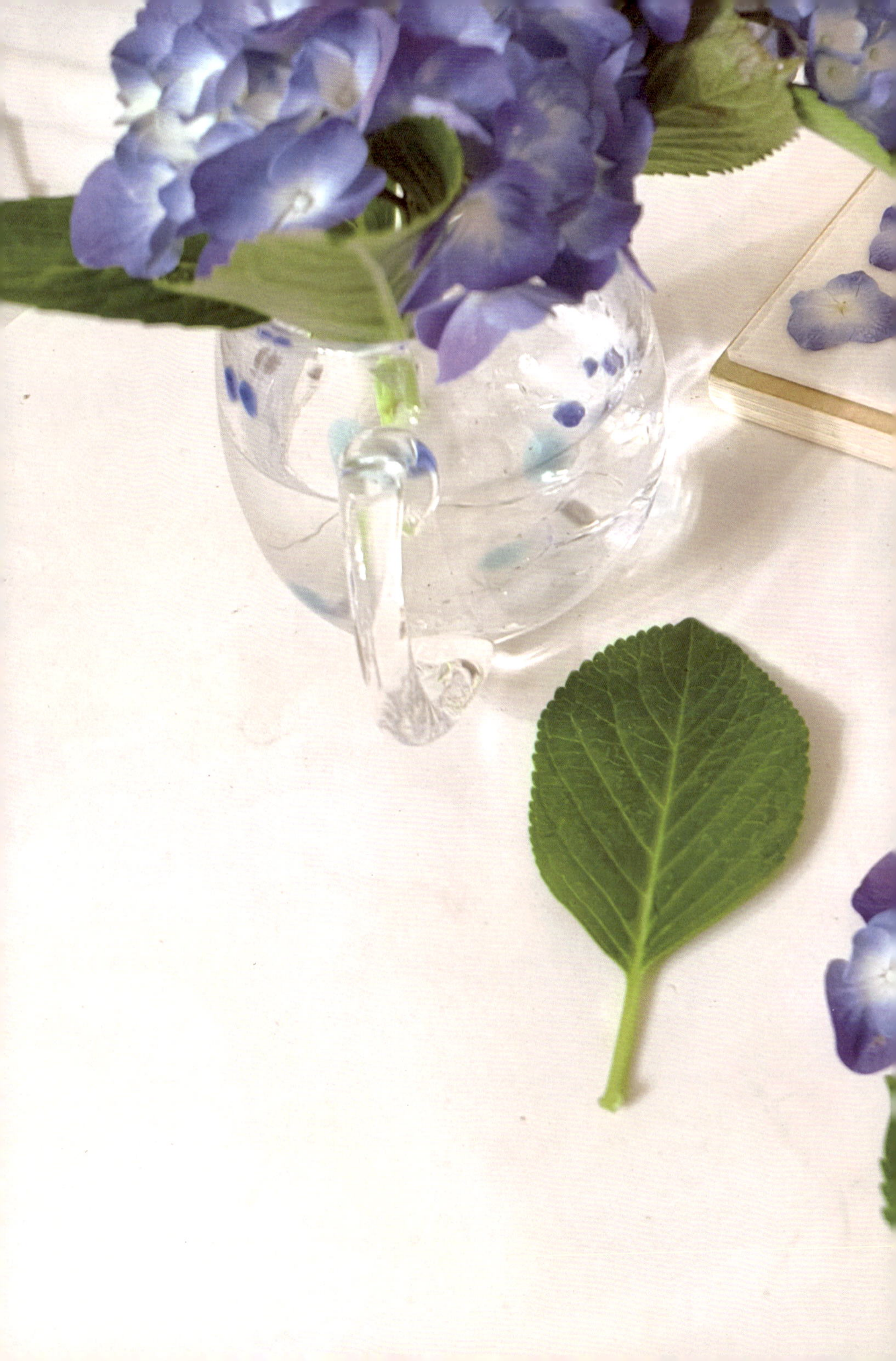

花园生活美学

蔡丸子 著

商务印书馆
The Commercial Press

图书在版编目（CIP）数据

花园生活美学 / 蔡丸子著 . —— 北京：商务印书馆，2025. —— ISBN 978-7-100-24901-0

Ⅰ . S68-05

中国国家版本馆 CIP 数据核字第 20257QH694 号

权利保留，侵权必究。

花园生活美学

蔡丸子 著

商务印书馆出版
(北京王府井大街36号 邮政编码100710)
商务印书馆发行
北京雅昌艺术印刷有限公司印刷
ISBN 978-7-100-24901-0

2025 年 4 月第 1 版	开本 880×1230　1/32
2025 年 4 月北京第 1 次印刷	印张 15¼

定价：128.00 元

自序

万物皆花园

每年，我都非常希望能将当年所拍摄的花园图片，制作成一份美丽的台历，这样可以摆在桌前随时翻看，感受那些岁月的花草和时光的花园。我也依然习惯于在纸质的台历上标注一些信息。"花园台历"的意义不仅仅是标记日期和时节，更多的还是起到了笔记的作用。

在数百张备选的花园图片中，我会精选出最大气的场景图作为新年的开篇题图。翻开新一年的月历，每一枚数字都代表着日月的昼夜轮回，每一格都意味着光阴的斗转星移和春夏秋冬的代序，每一页都代表着不同时光的温度，代表着一个不一样的花园天地，每个季节都是新鲜的、缤纷的。

人之为人，为什么和花园息息相关？这是斯坦福大学教授罗伯特·哈里森提出的命题，他并没有一座真实的"自己的花园"，他认为其实花园是对许多与园艺没有实际联系的文化活动的比喻。他把斯坦福大学中的金斯哥特花园当作自己的后花园，还提到古希腊学府、古罗马的别墅书院、英国的花园式大学，还有富有田园意境的传统美式校园，其实各著名学府都与花园密切相关。

是的，人们创造了很多词来表示花园，比如园林、庭院、庭园、园圃、花圃、农园……曾经获得过诺贝尔文学奖的德国著名作家黑塞，有一本《园圃之乐》收录了他很多关于花园和自然的诗文，记录黑塞带着家人退隐山间，在耕读中、在园圃里获得的宁静与乐趣。

黑塞对于园圃的热爱源自于童年时代母亲的影响,九岁时母亲就将一小块园畦拨给他栽种照顾,之后他在博登湖畔盖恩霍芬的农园和瑞士伯尔尼的花园,都对他的创作产生了极大的影响。

黑塞的第一篇"农园体验报告"名为《园圃春望》,这篇报告广泛地谈道:"从事园艺的乐趣大抵与创作欲和创作快感相似。人们可以在一小块土地上,按照自己的想法和意愿去耕耘,种出自己夏天爱吃的水果、爱看的颜色、爱闻的香气。人们可以在一小畦花坛或几平方米的裸地上,创造出缤纷灿烂的层层色彩……"

其实不仅仅是黑塞,历史上很多著名的大文豪都有过耕读的体验,花园对他们的创作都产生了极大的影响。我曾翻译过《作家的花园》的后半部分,每翻译一位作家和他的花园,就仿佛打开了一扇专属于他的花园之门:里面繁花盛开,落英缤纷,无人打搅,只有我一人在其间自由徜徉。对于花园,我真的热衷并沉醉于这样的深度拜访。

这几年我住在城市的公寓,每两周才能回到郊区的花园一次,但我依然喜欢在花园台历上特别标注出中国的二十四节气。这几年,在媒体的传播中,二十四节气已经成为中国传统文化的代名词,其中蕴含着很多关于花草树木的生长信息,一度我还想做一本给小朋友们阅读的花园节气绘本。不过我不会绘画,眼下还只能停留在脑海的花园中。

在都市,拥有一座花园真的不是一件容易的事情。大多数人没能拥有一座真正的花园,但在我看来,心中有花园更重要;或许你的花园面积有限,但心中的花园却可以是无边无垠的:因为万物皆花园。

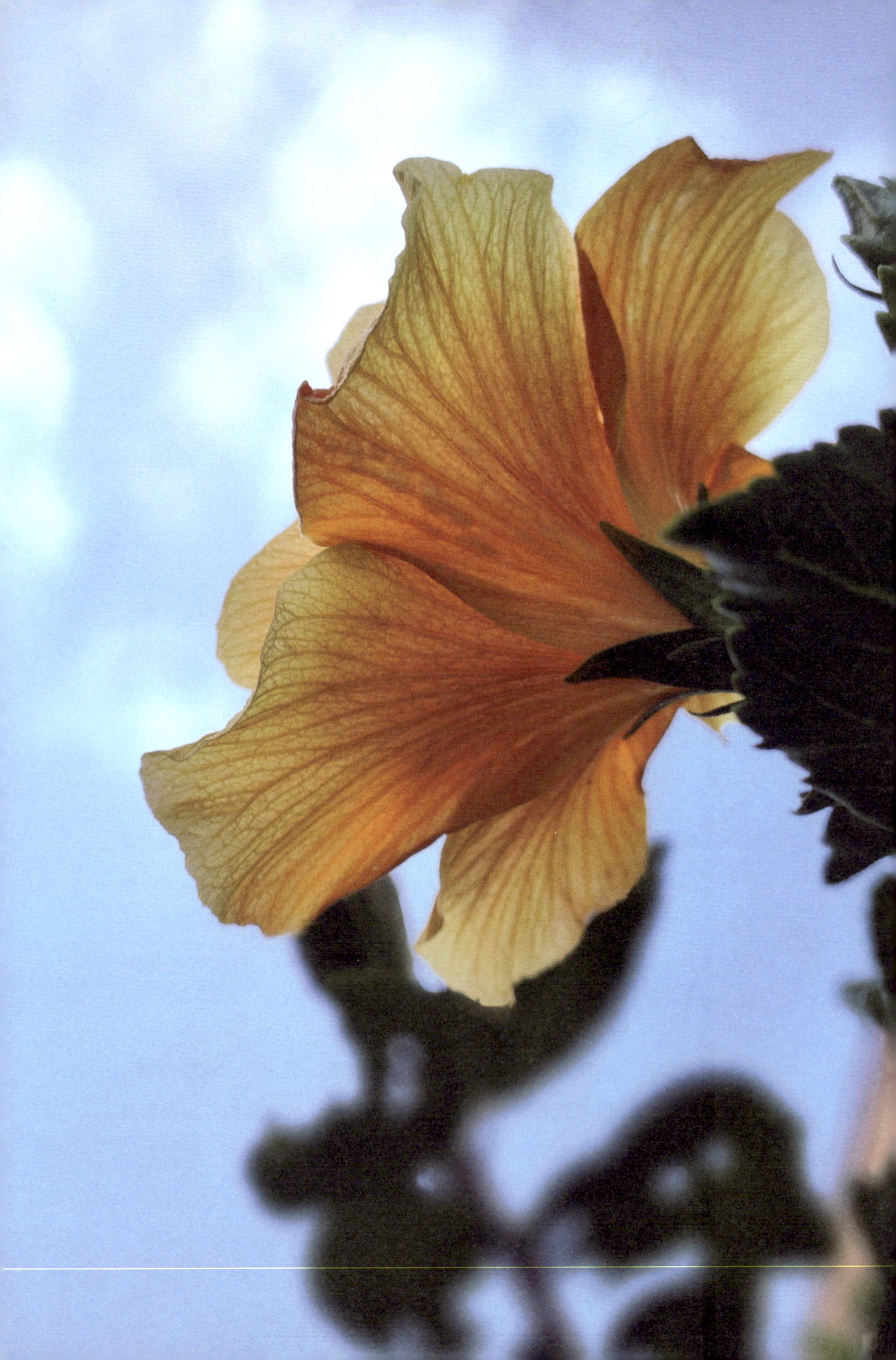

1月
踏雪寻梅

以花之名 002
蜡梅芳踪 006
凛冬绽放的金缕梅 015
打造家居花园 021
花园的针脚 030

2月
春到人间草木知

春之信 042
年宵花明星朱顶红 044
苔青之美 051
水仙缥缈录 064
花草手工皂 075

3月
植一棵樱桃树

亲爱的三月 084
庭院果树进行时 090
华盛顿和樱桃树 102
美味的樱花与樱桃 106
春分的新袍子 118

4月
多彩郁金香

万物生长，晴耕雨读 126
有一种春天，叫郁金香 130
花园摄影：用花园的视角看世界 138
传统种子之乐 144
一园青菜成了精 150

目 录

5月
缤纷的花海

初夏时节，小得盈满 160
芍药牡丹开未遍 164
万柳风物记：椿去楸来花草色 171
玫瑰之怒 174
玫瑰人生：如何运用玫瑰 184

6月
离离艾草香

从青梅到玫瑰 196
艾草与松果菊 206
松果菊冰棍和艾草染色 210
风铃变奏曲 219
吃掉一枝薰衣草 226

7月
香草自芬芳

盛夏的花园 238
夏日香草 244
薄荷的运用 252
中国香草：紫苏荏苒，藿香正气 260
紫苏茶和紫苏染 268

8月
绣球色彩变幻多

新棉与玫瑰 278
花园之蓝 284
翩翩蝶豆开 291
接住这颗绣球 300
绣球的压花与插花 313

9月
菊科日不落

白露朝颜，仲秋月见 320
槿记：扶桑 & 木槿 325
芸豆月饼 & 茉莉花茶 329
日不落的菊科花园 337
成为一名"土豪" 350

10月
"瓜"分天下

晚秋花事 358
秋之七草 364
如何增肥你的土壤 372
花树 & 果树：海棠 378
南瓜开大会 386

11月
柑橘风味香

秋收冬藏 402
你有柿吗？ 406
观赏草的冬日舞台 416
柑橘风味轮 424
柑橘的花样生活 434

12月
冬日多肉之乐

新雪 & 花草茶 444
圣诞之花：冬青和一品红 448
新年主题手作 454
多肉之乐 460
烛光中的绽放 470

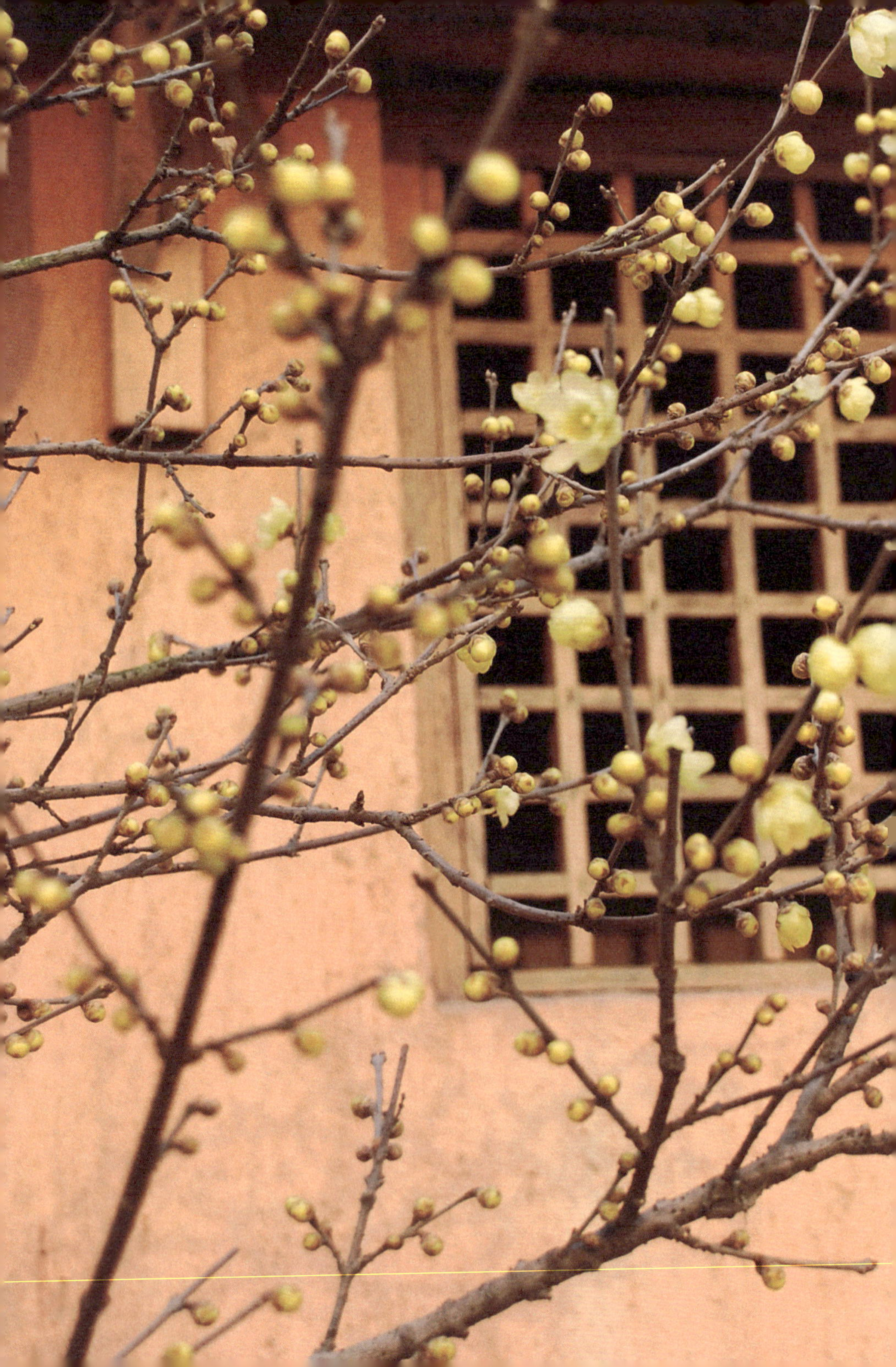

1 月

踏雪寻梅

以花之名

一月是一年的开始,就算尚处寂寥的寒冬,不过只要你留意,就会发现户外的草木虽然在"蛰伏",但生活中的花草元素、花园概念还是无处不在。一月的节气有小寒,这个节气的时间一般在1月5日或6日。冷气积久而寒,"小寒"表示寒冷的程度,之后我国气候开始进入一年中最寒冷的时段。

小寒节气正值农历腊月,腊月初八不要忘了喝腊八粥。我用秋天的月饼盒做过一个豆子百宝箱,九宫格里存放着不同的豆子,这时候每种抓一把,再加上百合、莲子和桂圆,就足够做许多款八宝粥呢——这是一座豆子的花园。

小寒之后是一年中最寒冷的节气——大寒,交节的时间为1月20日或21日。之后人们纷纷进入过年的忙碌准备中。春节是一年之始,而除夕是一年之终,这两天是我们中国人最重要的日子:辞旧岁迎新年,剪窗花贴春联、剪蜡梅、养水仙、摘佛手和供香橼;厨房中的冬藕与春笋、寒冬里火锅的热气、花园中浮动的暗香……一年就这样结束,就这样开始。

在这最为寒冷的时节有什么花事呢?探梅、访梅就是一件雅事,此时江南的蜡梅已经绽放。蜡梅是中国传统名花。此外，还有另一种凌寒独自开的植物，它在西方更为知名，叫作金缕梅。

其实，蜡梅不是梅，金缕梅也不是梅，只不过它们的名字与"梅"有关。这是很有趣的一个小知识，中文中并非所有带"梅"的都是梅属的植物，不过它们肯定有某一个相同的点，才会被冠以"梅"之名。比如点地梅、金露梅、茶梅、五色梅、三角梅等。

在英文中也有很多这样的命名法，比如各种 lily。春天的铃兰，英文是 lily of the valley，随着这种精致的小花朵在鲜切花界频频亮相，它也逐渐为大家熟知，翻译界也不再将它翻译成"山谷百合"了。不过你可以通过这个词知道，它原本是绽放在山谷之中的。也能想象到：它的花朵是和百合一般洁白无瑕的；铃兰很耐阴，因为它本就生长于幽深的山谷。

夏天的睡莲，英文是 water lily，不会再有人把它翻译成"水百合"了。另一种水生植物萍蓬草英文则是 pond lily，我们不会翻译成"池塘百合"，但是一看名字就知道，它娉娉生长在池塘中，是水生的花草。

秋天的六出花，英文称作 Peruvian lily（秘鲁百合），又叫 lily of the Inca（印加百合），这些都标记着它们的产地。此外，六出花还有一个英文名字叫作 parrot lily（鹦鹉百合），这个称呼最为形象。六出花确实有着如百合般迷人的喇叭状花朵，只不过它们没有百合那样的鳞茎，而是块根。

冬天常见的年宵花嘉兰也是一种百合科植物，英文是 glory lily，翻译成

"荣耀百合"也还可以，不过有译者根据其英文俗名 flame lily 将它译作"火焰百合"，倒是更为贴切。因为嘉兰是多年生草本，茎为攀援，能长两三米或更长，花朵红色和黄色，花瓣反卷如燃烧的火焰，令人过目不忘。

\\
西方把六出花叫作某百合，也是有原因的：1981 年的分类法曾经把它归入百合科，1998 年以亲缘关系为依据的 APG 分类法将它单独分成一个科——六出花科。

类似的还有英文中的 jasmine。我们提到这个词首先想到的是"好一朵茉莉花"，但在西方的语言中，它指的是那种开着白花且蕴含芳香的植物。这也是为什么在英文中，有很多和中国传统茉莉花完全不相关的花草被称作 jasmine，它们的共同点就是洁白、芬芳。

比如我特别喜欢的栀子花，它的英文常用名为 cape jasmine。攀援的悬星花被叫作 star jasmine，夜香花是 night-blooming jasmine。夹竹桃科络石属的络石花因为盛产在加州和美国南部联邦一带，所以叫 confederate jasmine（南联邦茉莉）。芸香科小乔木九里香因为结橙红色浆果，又有着白色小花，因而被称作 orange jasmine（橙茉莉），就连热带的鸡蛋花也有一个与此相关的名字，叫作 red jasmine。

这些不仅仅是语言知识、植物知识，也是历史背景和文化的一部分。花园的内容就是这样有趣，它以植物为核心，发散后无边无际，包罗万象。

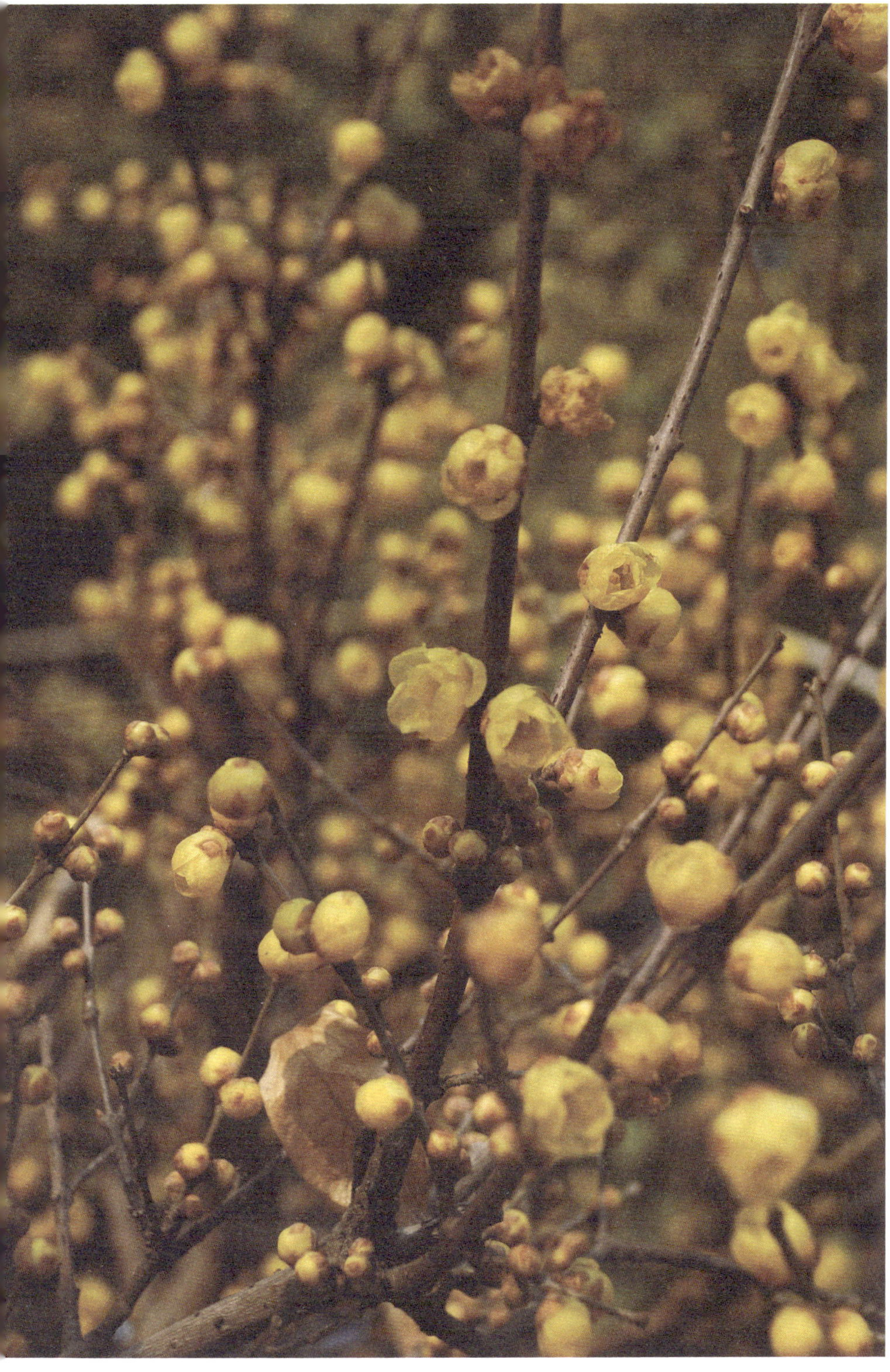

蜡梅芳踪

蜡梅，拉丁名为 Chimonanthus，比较复杂，不过英文名字 wintersweet 一看就觉得温暖甜美，它也有形象的中文别名：金钟梅、黄梅等。它是我国传统观赏花木，落叶灌木，高可达四五米。常丛生，花瓣蜡质，多在霜雪寒天傲然开放，浓香扑鼻，是冬季花园主要的观赏花木。蜡梅花是很好的中药材，李时珍在《本草纲目》中写道："蜡梅，释名黄梅花，此物非梅类……花：辛，温，无毒。解暑生津。"

蜡梅在我的老家江苏是常见的庭院植物，不过株型好看的并不多，最具吸引力的就是它暗暗浮动的幽香了，让人忍不住去寻找它的芳踪。

蜡梅非梅

台湾大学中文系黄启方教授写过一本书叫作《时序纷纷满眼花》，里面叙述说："蜡梅花本乡野无名花，因香气、花瓣似梅，亦耐寒，只颜色如蜂房蜡黄，与梅之清白粉红者不同，遂得'蜡梅'之名，竟成'梅'族一支。"

蜡梅开在乡野确实没错，但它并不是无名花。南宋范成大在《梅谱》介绍蜡梅时就提道:"本非梅类,以其与梅同时,香又相近,色酷似蜜脾,故名蜡梅。"明代王世懋在《花疏》中则特别强调:"蜡梅是寒花绝品,人言腊时开,故以腊名,非也。"清初陈淏在《花镜》中关于蜡梅有如下解释:"蜡梅俗作腊梅,一名黄梅,本非梅类,因其与梅同放,其香又相近,色似蜜蜡,且腊月开,故有是名。树不甚大而枝丛。叶如桃,阔而厚,有磐口、荷花、狗英三种。"到底是蜡梅还是腊梅,现代很多科普作家也一直非常严肃地在纠正这个"错误"——不过,我倒不这么介意,我觉得无论是腊月的"腊"还是蜡烛的"蜡",都道出了蜡梅的一种特点:花朵如黄蜡凝脂而成,绽放在寒冬腊月。我们只要不是植物学家,便不必纠结是哪种"là"。

从梅花山到蜡梅沟

因为开花时节的接近,梅花和蜡梅这两种花树总是相依相随,吴中各地种植蜡梅与梅花之风很盛。苏州的香雪海、南京的梅花山都是赏蜡梅的好去处。据说最爱蜡梅的当数重庆人,蜡梅开放时,花农们会把蜡梅花枝条扎成一捆一捆的,背着花香四溢的蜡梅沿街叫卖,重庆人很是喜欢在冬日家里摆上一束。每年12月底至1月初的蜡梅文化节已经举办过好几届,足见重庆人对蜡梅的钟爱。

不过我想,应该还有两个地方的居民也会热爱蜡梅:河南鄢陵、湖北保康——因为这两个地方和重庆北碚并称为中国三大蜡梅基地。

而北京却鲜见蜡梅,也很少见到有花友种植,我甚至一度以为北京没有

花园生活美学

008

蜡梅：它们在干燥寒冷的北京恐怕没办法顺利过冬吧？后来发现，北京户外其实是有蜡梅的，蜡梅绽放的花线从南到北要走两个月之久：在江苏腊月绽放，开到北京已经是春月。当然偶尔也有春节之前就开花的，那一般都是小气候条件下。

香山有一处著名景点"蜡梅沟"，在山坳的避风向阳处植有数十株蜡梅。它们从冬季一直会陆陆续续开到3月中下旬的春天，有时候4月初还能见到蜡梅零星的尾声。卧佛寺内有一株古蜡梅，树龄已经有1300余年。颐和园后山的乐农轩是皇家园林中的一组农式建筑，门前种着十几株蜡梅，数量不多，却也是北京有名的赏梅之处，这里同样避风向阳，到春天都一直有蜡梅在陆续开花。我家附近的巴沟山水园中也有蜡梅种植，由此可见北京的私家花园中蜡梅也是可以生长的，而且应该长势更好才对。

据说北京地区常见的品种多为狗牙蜡梅，属于半野生类型，抗性较强，能耐-20℃的低温。北京植物园也有蜡梅展示，品种有"大花素心""虎蹄梅""素心磬口""素心白荷"等，如果不仔细观察，真是不好辨别！

清供之花

小时候我最喜欢摘花。每到冬天蜡梅开放的时节，我就会偷偷爬上父母单位的花坛采几枝——"好花采得瓶供养，伴我书声琴韵，共度好时光"。但不是所有开花的枝条我都会采，我会挑选那种最具美感的虬状枝条，因为"梅以曲为美，正则无姿；以欹为美，正则无景"。这样的审美观是从中学课本中读到的，虽然龚自珍是这样借梅喻人、托物咏志，指的也是真正的梅花，但我心中却暗暗同意园丁的做法，玉不琢不成器，树不修则无形。经过修剪的蜡梅树和梅花树会更漂亮；至于采回来的蜡梅枝条如何插得好看，就需要讲究造型之美了。

> 花艺是花卉艺术的简称，我们常常简单地叫它"插花"，是指将鲜切花、剪下来的花枝花材排列组合或者搭配其他物件，使其整体变得更加赏心悦目的一种"艺术手法"。通常也是为了表示一种意境或宏观场面，体现自然与人以及环境的完美结合。

采回的蜡梅枝条插到桌前瓶中，就是风雅的代名词。提到蜡梅的插花，就一定要提及文房清供这种独特的花艺创作题材。插花最早源于生活中的祝祷和审美活动，以欧美文化为中心的西方花艺设计中蜡梅的素材并不常用，但东方插花中，尤其在我国的江浙、四川一带，蜡梅是冬日常见的花材。

过去的人们大多在岁时节日布置清供，清供的物品大多是清雅之物，插花、盆景、奇石、香果等都在其列，涉及主人插花、鉴赏、书画、家居陈列的多项艺术造诣，讲究的还是风雅和趣味。一到岁末年初，清供这个主题就会频繁出现在媒体报道中，但其实，清供不局限于年底，古代人们在岁时节日都会布置清供，包括极具代表性的春节、清明、端午、中秋、重阳，还包括四时八节（立春、立夏、立秋、立冬、春分、夏至、秋分、冬至）。

记得小时候，家人常将蜡梅插在瓷瓶中，郑重地摆放在书房的条案之上，瓷瓶本身的造型和材质都非常简洁，但只要有花就立刻带来了雅致的氛围，形成了一幅时节的清雅之画，有时候为了弥补蜡梅枝干下面的空虚，还会辅以稀疏的南天竹。不久之后，这一幕会更换为生长在清水卵石中的碧绿水仙，辅以香橼或佛手。再泡上一杯金橘茶饮，冬日就是这样娉娉袅袅地围绕着我们。

种植与养护

蜡梅很好种，养护也一点不难，尤其在那些原产地。

扦插 ———— 蜡梅繁殖方法很多，播种、扦插、嫁接、高枝压条或分株均可。蜡梅的种子表层有很厚的蜡质，通常要用湿沙贮藏，搓去蜡质后才能播种发芽。嫁接多选用狗牙蜡梅实生苗作砧木。（实生苗就是用种子播种发芽生长出来的幼苗，是植物的有性繁殖，一般具有根系发达、生命力旺盛、可塑性强、寿命长等特点。）普通家庭直接购买成品的蜡梅就好了，不用这么麻烦。

种植 ———— 为了获得最好的庭院效果，蜡梅适合种在阳光充足、温暖而有庇护的位置。蜡梅为香气而生，它适合种在门前或小路旁，这样在经过的时候你就可以闻到它的香气，在西方也会把它种在朝南的墙壁旁，并把枝条固定在墙壁上做成造型植物。栽植蜡梅多在春季进行，成活率高。蜡梅性喜阳光亦较耐阴，耐旱怕水涝，种的时候应选地势较高、土质疏松的轻壤土栽植，黏重和盐碱的土质不适合栽植。土层厚度至少要在60厘米至80厘米，栽植坑底要放入一些有机肥作为基肥，例

南京梅花山的蜡梅

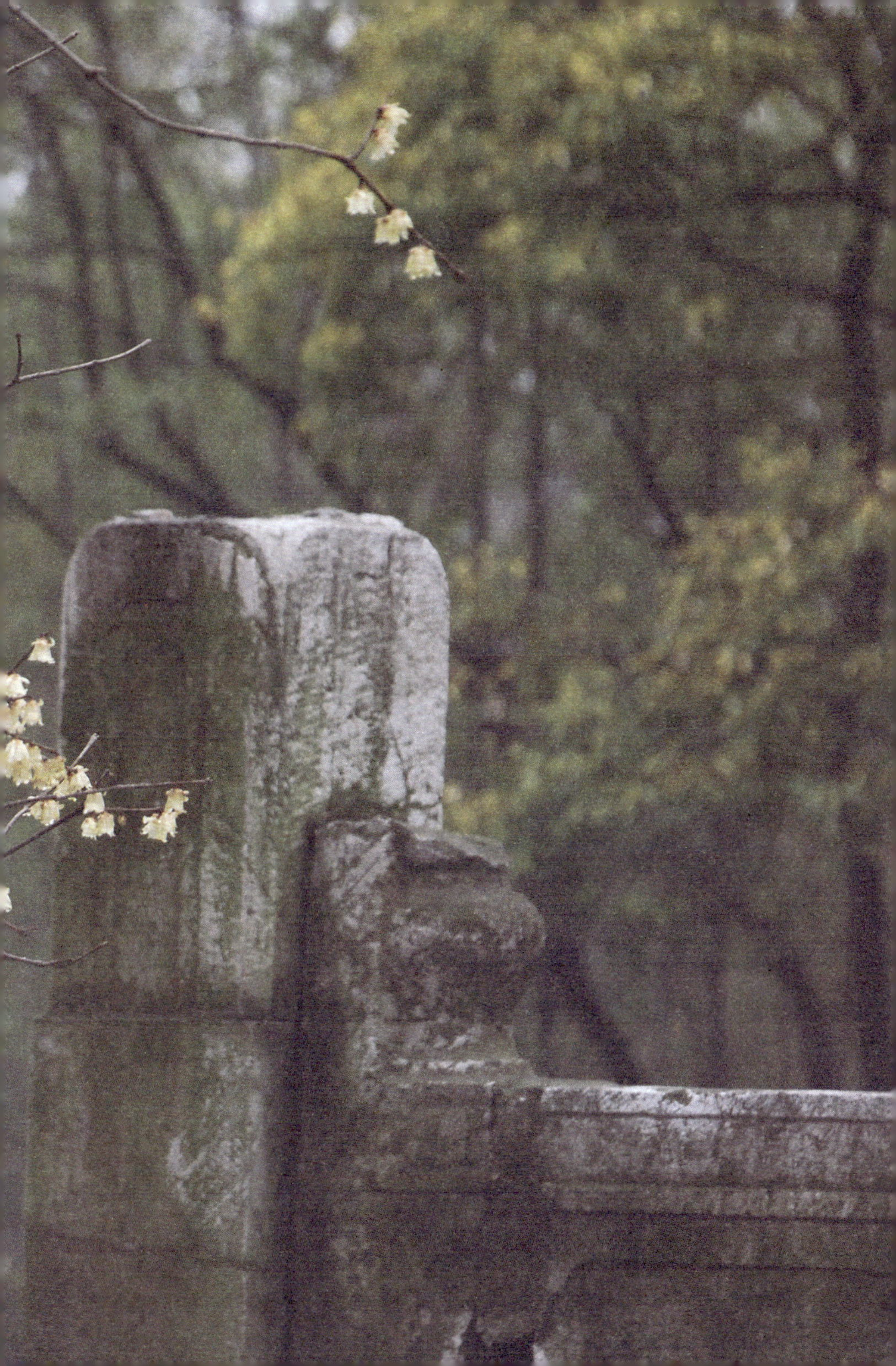

如豆饼、麻酱渣等。

养护 　　蜡梅在长江以南和中原地区容易栽培,在北方地区则需要注意养护管理。对花园来说:北方的冬天最可怕的不是严寒,而是大风。凛冽的北风会毫不留情带走植物枝条中和土壤里的水分,从而造成"抽条"现象——很多植物是干死的,而不是冻死的(这一点在北方的花园中常见,其他植物的养护也是如此,水分尤其重要)。所以在入冬之前要浇透"防冻水"。在华北地区栽植蜡梅最好选择背风向阳处,比如香山"蜡梅沟"就地处避风向阳的山坳。栽植第一年立冬前最好用稻草或塑料膜进行防寒,以免幼枝受冻造成干枝。

修剪 　　蜡梅最高能长到三四米,冠幅两三米没问题。虽然自然生长是一种蓬勃美,不过中国传统审美认为"梅以曲为美",蜡梅亦如是。地栽的蜡梅发枝力强,耐修剪,如果任其自然发展,则枝条杂乱丛生,严重影响开花和观赏效果。所以想要欣赏到优美的树形,修剪是必不可少的环节。蜡梅萌发力很强,对于主干上新生的枝条,要注意留4～5节进行摘心,使之分株繁茂,花开满树。

凛冬绽放的金缕梅

国外的园艺杂志和网站上经常能看到金缕梅的介绍，很细小的花朵，看起来就不是那么惊艳的样子。如果不开花，估计就算见到也不容易辨认出来，它在国内外园艺界似乎都不那么流行；之所以要写它，还是因为在北方的花园中，能在凛冬开花的植物实在是少之又少。

冬之花

总的来说，金缕梅对国人而言是一种陌生的植物，因为它们大多分布在野外的山坡和溪谷（北京没有野生分布，仅在植物园有少量种植，但长得不是特别好），而且它的花朵实在貌不惊人，不仔细看都不会发现，所以知道它名字的人也就很少。

然而，经常护肤的女性读者或许会对"金缕梅"这个词很熟悉，因为金缕梅蒸馏出来的花水（hydrosol）可以用来保养皮肤，它是一种很强的抗氧化剂及收敛剂。数百年前，美洲的原住民就会用树皮、枝干和树叶来治疗皮肤破损或发炎，还有疤痕、瘀伤、眼睛酸痛和肿胀等，是那里的传统草药。现代的商业广告中，金缕梅被描述为"植物炼金师"，因为充满能量。

金缕梅确实有着卓越的抗氧化、抗衰老功能,所以被运用到金缕梅爽肤水等很多护肤产品中,但其原材料都是来自北美的弗吉尼亚金缕梅,而不是中国原产的金缕梅。弗吉尼亚金缕梅的树皮、干燥树叶和树枝是金缕梅药用提取物的主要来源。

金缕梅是先花后叶的落叶灌木或小乔木。花开时,细长的黄色花瓣宛若金缕、凝似蜡梅,故而得名。它的英文俗名叫作"女巫榛"(witch hazel),古代金缕梅的叉状树枝被认为是做探测棒(占卜棒)的极佳材料。它的花朵像蜘蛛,叶子看起来很像榛树叶,是欧洲"水巫"们的首选植物,尤其盛行于英格兰,她们将其用作探测地下水源的魔杖。美国殖民地的早期定居者也以弗吉尼亚金缕梅新鲜的树枝来制作这种测水杖。慢慢地,它的名字就变成了"女巫榛"。

金缕梅的种子据说也很神奇,在秋天成熟后,种子会从胶囊般的种荚中弹出,所以当地人把这种弹射种子的树叫作"弹射榛树"(snapping hazel)。这些名字都是缘于它的树叶形状似榛叶,也有根据花朵来取的名字,北美还因为它开放在冬天,称之为"冬之花"(winterbloom)。

美国著名的花园和家居杂志《美好家园》(*Better Homes & Gardens*)这样介绍金缕梅:"在寒冷的冬日里,温带气候条件下的花园中看起来只有一片冻土而已,但金缕梅开始勃放出金色的花朵,并吐露出芳香。这好像是来自大自然的美好预报。这种大型的耐寒灌木在万物凋零的季节绽放,它们精致小巧的花朵就像是庆典中抛撒的五彩褶皱纸屑,只不过第

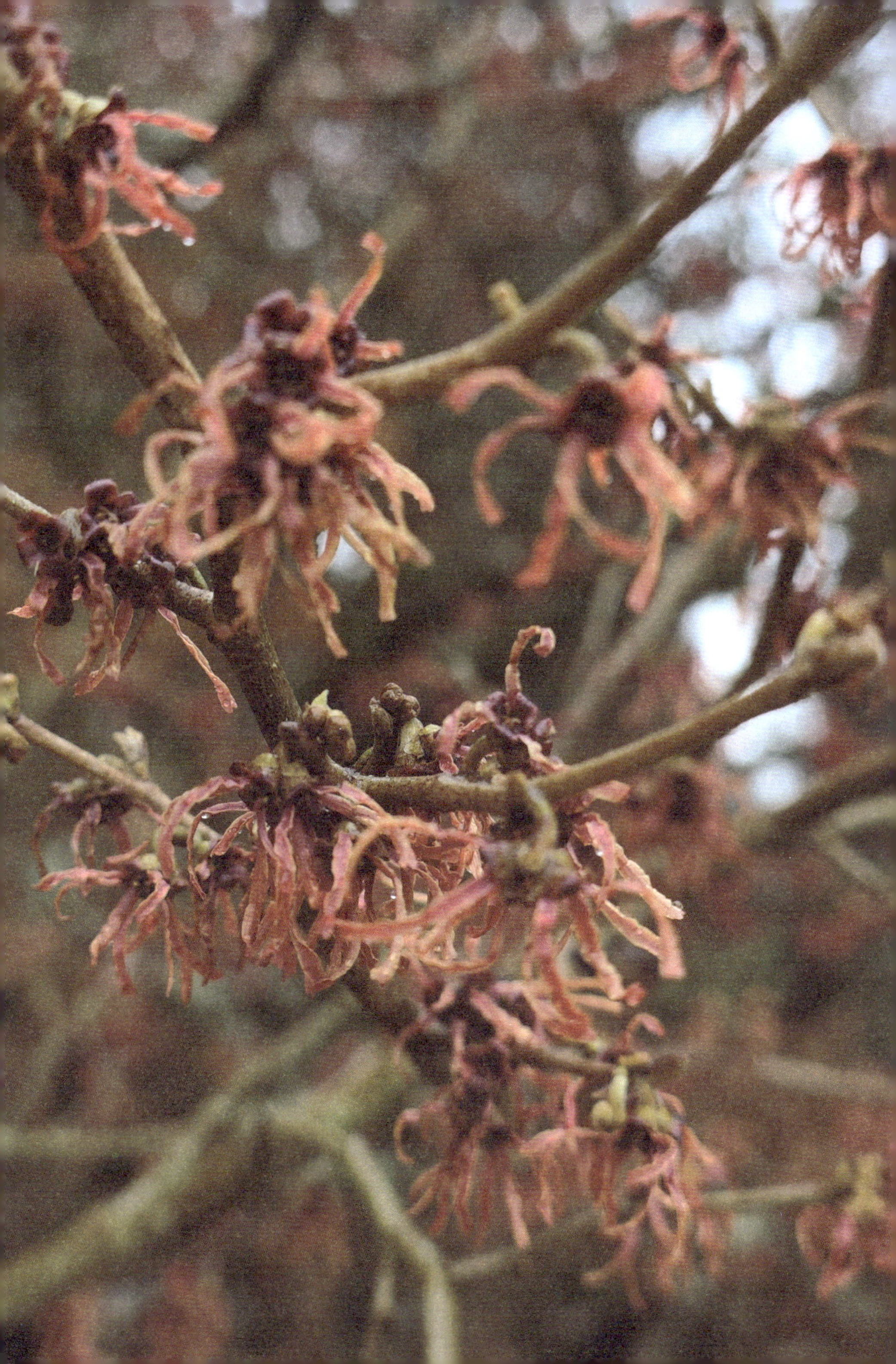

二天它们不会被扫进垃圾箱，而是继续绽放在枝头，而且它们的花期长达一个月。"

北美的金缕梅 & 中国的金缕梅

大多数花园里种植的金缕梅，都是原产中国的金缕梅和日本金缕梅的杂交品种，它们的花朵比北美原产的金缕梅要更大更鲜艳。这些杂交品种在 1 月至 3 月之间开放，颜色从棕红到浅黄色都有。

有些品种的金缕梅无香或者只有微弱的香气，但有些则带有柑橘或甜香的气息，尤其是在晴朗的冬天里，当温度稍微升高时，就会闻到明显的香味。美国费城的莫里斯植物园据说收集了很多品种的金缕梅，如果有机会去的话一定捕捉下它复杂的香味。2023 年寒假，我和家人去西雅图，意外在华盛顿州树木园发现了好多金缕梅，这是我第一次见到真的金缕梅！如果没有仔细观察就会错过它。它们的香气没有传说中那么明显，很微弱。有的金缕梅花朵好像黄色的碎纸屑，有的是橙红色，在冬天的花园里还是很特别的。

除了奇特的花朵形状和复合的香味，有些品种在秋天时会展现出特别的叶色。北美原产的金缕梅虽然没有那么华丽的花朵，但也同样会被热爱它们的园丁带回自己的花园，毕竟它是能够填补秋冬季节花园的开花灌木。弗吉尼亚金缕梅在野外更为普遍，从北美东部至墨西哥都有分布。这种大型植物在晚秋盛放出芳香的花朵，同时叶色也开始变幻，相对而言，花朵的风采被变色的叶子抢走一些。

据说北京的国家植物园南园有好几种金缕梅，已经在户外露天种植很多年了，包括中国的金缕梅和北美的金缕梅。其中中国金缕梅是我国原生种，春节后开花。《中国植物志》称其主要分布于四川、安徽、浙江、江西、湖南、广西等地，常见于中海拔的次生林或灌丛。前几年在浙江还发现了大面积的野生金缕梅群落，范围有百余亩呢！有网站上介绍说中国金缕梅是所有金缕梅中最香的，但是耐寒性较差（5～8区）。它是最早开花的品种，冬末春初，花朵为鲜艳的黄色，中心有红色；柔软的深绿色叶子在秋天会变成橙色和黄色，能长到五六米之高。

弗吉尼亚金缕梅原产北美，非常耐寒（3～8区），它的香味甜美，秋季开花，据说能长到七八米高，花朵的颜色明亮，每朵花由四枚金色丝带状、略扭曲的褶皱花瓣组成。花簇生在树枝上，一直可以徘徊开到12月。其他品种很多都是冬天开花，从1月到3月都有绽放。不过因为干旱和寒冷，北美来的金缕梅在北京的种植还有待努力。

耐寒区（Plant Hardiness Zone）的概念最早由美国农业部提出，耐寒区的数字号码表明植物的耐寒程度。区域号码越高，耐寒能力就越弱。我们在购买进口植物的时候，参考它生长的区域就可以知道是否适合自己的花园了。当然，这种耐寒区的划分只是一个大的指南，还需要注意局部的小气候。

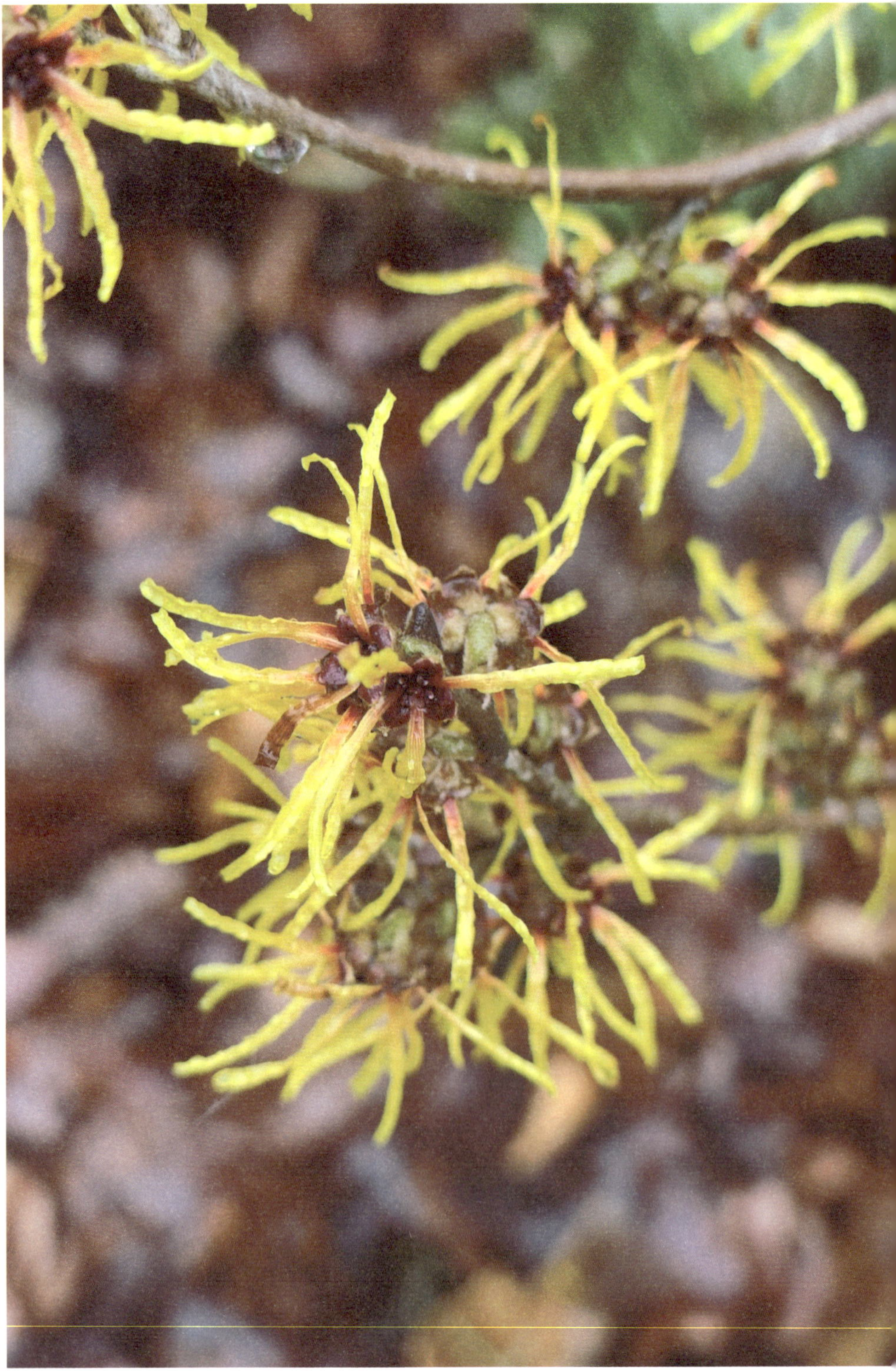

打造家居花园

室内植物布置得当的话会和户外花园一样美妙。它们为我们带来和谐的风与水，带来能量和生机，是心情的花信风。

如果要种一盆花，你最担心的问题是什么呢？想必大多数人会问：好不好养活？没错，"易养护"是所有人关注的重要因素。毫无疑问，植物需要阳光和雨露。由此我们就知道，在家居环境中，不同空间适合不同的植物。打造家居花园的两大痛点也与此对应：光照和水分。

阳台（窗台）：根据朝向布置各类植物

阳台是室内花园最重要的舞台，各家朝向不同，东南西北都会有，所以根据朝向来选择盆栽是非常重要的原则，朝向直接决定了阳光的照射时长。在国内，家庭阳台的功能其实非常明确：晾晒、储物、观景，是连接室内和户外的过渡空间。所以阳台是最靠近户外的空间，非常适合布置成花团锦簇的模样。

朝南的阳台光照充足，可以胜任大多数喜欢阳光的开花植物。比如各类草花、多肉植物、灌木盆景等；东向或西向的阳光虽然不是全天候的，但是有半天的日照也很好了，基本上喜阳的植物也都可以种植；而朝北的阳台或露台也并非灰色的天空，和室内一样可以种些绿植，水培类植物也是适合的。一起来了解下常见的阳台盆栽吧！

仙人掌科的植物被誉为最好养的植物之一，其实多肉多浆类植物都具备这个特性，只要有阳光就灿烂！蟹爪兰在国内很常见，花色有红色、粉色、桃色等，经常被嫁接在仙人掌上，它喜欢阳光，而且很容易开花。

同样爱开花的室内植物还有长寿花。它花如其名，非常好养，一直开花，仿佛未来永远光明灿烂！种植长寿花最需要注意的就是给足阳光和适度浇水。

秋海棠曾经是爷爷奶奶辈最爱养的盆花，它也叫四季海棠，但不是蔷薇科苹果属海棠树的那个"海棠"。秋海棠是草本花卉，世界各国人民都很喜欢它，从路边的绿化带到写字楼空间和家庭，它的地盘近年来可是扩大了不少。最近几年比较流行的园艺品种"比格海棠"有更强的观赏性，此外巴西变色秋海棠和铁甲叶秋海棠都属于新优品种——你注意过吗？这些年园艺界可是上新不少呢！

杜鹃也很适合用作阳台的布置，也特别容易买到，

天竺葵是欧洲阳台最常见的盆花

花市里常有东洋杜鹃和西洋杜鹃。野生的杜鹃一般春天开花，通常是四五月，但经过现代园艺技术培育的杜鹃早就可以将花期调控在春天到来之前。杜鹃是南方花卉，喜欢温暖潮湿的酸性土壤，很多杜鹃耐阴，所以它们也就非常适合光照不足的阳台，东向和西向的阳台都没有问题。摆上一盆灿烂的杜鹃，立刻能为居室带来勃勃生机呢！

书桌：各类盆景与水培植物

书房的光线一般都很好，不过毕竟是室内，所以那些对阳光要求不是那么高的各类盆景会是文人雅士的心头好。那些能以小见大、见天地自然的盆景，这么多年来其实一直都不曾衰退。大型盆景可以设计在户外，小型盆景则非常适合我们的书房和客厅。它是中国优秀传统艺术之一，是以植物、山石、土、水等为材料，经过艺术创作和园艺栽培，在盆中典型、集中地塑造大自然的优美景色，达到缩地成寸、小中见大的艺术效果，同时以景抒怀，表现深远的意境。它们的美需要人们细细品鉴、静心欣赏，只有你的生活慢下来，才能更好地体会到它的无声之美，感受到生长的能量，也才能很好地养护它，让它陪伴自己和家人。

此外中国常见的书房植物还有文竹和吊兰，甚至芦荟。现在可以在花市买到"升级版"的书房植物：各种蕨类、网纹草、镜面草、多肉植物、空气凤梨、苔藓等。

如果你工作繁忙无暇顾及花草，那么水培类植物就非常适合你的书桌。

水培常春藤

水培就是用水代替土壤来栽培植物的一种方式，既可以是清水，也可以是添加了营养液的水体。它们干净整洁，便于打理，除了添加清水和补充必要的营养液外，几乎可以做到零维护。只用清水，一样可以水培很多植物，比如薄荷、迷迭香、女贞等。

有必要强调的是，水培植物不是水生植物，它们并非天然生长在水中。常见的绿萝、富贵竹、豆瓣绿、常春藤、吊兰、铜钱草、鸭跖草等，都适宜成为水培的对象，若能搭配适宜的花器，会更加雅致。

一定要拓宽自己的思路，很多时候，水培类的枝条可以作为鲜切花（鲜切叶）来种植并欣赏。楼下小檗绿篱修剪下来的枝条，拣一枝造型别致的就可以插在水中，生长多年也没有问题。那些天竺葵、迷迭香、栀子花、芳香万寿菊等，也是可以在水中插枝成活的。尤其在冬春交接的季节，它们还可以作为一种植物扦插繁殖的方式呢！

客厅：年宵花与大型绿植的舞台

客厅是回到家第一个要待的空间。科学家在研究中发现，即使只有一株植物，也可以减少主人37%的紧张、44%的不悦和38%的疲劳。植物可以帮助我们放松心情，所以客厅的植物通常可以和鲜切花的花艺一起搭配装点家居。

龟背竹、虎皮兰、琴叶榕、橡皮树都是客厅的绿色宠儿，只要空间足够大，它们这样的大型植物能营造出特别的空间结构感。因此它们也属于"架构型"植物：有着雕塑般的株型、建筑般的架构。其实室内空间的植物布置原理和户外花园是一样的，架构型植物不必多，一两株即可，其他植物用以辅助空间。

通常情况下，客厅也是我们家居中最大、最宽敞的一间，所以绿植盆栽可以考虑匹配它的空间，选择大型绿植，小型盆栽如果太多、太纷繁的话会让环境显得琐碎，而且不利于后期养护，经常会有被遗忘的绿植不幸干死。

客厅通常以稍大些的盆栽为主，配合的花器盆器一定考虑到空间的装饰风格。在户外花园中，最受欢迎的是陶土盆器，但它的装饰效果是否符合你的居室风格是首要考虑的问题。在颜值即正义的时代中，原本应该重视的"排水性"不再是人们关注的重点，重点在于是否符合客厅的风格、色彩、材质、造型、容积等元素都需要考量。

如果看重排水性能，可试一试"套盆"的方式。这种种植方法很简单，就是将室内植物种在排水性较高的普通花盆中，然后再套进一个更大、

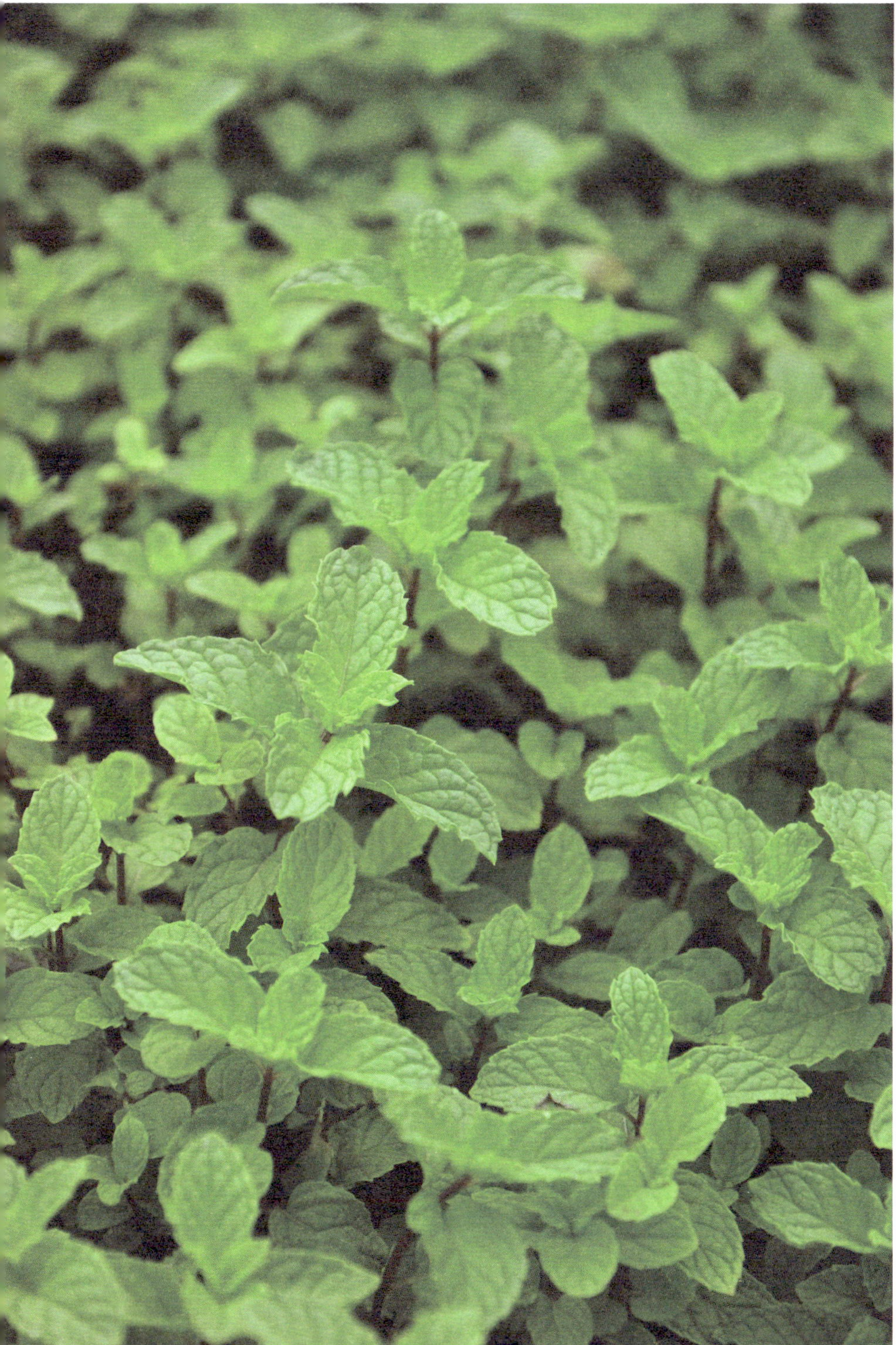

颜值更高的装饰性花盆中，不仅美观，还拥有蓄水的功能，不用再为盆栽浇水后漏到地板上而发愁了。

如果你更喜欢开花的植物，那么大花蕙兰、蝴蝶兰、建兰、君子兰、柠檬树、年橘这类以花和果胜出的植物都可以选择，它们都是中国经久不衰的客厅花草，对于大多数家庭来说都是常见植物，而且也很适合作为礼物送给亲朋好友。

这些植物统领客厅的江湖很多年，不过现在有更多流行的植物登上了客厅的舞台。比如仙客来，它的花朵好像兔子的耳朵，而且有明亮的花色和寓意吉祥的好名字！另外，朱顶红、郁金香、百合这类球根或鳞茎植物也很受欢迎。

餐厅和厨房：各类香草、种子盆栽、芽苗菜

厨房和餐厅是和吃息息相关的地方，所以建议种些能食用的花草。它们最好能吃或能冲泡——能为烹饪或茶饮所用！

最推荐的当然是各类香草，比如迷迭香、百里香、罗勒、芫荽、莳萝、薄荷这类西餐常见的香料植物。中餐的葱

姜蒜也都是每日所需，种在厨房能随摘随用，这种新鲜的储存方式可是要比冰箱里美妙自由多了！此外芝麻菜、香椿苗这类平时不容易买到，但生长其实异常简单，而且丰产的芽苗类蔬菜是非常推荐种植的。至于菜市场能买到的叶菜、根茎菜，它们使用量较大、又限于空间，就不必在自家厨房寸土寸金的地方种植了。

花园的针脚

好朋友野鹤是花友,也是一位布艺手工大师,虽然她没有花园,只有一个阳台,但她总是将那些花草植物,还有她心中的花园用各种布艺的形式表现出来。拼布、贴布、刺绣,她都可以信手拈来。这些年我陆陆续续和她学了好几种针法。春天,玫瑰开放的季节,我和她学会了用丝带绣玫瑰,方法很简单,可是效果特别出彩。到了秋天,我跟她学会了用拼布制作落叶茶席,成品实在太惊艳了!原来,布艺手作中也有花园的一方天地。

琉璃易碎彩云散,而落叶拼布用这样一种方式定格了它短暂的绚丽之美。那一天我们先在小区花园散步,沿途顺手捡了很多漂亮的叶子:黄色的榆叶梅、青黄色的银杏叶、金色的马褂木、褐色的梧桐叶……之后我们则用一块黑色的底布作为背景,制作了一张彩色叶片图案的茶席。我想过用树叶做成叶脉书签、压花甚至玫瑰花,可没想到飘落的叶片还能以这样一种形式展现出来!

野鹤告诉我,这种手法叫贴布,先准备与落叶相近颜色的小布料,然后裁剪成叶子的形状,再用针线缝制在大的底布上。其中又有两种手法:一种把针脚藏进去,一种把规则的针脚特意露出来,各有各的美。拼布

则是用很多小的布料，拼接成几何形状，同时呈现出好看的图案，相对难一点。

现在，我们可以轻松在各类书本和视频网站上学到很多简明的欧式刺绣和布艺手法，它们更简单更随意，无需更换太多颜色的绣线，即使是完全零基础的小白也很容易上手。

在欧式刺绣针法中，很多针法的名称都和花草息息相关。比如雏菊绣常常用于表现小花朵的花瓣和小小的树叶，基本上一次操作就能绣出一朵花瓣来，也被称作"菊叶绣"。打籽绣又称"法国结"，就像花草们开完花后结籽的

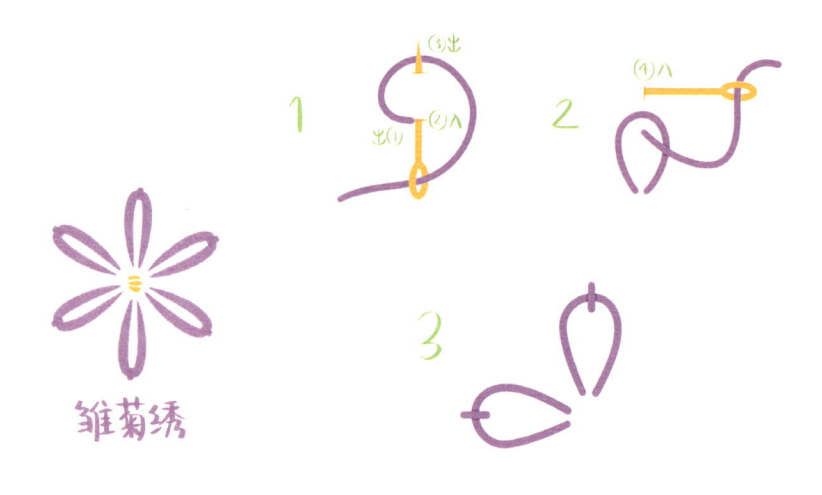

⊞ 雏菊绣针法示意图

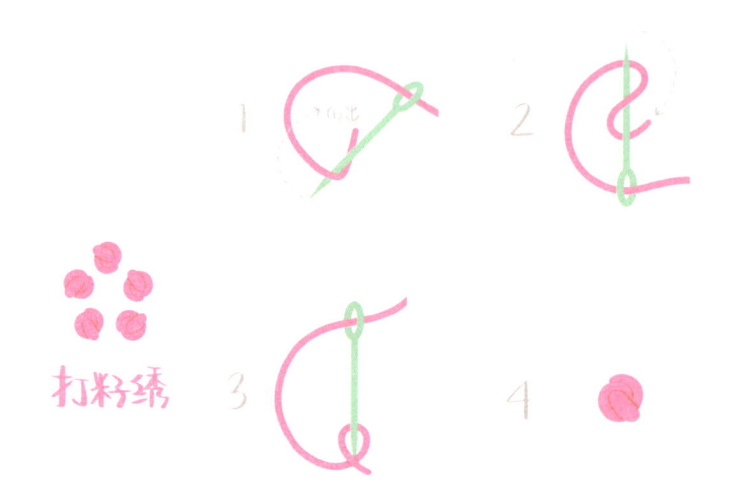

⊞ 打籽绣针法示意图

花园生活美学

⊞ 轮廓绣针法示意图

⊞ 回针绣针法示意图

1月

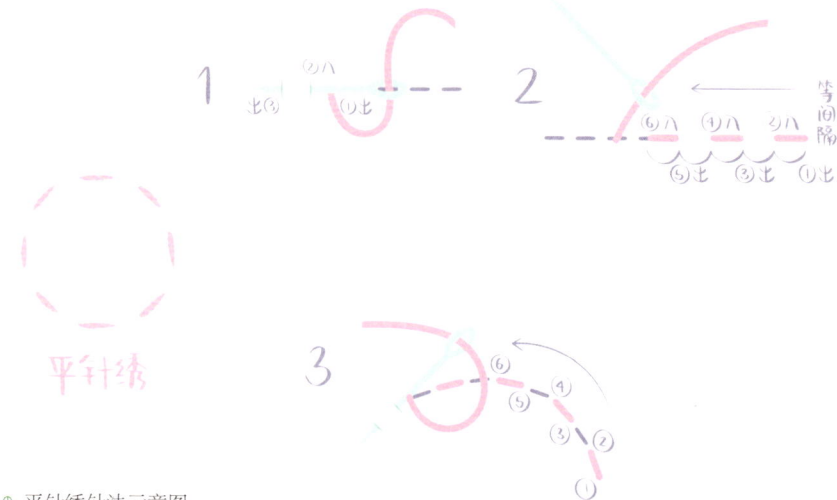

◘ 平针绣针法示意图

形状，适合用来表现花蕊或者星星点点的状态。至于最常见的轮廓绣、回针绣、平针绣，都是非常简单的。

无论是哪种针法，都只是基础的元素而已，能够把它们有机组合起来，幻化成有创意的内容，并且灵活运用到生活中，才是真正的锦上添花。指尖开花的感觉和种下一株植物的感觉应该很像吧！把花花草草们绣到自己要用的器物上，会更有成就感，比如制作一个刺绣的笔记本封面、绣一只平凡的帆布袋，每天都会穿的围裙、靠垫、围巾上绣上自己的名字和喜欢的花朵……有太多地方可以来绽放自己的心花了。

所以如果你也喜欢花花草草，那么学会几种简单的针法就会让作品比普通人的刺绣更有灵气，因为我们可能会更加关注植物本身的形状和姿

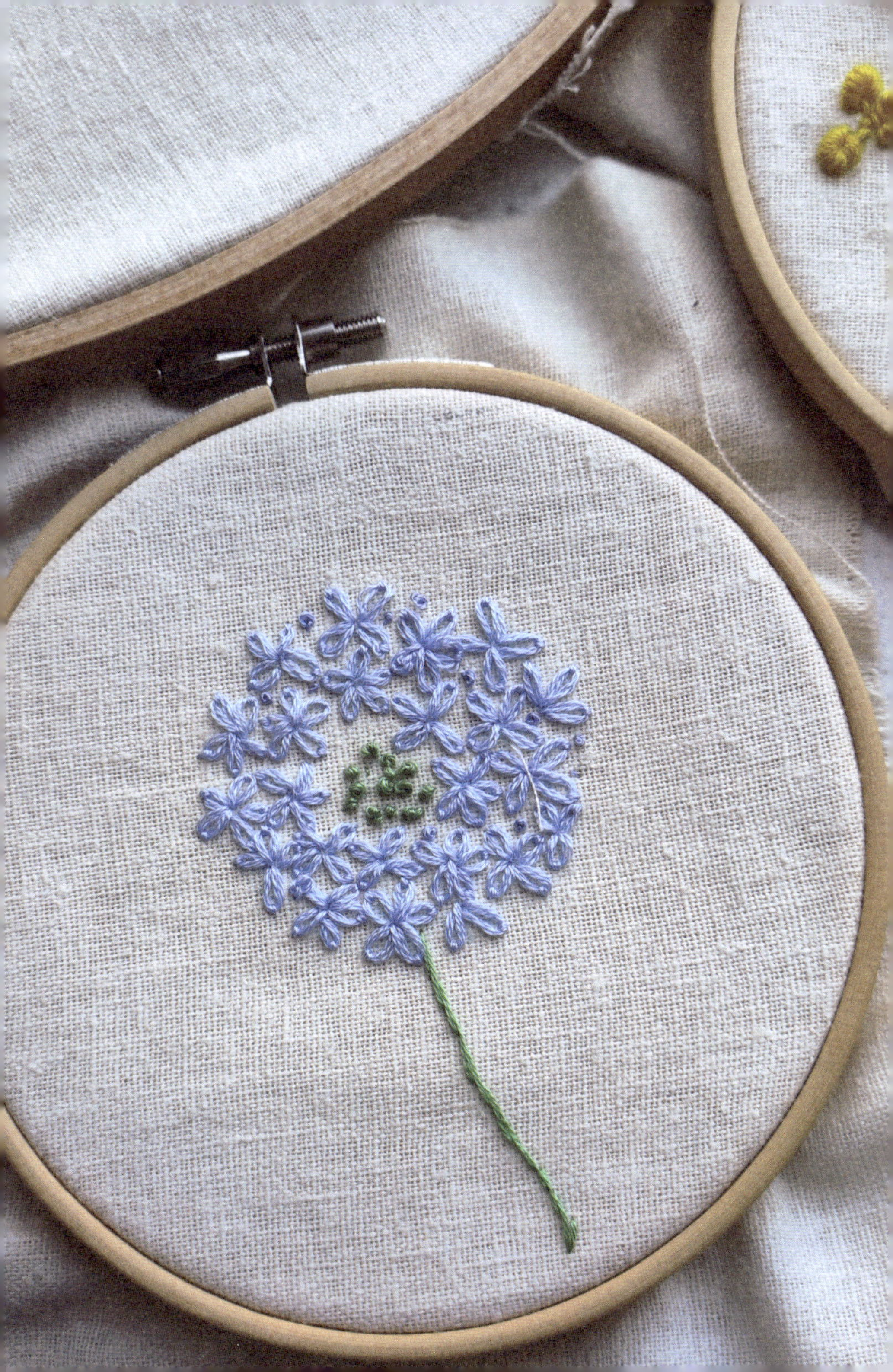

态。关于刺绣，我的理念就是：设计和创意比针法更重要。针法只是一个基础，很多人都会，也很容易学会，不过几分钟时间，顶多半小时也就学会了，只不过是运用的过程中力度、间距的把控以及色彩搭配因人而异。但创意却是更让人心动、让人眼前一亮的最重要元素。

如何用寻常的刺绣、平凡的题材来表现出不寻常的效果？用传统绣法来展现时尚的内容就是一种方法，比如照片刺绣。以下是具体步骤：

1. 找一张自己置身于花草中的照片。没有花草也没关系，自己喜欢的照片就行，花草可以后期设计上去。
2. 用图片软件中的"绘画"模式把照片处理成黑白的铅笔画形式，手机自带的滤镜也能实现类似的效果。然后将照片打印出来，把布蒙在图片上，再用水消笔描红下来就可以了——当然，如果你本来就有美术功底，会直接勾画出来就更厉害了！
3. 之后就可以开始绣了，把这些线条用回针绣绣好，基本就完成了一半的工作。
4. 人物形象绣好了，接下来才是真正的锦上添花。如何把身旁的花朵添加进去，或者为人物设计一些花草植物作为修饰，这个是需要花点心思并且体现自己才思的地方。先用水消笔布局花朵的位置。如果照片中原本就有，那就仿照原样直接临摹就好；如果没有，那么不妨考虑在人物的左上角或右上角位置，画上树枝、树叶或垂下来的花蔓等图案，这是可以运用创意的地方。
5. 确定好花朵位置后，就是配色了。挑选与真实花朵相近或气质相仿的绣线时，可以多选几种，绣的时候如果发现效果不佳，可以拆掉重换其他颜色的线。

6. 表现花朵的形状。可以查阅下能用哪些针法。我的这张照片里是圆锥绣球,所以我用了雏菊绣,正好可以表现一朵一朵的小花。要特别注意的是,我在绣球中用到了好几种粉色的丝线,以起到渐变的效果,中间夹杂了法国结。

7. 花朵用了雏菊绣,叶子则可以用缎面绣。关于叶子的表达,你可以搜索到很多种技法,从而举一反三,绣出更多花草。绣球花本身花蕊就是小小的,所以法国结的打籽绣特别适合,在花朵的空隙间,可以适当点缀上打籽绣。

8. 最后,作品完成。当人们看到它,再对比原先的摄影照片,想必会非常惊讶于你的巧手。如果我们悄悄地为朋友绣这样一幅作品,她一定会很惊喜吧?记得一定要在人物绣中适当增加花草的元素,不能光是单调的人的轮廓。

花园生活美学

038

1月
039

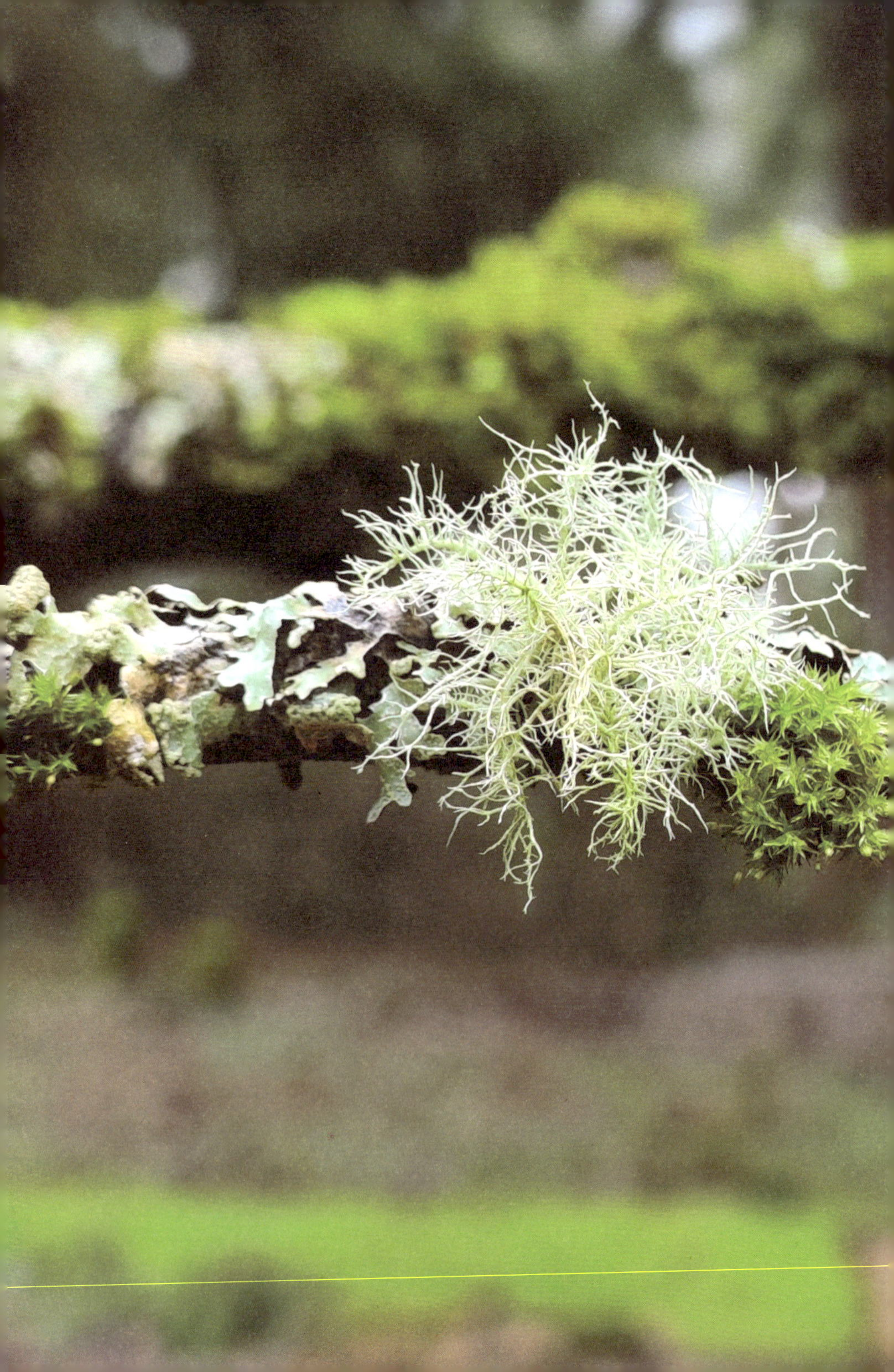

2月

春到人间
草木知

春之信

每年的春节，通常都在一二月之交。2月4日或5日，正是立春节气，"立，始建也。春气始而建立也"（《群芳谱》）。此时的阳光不再像隆冬时节那样清冷，天气逐渐变得温暖，但立春并不意味着春天真正到来，只是气温趋于上升，日照、降雨趋于增多，这仅仅是春天的前奏。尤其对于北方的园丁而言，还可以继续"猫冬"一阵子呢！

不过此时南方的园丁们已经可以开始游春、探春了。我国不同的地域经常会有不同的节气美食，春饼似乎是南北方都流行的立春美食呢！《北平风俗类征·岁时》记载："是月如遇立春……富家食春饼，备酱熏及炉烧盐腌各肉，如菠菜、韭菜、豆芽菜、干粉、鸡蛋等，且以面粉烙薄饼卷而食之……"你发现没有，这里提及的菠菜和韭菜都是很耐寒的呢！你有没有试过在花园里种一些耐寒又无需精细打理的蔬菜呢？

每年春天在我的花园里，最先崭露头角的是马兰头和菊花脑。这两种植物在人们的餐桌上算是野菜，但在我的花园中却并非野生，它们是我很多年前种下的。之后萌绿的则是来自黄山的水芹和来自顺义的韭菜，还有野蒜、青蒜和小葱，此时都相继从土里冒出来。最初我只种了寥寥几棵，之后它们就在花园里生生不息、代代相传了！

好雨知时节，当春乃发生。2月18～20日是雨水节气，一般是农历正月十五前后。元代吴澄《月令七十二候集解》中说："正月中，天一生水。春始属木，然生木者必水也，故立春后继之雨水。且东风既解冻，则散而为雨矣。"意思是说，雨水节气，大地解冻，气温升高，降水不再以雪花的形式，而是以雨的形式出现啦！

雨水过后，冬小麦都已经开始返青，因此对水分的要求较高。都说春雨贵如油，在北京这样的地方雨水尤其珍贵，所以在这个时节，适宜的降水对农作物、花园植物都特别重要。北方这个时候居室中还有暖气呢，但户外温度还是低，所以灌溉倒是不着急，可以挑一个天气晴好、阳光灿烂的日子，在中午时分给花园浇浇水。但不浇也无妨，为什么呢？是为了防止后面的倒春寒。如果植物以为春天已经来到，急急忙忙就钻出土来，再有冷天的话，就很容易被冻伤。

这个月还是以室内花园为主，红红火火的年宵花一旦过了春节价格就会大幅落水，有机会可以去花市转转，看看有没有未曾见过的新鲜花草品种售卖。年宵花是普通老百姓最喜闻乐见的植物，有报纸分析中国消费者特别喜欢的有兰花、牡丹、杜鹃。我想这份调查应该有点落伍了，新一代花园阶层的崛起，以及电商网站和物流的迅捷发展，让大家更容易购买，也有了更多选择，现在的年宵花早就不局限于这几样传统花卉了！以各类球茎为例，早年到了春季前后无非就是漳州水仙，但现在朱顶红、郁金香、风信子、百合、酢浆草都很受欢迎呢！果树类则以南方常见的年橘盆栽为多，但现在花市中光是金橘就有很多品种，还有各类柠檬、佛手、乳茄等。

春天来了，我们的生活即将开启新一轮的花开时光。

年宵花明星朱顶红

朱顶红（*Hippeastrum rutilum*）是近些年来颇受欢迎的室内植物，也是年宵花明星，它总是在春节期间开花，又那么红红火火，所以深受男女老少喜欢。你可以叫它"朱顶红"，也可以称它为红花莲、柱顶红、华胄兰、对头莲等。原产中南美洲的它有"渴望爱，追求爱"的花语。

美丽勇敢的牧羊女

古希腊传说中，美丽的牧羊女 Amaryllis 爱上了英俊的牧羊人，可是小伙子只注视着花园里的花朵。Amaryllis 去找女祭司，得到建议："用心血浇灌的花朵，会吸引牧羊人的注意。"牧羊女找到了花，兴奋地敲响了木屋的门，刹那间，红花与红颜打动了骄傲的牧羊人，从此这种鲜红的花朵有了一个好听的名字：Amaryllis。

古罗马诗人维吉尔（Virgil）的第一部诗集《牧歌》（*Eclogues*）中，女主人公 Amarysso 就是美丽的牧羊女。后来的古典田园诗中，这个名字成了牧羊女的代名词。Amarysso 的本义是"闪耀"。

英国皇家园艺学会出版过一本书，书名叫作《朱顶红：园丁的阿玛瑞丽

斯》(*Hippeastrum: Gardener's Amaryllis*)。结合它的拉丁名、英文名和希腊传说故事,现在你可能会明白,这个英文书名可是语带双关、意味深长的!

朱顶红与孤挺花

在早期的一些资料中,朱顶红曾被归于孤挺花属,而非现在的朱顶红属,那么朱顶红到底"花落谁家"呢?

朱顶红的属名 *Hippeastrum* 是希腊语骑士（hippeos）和星星（astraon）的合成词，英文为"骑士的星百合"（knight's star lily）。18世纪林奈将朱顶红和孤挺花归入孤挺花属（*Amaryllis* L.），因此直到现在仍有人将朱顶红称为孤挺花。19世纪植物学家威廉斯·赫伯特（Willams Herbert）根据朱顶红和孤挺花的原产地和形态特征将朱顶红另立一属，即朱顶红属。二者区别是，朱顶红花葶空心，常绿或冬季休眠，花叶同现，分布于中南美洲的热带地区；而孤挺花花葶实心，夏季休眠，秋季开花，花后长叶，分布于南非。所以孤挺花特指南非的这类植物。我倒是更喜欢"孤挺花"这个名字，觉得有种特别的气质，比直白的"朱顶红"雅致许多。不过，朱顶红在中文里有"注定红"的谐音，所以很多老百姓喜欢。

种植与养护

一种花如果有一个美好的传说，再加上一个美丽或吉利的名字，就会变得更招人喜欢，但要登上"年宵花"的舞台，这些还不够。年宵花需要能在圣诞、元旦、春节这段时间正好盛开，花色要鲜艳，符合国人审美，花期要相对持久，后期需要低维护好养活，适合居室摆放，卖相比较喜庆，适合当礼品花送给亲朋好友，还不能太娇贵，要适合商业生产和运输。朱顶红恰好满足这里所有的元素，它南北兼宜，适应性很强，对于生长介质、水肥要求都不算高，甚至适合新手小白种植。最近几年，那种蜡封的朱顶红在市场上很流行，生产商用彩色的蜡（红色、粉色或金色）包裹住种球，购买者买回去不需要做任何处理，直接摆在适

> 朱顶红育种已有两百多年的历史，最早被记录的朱顶红杂交种出现在 1799 年的英国。20 世纪初期，荷兰和南非逐渐成为朱顶红育种及生产中心。

宜的位置，它就能开出美丽的花朵。这种"种植"方法基本是一次性的，本质上是将植物作为花艺来装点居室。虽然很受市场欢迎，但我却不会买。因为这样开完花的朱顶红耗尽了养分，种球干枯耗尽了能量，也就只能当作垃圾扔掉了；不像花园里或者容器中种的朱顶红，可以脚踏实地，因而能够年复一年生长开花。

朱顶红的主要花型有单瓣、重瓣（半重瓣）及异型等类型。主要花色以红色系和白色系为主，还有粉红、橙色、黄色、绿色等颜色，以及带有条纹的各种复色品种。传统的红白相间的那种被花友们戏称为"土猪"，它的繁殖能力很强大，欧洲进口的花朵虽大，花色也丰富，但在繁殖方面没有这么厉害。

朱顶红属于比较好养的球根花卉，种植时选择饱满硬实、健康的种球，球体越大越好，土壤要求疏松肥沃，排水通气良好，微酸性。在盆中露出小部分球体或球茎，差不多四分之一就好，给予充分的光照，后期控制好水肥即可。发芽后注意适当多给些水分，但是别太多，它的鳞茎本身就储存了大量的水分和养分。开花后可以移到室内，这时候就不需要阳光照射了，还能延长开花的观赏期。

在我看来朱顶红还有一个特别亲民的特征，就是在栽培过程中不容易退化。和郁金香、风信子等这类需要一年一买的球茎相比，成本大大降低，而且它们也不像蝴蝶兰那么麻烦，不经特别处理难以二度开花。它

是真正的多年生球茎花卉。我种过几个品种，年年复花，我除了适当浇水外，连肥料都没有给过呢！

朱顶红的花朵可由冬末开至春天，有时花期可延至初夏。花谢后，要及时剪掉花梗。花后阶段主要是养鳞茎球，使其充分吸收养分，让鳞茎增大，并产生新的鳞茎。夏季忌长时间暴晒，置于室内避光较好。花后浇水量应适当减少，不可积水，以免鳞茎球腐烂。可施少量缓释肥，以促使鳞茎球的增大和萌发新的鳞茎。

"园中的青松最美，林中最美是黄槐，水边是白杨，高山上最美是苍柏；但是美丽的 Amarysso，你若来看我，它们就都比不过你。"古罗马的植物历经千年，还依然开在我们身边，想必维吉尔当年的心绪和现在的我们也是一样的吧。

朱顶红养护月历

花园生活美学

050

苔青之美

"青苔满阶砌，白鸟故迟留"——提到青苔你会想到什么呢？

苔阶、苔痕、苍苔、苔茵、苔笺……还是无边的苔原？

是杜牧笔下扬州禅智寺空寂无人的空间？还是武元衡心中送别友人后的寂寥时光——"岁岁年年能寂寥，林下青苔日为厚"（武元衡《桃园行送友》）？

残潦荒芜的曲径上滋生的苔青会带来一种侘寂之风，也会带来一种清净之美："青苔满地初晴后，绿树无人昼梦余。"（刘敛《新晴》）"拂花弄琴坐青苔，绿萝树下春风来。"（李白《白毫子歌》）从古到今，吟咏青苔的诗句层出不穷，它们是诗人笔下绿色的寂寞，也是山石上悄然生长的秘境。

而如今身居都市的我们，还有一种可能，会想到幽暗湿润的地面和墙面上，只需微光和水分就能悄悄生长的植物。"白日不到处，青春恰自来。"苔藓能称为植物，是因为它有叶绿体，能够进行光合作用"养活自己"。无论在任何环境状态下，光照都是苔藓生存的必要条件。

苔藓（bryophyte）是一类最低等的高等植物：没有根系、没有花朵，甚至没有种子，只利用叶片来吸收环境中的水分与营养、制造氧气，靠孢子进行繁殖。它的存在很低调，似乎在植物类群中，一直处于夹缝生存的"小透明"状态，很少有人注意到苔藓的存在。其实它们在生态系统中也发挥着重要的作用，不仅参与自然界养分、水分的循环，保持水土，也为其他生物提供着栖息环境，并且能作为监测空气污染程度的指示植物。全世界有 23000 种苔藓植物，中国约有 2800 种。

东方文化非常喜欢这类静寂安然的小小植物，欣赏苔青最著名的莫过于日本京都的西芳寺（Saihoji Temple）。这座禅宗寺院开创于奈良时代，它的庭园非常著名，满园生长着 100 多种苔藓植物，因此而被称作"苔寺"（The Moss Temple），这里是世界文化遗产，日本最古老的庭园之一。据说走进这里的庭园就仿佛进入了一个被施了魔法的森林，枫树下如茵的苔青形成了厚厚的地毯。

然而想要参观西芳寺并不容易。1977 年开始，它就正式推行预约制，理由是为了保护禅寺应有的宁静氛围，并确保参拜者的体验——需要注意的是，这里强调的是"参拜者"而不是"参观者"，因为苔寺并不认为

2月
053

自己是一个观光景点，所以预约拜访的程序很复杂，2022年之前需要用写明信片的方式来预约，而且拜访者就算预约成功后，也得首先在本堂用毛笔认真抄写《延命十句观音经》全文后，方可观赏庭院。想必寺院是希望来者真正静下心来再参观庭院，从中体悟佛法精深。2019年之后，西芳寺还要求拜访者必须年满12周岁。现在手续略有简化，但依然保守，需要先下载申请模板、打印出来后寄航空邮件预约，且必须提前两个月。这种拒人于千里之外的风格，让苔寺迄今保持着远离人间的高冷与清净。

幸好，世界那么大，苔青哪里都有。有年寒假去了西雅图，那里连绵的阴雨天气让所有的树枝花枝上都生出了绿绿的苔藓和灰色的地衣，木生群落的苔藓随处可见，似乎每一根枝条都拥一片苔青的世界。华盛顿州的树木园里，参天的古树不仅有着苍翠

花园生活美学
054

2月

055

的枝叶，树干和树枝上也覆盖着厚厚的苔青，让人仿佛进入了阿凡达的世界。

位于华北地域的北京虽然干燥，但在郊野的山区背阴处，也常常能看到苔藓的踪迹。每次徒步的时候我都会格外关注它们的存在，因为它们的出现往往意味着这里有水系经过，或者附近有纯净的水源地。北京也有土生群落和石生群落的苔藓分布，常见的有小凤尾藓、卷叶湿地藓、碎米藓、薄网藓、牛舌藓、娟藓、小石藓等。门头沟戒台寺的郊野公园里有一条绵延的京西古道，这里的干垒石墙上往往覆盖着一层黄绿色的葫芦藓，看起来毛茸茸的，实际摸起来比想象的要硬一些，它们还能熬过北京的寒冬。去年的冬天我就铲了一小块带回家，装在一次性餐盒里，喷上水，在温暖的居室中，苔藓们很快恢复了生机，长出了

新绿。这种苔藓是北京郊外常见的品种。现在去花卉市场,你会发现各种各样的园艺苔藓已经登上了销售的舞台。

它们被用来成就各类景观,比如微观的苔藓盆景(也称为"苔玉"),比如传统盆景的覆盖物;或者是大型景观营造,如日式枯山水;还有很多花艺设计也会用到苔藓。于是"苔藓园艺"诞生了。最常见的园艺类苔藓有葫芦藓、白发藓、大灰藓、大羽藓等。

葫芦藓分布很广,是最常见的苔藓植物。它多半生长在空气湿度较高的泥土或土墙上,密集地丛生,常常会形成面包状的群落,看起来很像微型的苔原。葫芦藓本身是黄绿色,略带一点红褐色,很矮很紧密,很适合覆盖在盆景根部,模拟天然的景观。

白发藓是微景观中使用率最高的苔藓，人们喜欢叫它"山苔"，在日本尤其受到推崇。白发藓的颜色青翠，株形饱满，而且群落美观；可以单独栽培，也可以搭配其他植株一起种植。仔细观察白发藓的叶片，会发现它们很像松枝，所以我把它栽培在松果之中，制作成一座"松果的山丘"，用苔藓来模拟山丘的植物，效果很逼真。

大灰藓，也被称作"交织苔"，因交织丛生而得名。它们的茎部匍匐生长，有羽状分枝，很容易辨认出来。它们生存能力强，适应各种环境，可以搭配假山石、水族缸、兰花等，不仅能保持水分，也颇有装饰功能。

朵朵藓，名字很形象，它其实和葫芦藓一样都属于真藓，短而密，经常

生长成一丘一丘的样子。它的耐寒性较强，在野外常常生长在石砂质土面或岩壁上，较耐干旱，所以不需要过多喷水，很容易养护。

还有一种兰花爱好者都会用到的栽培介质——"水苔"。其实它是一种泥炭藓，它的神奇之处在于可以吸收相当于自身重量十几倍的水分，所以它有较强的保水性，且不易腐烂（类似海绵的效果）。因此它是兰花和多肉植物常用的基质材料。泥炭藓经过千百万年的堆积，最终会形成可以燃烧的泥炭。

虽然苔和藓其实是不同的植物，但不懂也不会影响人们对它们的喜爱。相比品种和分类这样的科普知识，苔青带来的宁静气质才是人们更为

看重的。如果你仔细观察它们，会触发各种想象。它们好像青草覆盖的山丘，又好像冰川划过后恢复生机的苔原；随便找一些微型的人物或动物道具，就能模拟一片可以自由纵横的草原或森林。营造一处心中的"苔寺"很容易：在一只透明的玻璃瓶中种上苔藓，就能布置成一个透明的小宇宙，并且它们的生长自成体系，除了散射的光线，一次喷水之后几乎不需要什么养护，是真正的零维护。

"Terrarium garden"是玻璃容器花园的意思，更专业一点的叫作微景观生态瓶。通常是将喜欢温暖湿润的植物定植在容器中，形成自成一体的生态环境，同时也塑造成趣味性的景观。这类微景观通常还会使用砂粒、石块来模拟自然山水。各类苔藓就是这类当中重要的组成部分。透过玻璃，植物能够吸收所需的阳光，以光合作用将其转化为有助于自身生长的能量。植物、土壤、水分加上散射光的共同循环，就能形成完美的生命周期。

苔藓喜欢温暖湿润的环境，但却忌水涝，因为它毕竟不是水生植物，长期的阴湿会导致其腐烂。在南方，苔青可以直接用花盆或其他容器种植，因为空气中本身就有着丰富的水分；而在北京这类北方城市，能盖上盖子的玻璃瓶更为适合，这样可以保持空间内部的水分，并形成自我循环的小宇宙。操作非常简单，还可以充分发挥想象力，宫崎骏动画片中的龙猫这类小摆件特别能营造氛围感。

花园生活美学

062

2月
063

水仙缥缈录

在中国，水仙是传统名花，是文人墨客心中冰清玉洁的"凌波仙子"。而在西方，水仙是俊美非凡但却自恋的美男子纳西瑟斯（Narcissus）。同为石蒜科植物，它们是水仙属的不同物种，区别于栽培方式和花朵大小，以及是否重复开花的特性，人们把前者叫作中国水仙，后者叫作洋水仙。

春节的"花信风"

清雅的中国水仙在人们的栽培下，成为了春节的"鲜花使者"，盛开在春天来临之前。它不需要浑浊的土壤，只用清水培养就可以生长开花，买上几枚放在水中，随处安放静待花开即可。茁壮的洋水仙则深受花园主人的喜爱，它生长在泥土之中，是春天开花的代表性球根植物，和郁金香、风信子一起，拉开了五彩春天的帷幕。

水仙在中国的栽培已逾千年，据说它的原种早在唐代从欧洲传入，是法国多花水仙的变种，经过人们的选育，水仙的品种及盛产地点也随着年代在不断改变，从湖北荆州一带，到江南地区，比如南宋的都城临安，之后则是浙闽沿海地区，在很多地方志中均有记载。明清时期，水仙的种植范围进一步扩大，几乎南方各省都有记载。明万历《汝南圃史》："吴中水仙唯嘉定、上海、江阴诸邑最盛。"

我的家乡就在江阴对面的靖江，古时隶属常州府，这里水仙之风盛行。每到春节期间，家家户户都喜欢在家中案头养几盆水仙以烘托节庆气氛。小时候，每年春节前一两个月，我爷爷都会提前买好水仙球，雕刻后养在青花瓷的圆形花盏中。为了让水仙尽量能在过年期间开花，每逢阳光晴好的时候，他会把这些水仙搬到门廊的桌前晒太阳，傍晚再搬回家。不久水仙球就抽出嫩绿色的枝叶，鼓鼓的花苞也随后显现。鹅卵石和水衬托着白色的鳞茎，淡淡的气质很清新。虽然天气还是很冷，但在白天阳光的作用下，花苞们会越来越饱满；如果想让它延迟开花，那么就保持阴冷的环境，生长就会慢下来。如此，就能控制它的花期恰好在过年的那几日，为节日"锦上添花"。

水仙花香脉脉流传了很多个春节，于我而言，它的花开几乎就成为了春节的花信风，这也让我一直认为，水仙是长在水里的植物。直到有一天看到介绍，说漳州水仙在原产地是直接种在土里旱作的，我才意识到自己的误区：怪不得那些刚买来的水仙球茎上会沾满泥巴。

福建漳州最著名的特产就是水仙了。漳州人引以为傲，在其政府官网，隆重地介绍它"本生武当山谷间"，大约在 15 世纪中叶明代景泰年间传入漳州。由于它鳞茎硕大，箭多花繁，形美香郁，应时而发，花期长，又能雕刻成多姿的各种造型，是世界公认的多花水仙类中开花最多、香味最优的一种，远胜过产自地中海、日本和国内其他地方（如平潭、崇

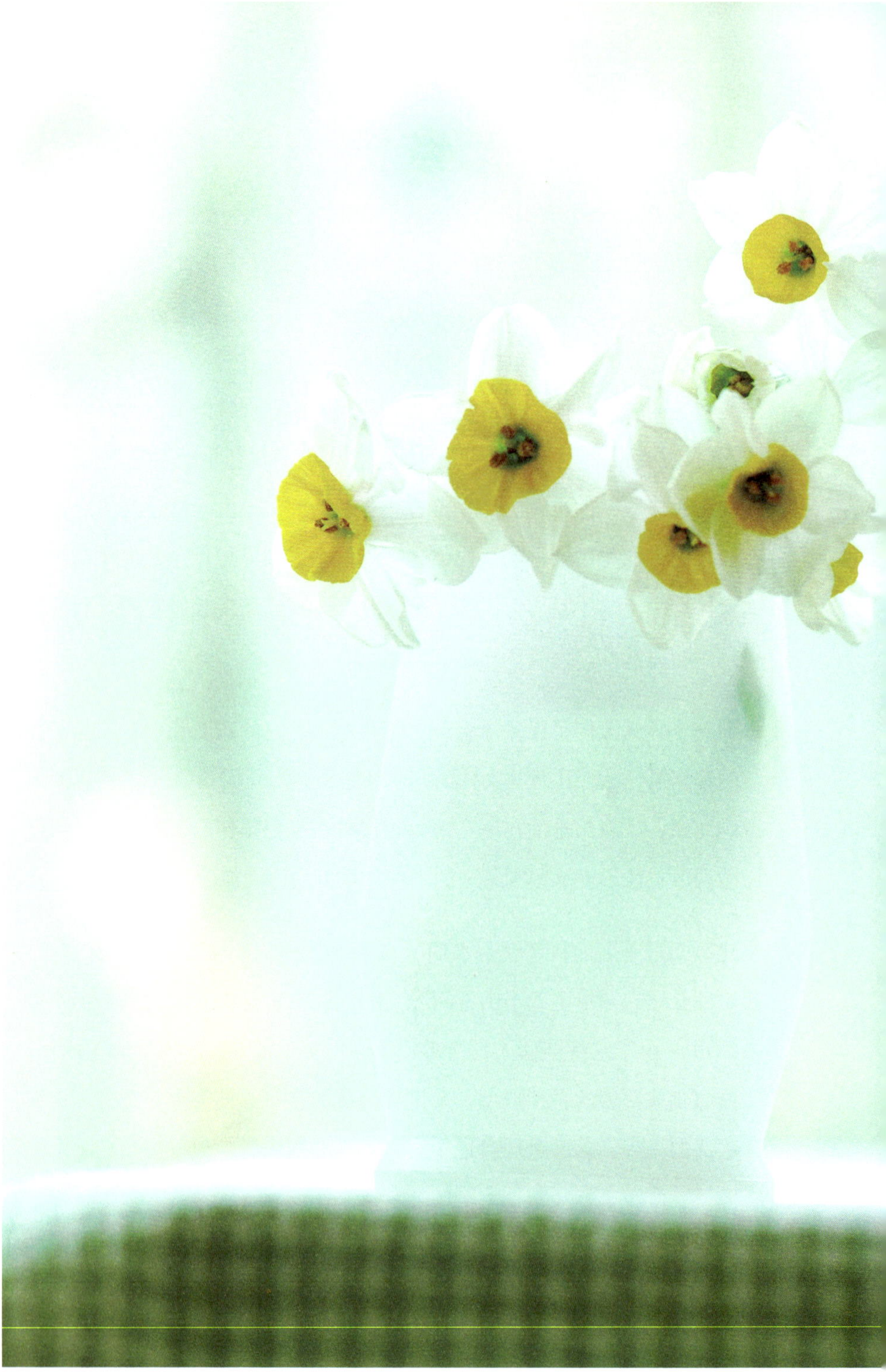

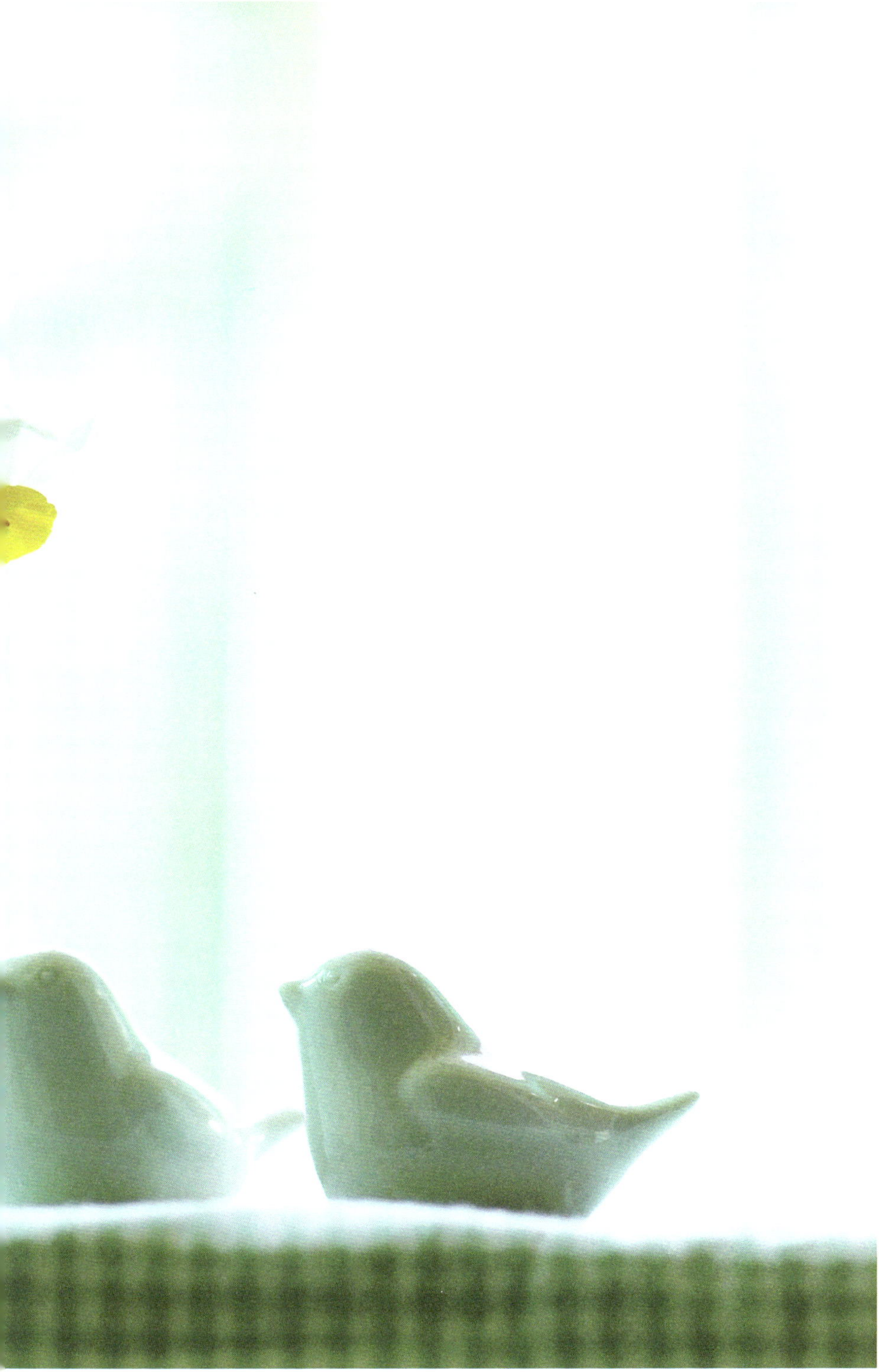

明及台湾等地）的水仙花，故有"天下水仙数漳州"之美誉。这里得天独厚的地理位置、土壤及气候为水仙的生产提供了先决条件。漳州水仙产地以西南郊圆山脚下蔡坂村一带最为著名。这里气候温和，土质肥沃松散，上午面阳，下午受阴，又有山泉灌溉，极适宜水仙的生长——恰好这也是家庭栽培水仙的要点。

相比而言，上海的崇明水仙和浙江的普陀水仙在名气方面略输一筹，但其实这三种都是中国水仙的主要栽培类型。崇明水仙作为上海地方特色花卉，在上海崇明岛已有400多年的栽培史，20世纪30～50年代曾风靡一时。和漳州水仙的旱种方式不同，崇明水仙都是水田栽培，它的优势在于花期长达40天左右，而漳州水仙的花期约为25到30天。地栽崇明水仙一般在9月底种下，翌年3月上旬开花。由于历史、种源、效益等多种因素的影响，崇明水仙在花卉市场上沉寂了近20年。虽然它是上海唯一具有地理标志的花卉品种资源，但了解它的人还是不多。

普陀水仙在花市上似乎也不如漳州水仙名气响亮。它又被称作"观音水仙"，也是舟山市的市花，以花期长、耐寒性强、球体紧实等优点而闻名。单单从图片上很难将普陀水仙与另外两个品种区分开来，不过由普陀水仙引出的民间传说倒是值得推荐给大家。

相传很久以前，百花仙子欲培育在冬天开花的草本花卉，为此费尽了心血。可培育出来的只会长根，不会发芽开花。百花仙子无奈来到普陀山，向观音菩萨求教。观音睁开慧眼说道："寒冬草木枯萎，乃是自然之象，很难强求。汝既诚心而来，吾当助汝，但只限一花可开。"

百花仙子很是感激，选了一只球状之根奉上。观音用净瓶中的水洒在根上，立即长出了绿色的叶子，但不见有花。观音遂转身从自己修行的白莲台上，摘下六片莲花瓣，凑成一朵纯白的花。百花仙子看了，觉得花虽好，但太素白单调，要求观音给予一点色彩，于是观音又随手从身边拿来一只点着清香的金色香炉盏，按在花心之中，这就成了秀丽的"金盏银台"花朵。这香炉里焚着香，故而花朵散发出浓郁的香味。又因花的根洒过净水，所以既可植于土中，亦能在清水中生长开花。百花仙子非常满意，便将此花命名为"水仙花"。

为感谢观音相助，百花仙子把水仙种球撒在普陀，让它扎根繁衍。从此

以后，每年一到冬天，百花凋零的时候，就是水仙花蓬勃盛开的季节。

这个传说故事把水仙的花色、花形和生长特性都巧妙地描绘出来，有助于水仙的文化及知识传播，也很适合讲给小朋友们听。人们喜爱这种花朵，为它创作了很多诗词歌赋。在盛产水仙的地方，还会举办"水仙花节"。比如2023年3月，上海崇明就举办了首届水仙花文化旅游节，漳州则举办过盛大的中国水仙花节。

原野上的舞者

相比规整而清雅的中国水仙，令我印象颇深的是瑞士漫山遍野的水仙。瑞士国家旅游局每年都会公布各地的花卉盛况，让我心生向往。最著名的水仙花徒步小径在蒙特勒、沃韦一带，每年四五月竞相开放，铺满山野，被当地人称为"五月雪"。这种水仙完全野生，自由奔放，由于花心中间有一圈红色因而得名"红口水仙"。我国则将这类可以生长在原野的水仙统称为"洋水仙"。

与"隔岁不再花，必岁岁买之"的中国水仙相比，洋水仙则具备年年复花的特性，也因此受到花园主人的垂青。来自欧洲的洋水仙长得"人高马大"，花园里种上十来颗球茎，无需细心呵护，便能在每年春天收获它们的芳华。黄水仙是最常见的种类，在欧美的春天花园中，它们几乎是必定会出现的植物。而且人们喜欢成片种植，也可以几簇一起盆栽。在所有球根花卉中，最容易归化（naturalize），也就是自然化的植物就是水仙。水仙适应不同类型的土壤，土壤越好，它们的生长就越茁壮。不能将水仙种植在排水不畅的地方，否则它们很容易烂根。水仙在充足的阳光下和半阴处都长得很好。园丁们发现它们在经过过滤的阳光下或处于部分遮蔽的环境中表现最佳，在这种生长条件下，它们的花朵持续时间更长，颜色更加鲜艳，叶子也能保持更长时间的绿色。

在英国的乡村花园林地中，明艳的黄水仙宣告了春天的到来，人们称赞它是春天的艺术和灵魂所在，它也赋予众多诗人和作家以灵感。桂冠诗人华兹华斯经常在作品中赞美大自然的美丽，黄水仙盛开就是他笔下最生动、最容易共情的一幕：

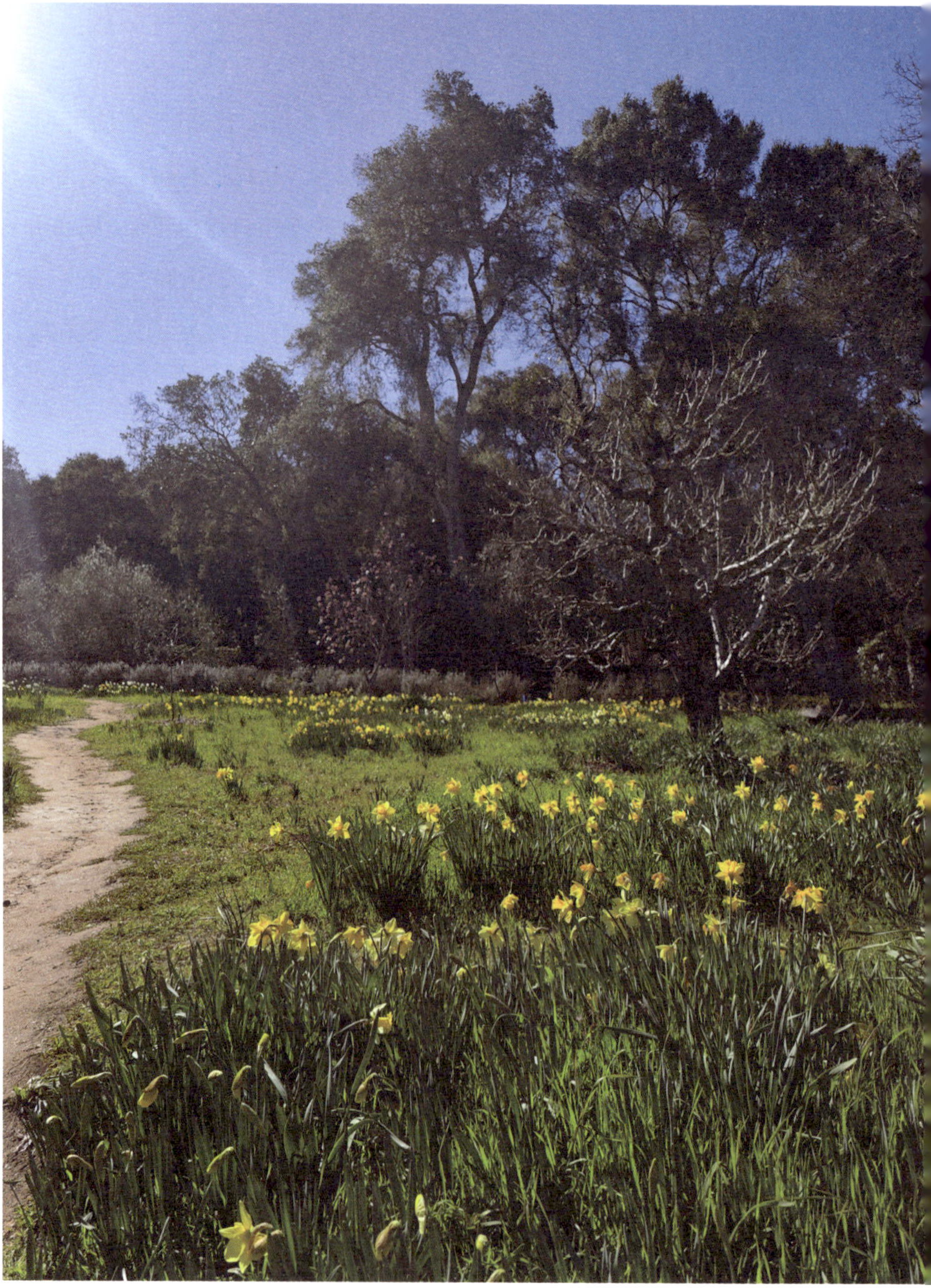

我寂寞地徘徊在云朵上

漂浮在高高的山谷和山丘上，

当我突然看到一群人

许多跳舞的水仙花；

沿着湖边，在树下，

一万人在微风中翩翩起舞。

——威廉·华兹华斯，1807 年

一场安静的革命

原产南欧的水仙，其多样性中心被认为在西地中海沿岸，特别是伊比利亚半岛。此后野水仙作为归化种扩散到英国各地。虽然野生的水仙只有 30 多种，但在人们悠久的育种历史中诞生了超过 26000 个栽培品种，每年依然增加很多个杂交品种。育种者更多考虑了耐寒性和抗病性的因素，并着力培育其更多美学特质，比如更大的花朵、更醒目的色彩等。园艺界将这类育种形容为"一场安静的革命"——因为水仙并不是一种可以快速杂交培育的植物，从种子到开花需要好多年的时间。

特别值得一提的是，育种人并不一定都是科班出身，有些完全是出于纯粹的爱好。19 世纪初，英国苏格兰达令顿的银行家威廉·巴克豪斯（William Backhouse，1807—1869）对水仙杂交的热情彻底改变了水仙花育种的模式。1865 年，他培育了两个品种——"皇帝"（Emperor）和"皇后"（Empress），这是英国最早通过人工培育获得的三倍体水仙花，具有更大的株型和更快的生长速度。此后他又培育出一系列水仙品种，人们将其统称为巴克豪斯水仙。英国著名的园艺杂志《花园画报》曾经在2022年特别介绍过这位了不起的育种家兼银行家。如今人们还可以到他的故居庄园参观，那里的花园对外开放。

科班出身的爱尔兰植物学家盖伊·利文斯通·威尔逊（Guy Livingstone Wilson，1885—1962）则热衷于培育纯白色系的水仙花。他不断推陈出新，培育出各种各样的白色水仙。比如早期的"白夫人"（White Dame）、"吹雪"（Driven Snow）、小花型水仙"中国白"（Chinese White）……他一生未婚，只是致力于种植、培育和改良他所钟爱的花朵。

正是因为这些育种人孜孜不倦的努力，今天的我们方能欣赏到更多的水仙之美。

《花园画报》对巴克豪斯的报道全文参见：https://www.gardensillustrated.com/plants/backhouse-daffodils-national-collection/

英文daffodils和narcissus都译为"水仙"，二者有区别吗？实际上，所有的daffodils都属于Narcissus（水仙属），而daffodils和jonquils都是该属植物的通用名称。中国水仙在英文中被称作Chinese Narcissus。

花园生活美学
074

花草手工皂

这一节来分享下植物和我们肌肤的一些联系。萃取花草的精华,并将它们涂抹在身体肌肤之上,运用它们的芬芳和疗效,是人们从古至今一直都在做的事情。古印度的神秘熏香、古埃及用油脂浸泡散发香气的护发油、德国传教士用蒸馏技术提炼的精油……千百年来人们一直在尝试用各种方式保留香气之美。

即使在化学技术已经相当发达的今天,各类护肤品、保健品品牌也依然希望能传递自己的产品"源自天然,因此拥有自然精华"这一要义。比如雅诗兰黛的红石榴水、欧舒丹的薰衣草护手霜,都是家喻户晓的产品。

一款直接用园丁和花草作为产品主题的品牌有着古典优雅的气质,那就是英国的护肤品牌瑰珀翠(Crabtree Evelyn)。这个名字的灵感来自 17 世纪极负盛名的作家和园艺学家约翰·伊夫林(John Evelyn),该品牌致力于用最传统最古典的方式展现花草天然的芬芳与高品质的生活方式。最早这只是一家专门制作香皂的家庭作坊,后来它的产品增多,包括身体护理用品、香薰精油,甚至包括精美的茶点和居家装饰以及家居服装等。瑰珀翠也一度成为象征着英国优雅贵族气息的品牌。

走进瑰珀翠的店铺,就像走进了英国的精致花园,芳香四溢,而且每一款产品的包装上都配有手绘图：图案风格浪漫，色彩也都非常梦幻。品牌创始人认为，大自然中那些娇嫩的花朵散发的无尽芳香具有疗愈效果，能呵护人类的皮肤和身体。所以他萃取了迷迭香、芦荟、玫瑰、鸢尾花、百合、栀子、铃兰等植物的精华，制作出各种产品，让这些芬芳留在人们的身边。比如瑰珀翠有一款紫藤的香水，仅是看到手绘设计你就会觉得浪漫非凡。紫藤的花期其实很短暂，前后不超过一周，但通过这种香水的形式就可以收集并储存它的花香。"希望从每一个独特的日子，找到珍贵的不凡。"几百年前，约翰·伊夫林的这种轻盈新鲜又真挚的生活态度贯穿了他的文学作品，也启发着我们现在的花园生活美学。

我会因为特别喜欢某种植物而喜欢某一款护肤品，也会因为某一款护肤品提到的植物而关注这种花草。法国的欧舒丹也是以花草闻名的护肤品牌，各国机场的免税店都有，它的护手霜很知名，但我格外钟情它的橱窗广告，橱窗中经常会陈设着明亮的鹅黄色蜡菊。这种永不凋谢的小小花朵天然就是干花，我总是幻想着自己有机会能在花园里种上它！

花水与纯露

早在17世纪，英国人就已经很擅长将新鲜的花朵、香草和果实，通过蒸馏的方式保留其精华，用于护肤和烹饪，让生活更加活色生香，也注入很多精彩的生机。人们都希望找到最温和的力量来展现花草的能量，并让自己从中获益。

现在女生们大多都知道植物的花水和纯露，用来作为干燥秋冬的面部喷雾是最合适的。3月的桃花、4月的牡丹、5月的玫瑰、6月的薄荷、7月的荷花……每一种植物都有它独一无二的珍贵精华，当它们开花的时候就做起来吧！其实简单的萃取并不难，把花瓣加入清水后蒸馏出来即可。带着珍贵精油的花水可以让我们的肌肤更加娇嫩，香气也让我们的心情变得更愉悦！在网上就能买到家庭用的蒸馏装置，操作也非常简单。有兴趣的话不妨试一试。

花水是通过高温蒸馏后萃取出来的，含有植物本身的水分和外来的水，也带有花朵本身的精油，尽管含量并不多，但还是保留了部分芳香。不过在高温条件下，植物的香气会发生改变，头香被破坏，所以闻起来和新鲜的花香还是有区别的。这也是为什么冷萃的工艺会显得更高级一些。

冷萃这个词近年来在咖啡中运用较多，听起来也很优雅。以冷萃的方式得到的花水，我认为更适合称作"花露"，品质更高。国内有一些萃取植物细胞液的公司就在做这类工作。冷萃的花露是在30多度的恒温下，通过热风让植物细胞体内的水分蒸发出来，再进行冷凝得到的，其香气完全是花朵本身的味道。这种冷萃的花露提炼方法和高温蒸馏而成的花水完全不一样：一滴水都不加，是完全来自植物本身的精华。科学地说，这其实是植物的细胞液，它最大的特点就是香气和成分要优于普通的花水。这种冷萃方法之前仅应用在制药行业，经过改良后应用到花水的萃取中，在萃取的同时结合真空抽提和微波处理。鲜花工作仓的温度一直需要维持在 33~34℃，这样才能得到纯净均匀的香气。尽管家庭萃取难度比较高，不过我们能够了解下冷萃的工作原理也很好。

花草手工皂

花草手工皂也是自然主义者比较感兴趣的领域。

所有的手工皂都是由油、水和碱制成的，万变不离其宗。手工皂老师通常会把纯净水称作"水相"，混合油脂称作"油相"。油分为液体的油、固体的脂。不同的油承担不同的角色，包括主油、辅油和功能油等。

⊕ 花水萃取过程示意图

一块专业的手工皂通常会用到七八种油，但如果自己在家里制作，可以适当减少，为的还是体验下手工的乐趣，以免过于烦琐的操作影响自己的兴致。

手工皂最基础的几款油是椰子油、橄榄油和棕榈油，也很容易获得。椰子油起泡度高，洗净力强，而且质地够硬。冰箱保存的椰子油容易形成固态，需要隔水加热后再使用。

棕榈油属于硬性油脂，可提高皂的硬度，做出温和且厚实的手工皂，且不易变得软烂。但因为洗起来泡沫较少，所以通常会搭配椰子油使用。棕榈油相对也便宜，所以购买成本也低。

橄榄油属于软性油脂，具有极佳的保湿效果，洗起来会很滋润。除了和其他油脂混合使用外，也适合做成100%的纯橄榄油皂，不过就是泡沫较少，油性肌肤不适用。

其他常用到的还有芝麻油、杏仁油、山茶油、鳄梨油、月见草油、葡萄籽油等，这些都是植物油，大多源自它们储存能量的种子。这些油既可以食用，也可以成为手工皂的原料，都属于花园生活的范畴。

再分享下花草浸泡油的制作。喜欢花草气息的读者，可以提前一个月用花草的干品做成花草浸泡油，通常比例是1∶5。比如洋甘菊浸泡油，可以将100克干燥洋甘菊加入500克的橄榄油制成，其他植物比如桂花、金盏菊、迷迭香、百里香、薰衣草、紫草、紫苏等，都可以如法浸泡。

紫苏茂盛的季节，可以试试紫苏冷制皂。它本来就是常见的菜蔬，也是传统的药草，种子还可以榨油（紫苏油）。我们用叶子泡水来萃取它好看的颜色，再用上紫苏油，就能制作一款紫苏冷制皂了。做之前一定要戴手套和护目镜，保护好自己，同时也要避免宠物和小孩在跟前。做好后的手工皂一般要放置1个月左右才能使用。

紫苏皂配方（皂师朝颜提供）

材料：

　　橄榄油 1000 克　　　紫苏油 800 克

　　椰子油 500 克　　　　纯碱 337 克

　　紫苏水 850 克　　　　成皂约 3500 克

步骤：

1. 制作紫苏水：300克干紫苏加1500克水浸泡两小时后，熬制半小时，称取850克，冷却后做成冰块备用。

2. 将三种油混合，隔水加热到45～60℃，放置一旁冷却。

3. 把纯碱分次加入盛有紫苏冰块的容器，一定要少量多次添加。溶解过程中的剧烈高温会把冰块融化，变成碱水溶液。

4. 等到油脂和碱水都降到40～45℃时，把紫苏碱水缓慢倒入油脂中，同时用打蛋器搅拌。紫苏碱水如果温度偏低也是可以的，温度参考以油温为主。

5. 开电动打蛋器的最低档位，在皂液里面搅拌，注意不要进入气泡。直到提起打蛋器后，皂液形成一个尖尖，类似奶油打好的状态。这是皂液完全皂化的一个表现，这时就可以入模保温了。

6. 将模具放在20～35℃的环境里，静置72小时，等表面用手指按压不动就可以脱模了。

7. 将脱模后的皂切成自己喜欢的大小，厚度以2～3厘米为宜。放置在干燥通风处，尽量避光，让皂熟化。这个过程至少需要45天。

熟化45天后，可用pH试纸测试，pH值在8到9之间，就是肌肤的安全使用范围。

冷制皂在初次使用时需要醒皂：将皂浸泡在水中约10秒，等表面出现凝脂，就可以搓泡泡洁面了。也可以套上起泡袋，辅助起泡。

⊞ 紫苏皂的做法

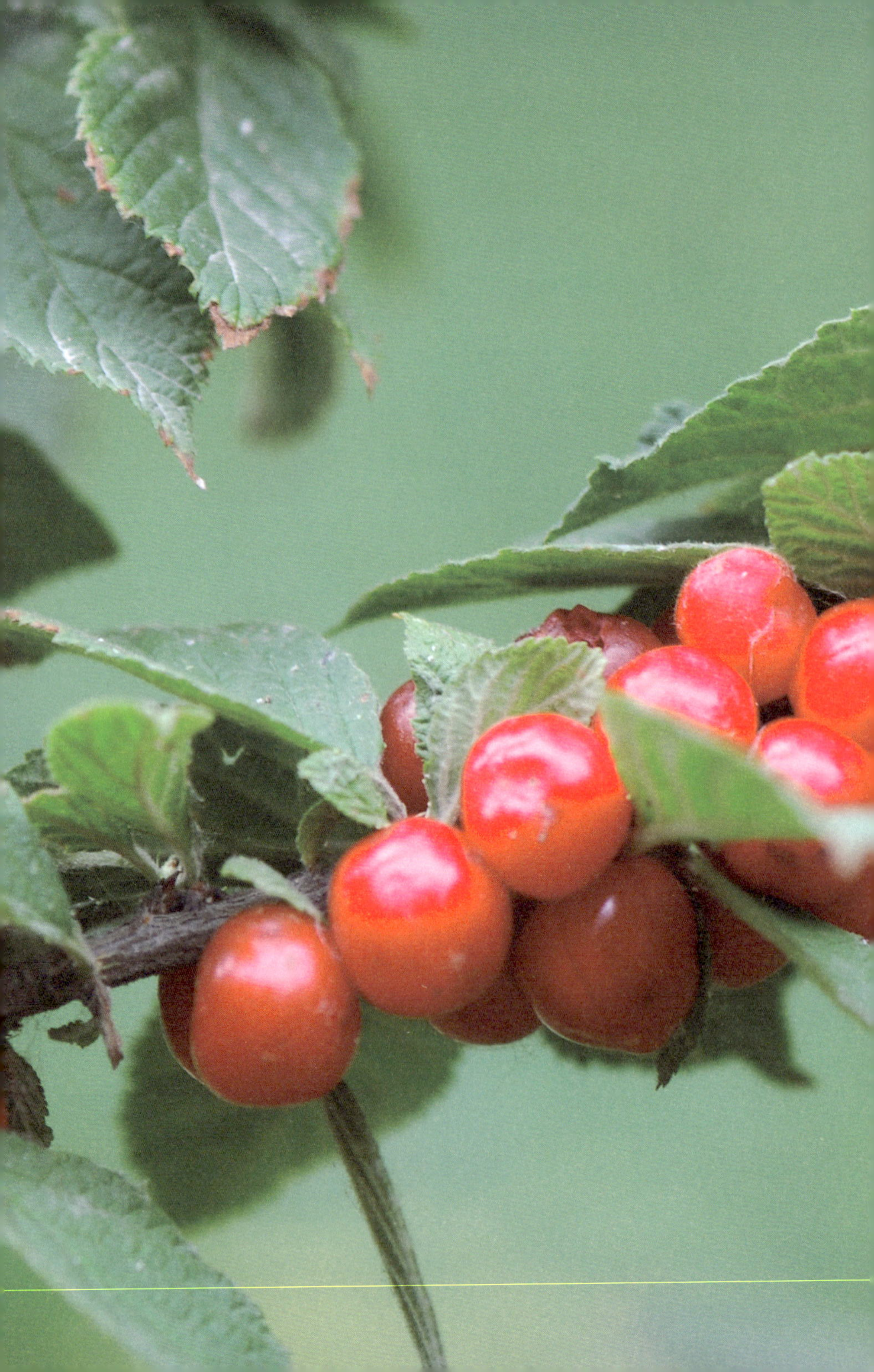

3月

植一棵樱桃树

亲爱的三月

寒冬的背影已经渐行渐远，三月的春流倏忽而至，迎面绽放在我们的视野中。

这个月的节气有惊蛰和春分。惊蛰是二十四节气中的第三个节气，处于公历3月的5～6日之间。时至惊蛰，阳气上升，春雷乍动，雨水增多，万物生机盎然。在二十四节气中，各类节气反映的都是自然生物受节律变化影响、萌发生长的现象，它们都是古代农耕文化对于自然节令的反映。农耕生产与大自然的节律息息相关，古人很重视惊蛰这个节气，把它视为春耕开始的信号，所以我们的花园无论南北，到这个季节都已经开启新一年的生长了。

仔细观察下你身边的植物吧！在蛰伏的灰色冬季过后，我们欣喜地迎接春天的到来。迎春花首先绽放第一朵花，早樱不甘落后，紧接着是粉色的山桃、紫叶李、金色的连翘、洁白的玉兰、紫色的堇菜地丁、轻快的二月蓝……它们闪耀着各自的色彩，次第登上了三月的流光舞台。

在英文中有一段关于三月（March）的双关句我很喜欢：

> Can February March?

No, But April May.

二月能行否？否也。

四月可行乎？可也。

March 作为名词时，除了表示三月，还有行进、游行、进行曲的意思；作为动词它可以表示军队成队列前进，还有行军打仗的意思。将 March 用于指代三月，最初源于只有 10 个月的古罗马历法。三月是很适合出征的月份，为了纪念战神马尔斯（Mars），古罗马人用他的名字命名三月，这是他们一年中的第一个月份。同时，Long March 还是（红军）"长征"的公认翻译。在中国，农历二月被称为"春月"或"杏月"，因为杏花在这个时节开花。类似地，四月被称为"槐月""花月"或"麦月"，因为槐花等众多花卉开在四月天。

所以上面那句话还可以翻译得更风雅一些：杏月可行乎？否也，但可槐月。

一到三月，我就会想起美国女诗人艾米莉·狄金森（Emily Dickinson, 1830—1886）的作品《亲爱的三月》（Dear March, Come in!），这是我特别喜欢的一首自然小诗：

亲爱的三月，请进！
我是多么高兴，
一直期待你光临。
请摘下你的帽子，

你一定是走来的，
瞧你上气不接下气。
亲爱的，别来无恙，
等等，等等，

你动身时自然可好？
哦，快随我上楼，
有许多话要对你说。

你的信我已收到，
而鸟和枫树
却不知你已在途中，
直到我宣告，
他们的脸涨得多红啊。
可是，请原谅，
你留下让我涂抹色彩的
所有那些山山岭岭，
却没有适当的紫红可用，

你都带走了，一点不剩。

是谁敲门？
准是四月，
把门锁紧，
我不爱让人纠缠。
他在别处待了一整年，
我正有客，却来看我。
可是小事显得这样不足挂齿，
自从你一来到，
以至怪罪也像赞美一样亲切，
赞美也不过就像怪罪。

艾米莉·狄金森是和惠特曼同时代的美国诗人，她生前仅仅发表过十几首诗，默默无闻，去世后70年才得到文学界的关注，被现代派诗人追认为先驱。狄金森诗歌的题材中，"花草和花园"是最重要的一部分，她留下的诗歌和信件几乎都是关于花的，花园通常被形容成"想象的世界，在那里，花朵通常象征着行动与情感"。在她笔下，有的花与年轻和谦逊相关，比如龙胆和银莲花，有的与谨慎和顿悟相关。后世赞誉她的诗篇"上承浪漫主义余绪，下开现代主义先河"。

这首《亲爱的三月》运用了戏剧独白的形式，诗人寄情寓理于自然，不拘一格的想象力，表现人与自然和谐交融后得到的至高无上的喜悦之情。我超级喜欢她不事雕琢、质朴清新的语言。通过漫长冬季的尘封，诗人迎接了风尘仆仆的故友"春天"，来到了她的小世界——她的家、她的花园。这首诗让我听到了众鸟欢唱，闻到了百花吐露的芬芳。

她还有一首《请允许我成为你的夏季》（Summer for Thee, Grant I May Be），也特别值得推荐给大家阅读。

> 请允许我成为你的夏季，当夏季的光阴已然流逝！
> 请允许我成为你的音乐，当夜鹰与金莺收敛了歌喉！
> 请允许我为你绽放，我将穿越墓地，
> 四处播撒我的花朵！
> 请把我采撷吧——银莲花——
> 你的花朵——将为你盛开，直至永远！

狄金森酷爱并精通园艺，维基百科中介绍她喜欢培植奇花异草。有学者指出，比起诗人，狄金森生前更多地是以园艺爱好者为人所知。她9岁的时候，开始与妹妹一起学习植物学并照管家中的花园。她曾将压花收集到一本66页的皮制封面的标本集中，并根据林奈体系鉴定并标记了424种压花标本。遗憾的是，这一标本集未能保存下来。狄金森有自己的花园，父亲甚至特别为她修建了一个温室。当时，狄金森的家庭花园在当地很有名，并得到了人们的赞赏。

狄金森尤其喜欢培育有芳香的花草，她常常送花束给朋友，并附上自己的诗句。关于狄金森的花园，她的侄女玛莎·狄金森·比安奇曾回忆道:"铃兰、三色堇铺成一条条地毯,还有一排排的甜豌豆、风信子,尽管只是三月,但蜜蜂采的蜜到夏天也吃不完。适逢花期,还有大片黄水仙、大丛金盏菊让人心驰神往——这里简直是蝴蝶的乐园。"

我喜欢的另一首花园诗歌是爱尔兰诗人叶芝的《茵纳斯弗利岛》(The Lake Isle of Innisfree)。以袁可嘉先生的译本最为经典:

>我就要动身走了,去茵纳斯弗利岛。
>搭起一个小屋子,筑起泥巴房;
>支起九行芸豆架,一排蜜蜂巢。
>独个儿住着,荫阴下听蜂群歌唱。
>
>我就会得到安宁,它徐徐下降,
>从朝雾落到蟋蟀歌唱的地方;
>午夜一片闪亮,正午一片紫光,
>傍晚到处飞舞着红雀的翅膀。
>
>我就要动身走了,因为我听到
>那水声日日夜夜轻拍着湖滨;
>不管我站在车行道或灰暗的人行道,
>都在我心灵的深处听见这声音。

> 来自韩国济州岛的品牌Innisfree（悦风诗吟）的名字就来源于叶芝诗中的这个小岛，意思是纯净自然与健康之美得以和谐共生的纯净小岛。

叶芝在孩童时代就憧憬着梭罗在《瓦尔登湖》中所描述的那种返璞归真的生活。这首诗是他在走过伦敦街头时，听到喷泉带来的叮咚水声，刹那间想起了湖水和故乡，想到自己年少时的向往，于是有感而发，创作而成。全诗以"我就要动身走了"统领，描绘了自己身居都市之中对内心安宁的向往。他希望可以在宁静的茵纳斯弗利岛上建一座小屋，并用丰富的想象力为我们勾勒出这座有声有色、悠然自在的家园，字里行间洋溢着对回归自然的渴望。在我看来这不仅是一座舒缓精神的家园，也是一座真正的牧歌花园。那几行芸豆架、那一排蜂巢，何尝不是所有热爱花园之人的向往呢？

很多作家都受到过花园的影响，花园为他们提供了心灵的港湾。我曾参与翻译过一本英国的花园书《作家的花园》，当中就介绍了英国著名作家和花园的故事，包括"彼得兔"的作者碧雅翠丝·波特小姐、"一眼看见一万朵黄水仙"的桂冠诗人华兹华斯，还有英国第一位获得诺贝尔文学奖的作家吉卜林，他曾经在美国的新英格兰定居，后来搬回英国，他的花园在英格兰乡村，在那里他写出了著名的诗篇《花园的荣耀》……

庭院果树进行时

三月有一个和种植有关的节日，那就是一年一度的植树节。各个国家或地区都会根据自己的物候设立不同的植树节日期，主要目的都是为了倡导大家多多种植树木，保护身边的自然环境。

中国的植树节是于1915年设立的，最初设定在每年的清明节。1928年，国民政府为了纪念孙中山逝世三周年，将植树节改为孙中山的忌辰3月12日，后来这个日期就一直沿用下来，成为每年固定的中国植树节。中国的国土面积大，由于纬度不同气候条件也不一样，各地适合种树的时间段也有区别。但三月种树，总归没错！

对于蠢蠢欲动的花园主人来说，这个季节种花种树正当令。一般来说国内的私家花园面积都不会太大，特别是城市里的花园。在有限的土地上，能种植的树木数量和品种都是非常有限的，再加上主人的精力也有限，果树最为推荐，尤其对于有孩子的家庭来说，果树更加实用。因为花树固然美丽，比如玉兰和樱花，可是果实不能吃呀，而且相对而言，花树最美的季节只有一季，可是果树不一样，观赏期有花期和果期，可以让我们从春天一直垂涎到秋日——本着"食"事求"实"的原则，在有限的庭院中，我们自然要选择那些更具"经济"价值的树种啦！

果树的选择原则

按照落叶与否，果树可以分为木本落叶果树和常绿果树；按照果实的不同，又可以分为仁果类、核果类、浆果类、坚果类等。仁果类果树包括苹果、梨子、山楂、海棠等；核果类包括桃、李、杏和樱桃等；浆果类包括猕猴桃、树莓、葡萄等；坚果类则有核桃、板栗、榛子、银杏等。

对于小庭院来说，是否好吃和落叶与否这两个标准更加重要。

选择果树，要尽量遵循天时地利的原则。实际上，庭院中无论种植果树还是花树，无论草本还是木本，"天时地利"都是我们首先要尊崇的原则——其实这就是"本土适用"原则，首先要适应当地的自然环境。

每一种植物生长的要求都不一样，想要结出鲜美果实的果树更是如此，为什么我们各地会有国家地理标志的农产品？就是因为一方水土生长一方的作物。仔细观察本地盛产的水果品种或者适合当地气候水土条件的果树品种——这些将作为自己庭院果树选择的重要参考基础：你的花园所处的位置和地区、不同地势和朝向、不同土壤和水质，都对果树的生长、果实的口感有影响。多数果树都要求土层深厚、土壤质地疏松肥沃、阳光充足这样的条件，当然也有耐瘠薄的果树品种，但谁会拒绝"肥沃"的营养呢？各种果树对光、热、水肥的要求不尽相同，如柑橘畏寒，北方的庭院就无法露天种植，不过可以盆栽；苹果、梨、葡萄等耐低温，从山东到北京一直到新疆都很适合。种植之前在这些方面做些研究，了解清楚会更好。

其次是庭院适用原则。上一条提的原则是指大自然的环境，现在需要考虑的是庭院的小环境和小空间。无论是庭院还是花园，它们的面积毕竟都有限，一般国内的私家花园有一二百平方米就算是很大的了，所以你需要考虑到未来果树的长势、冠幅——一座小的庭院可能只能栽种一两棵果树而已。

至于花园的微自然环境，比如朝向，也并非一致，可能东南西北都会有——东南向的位置很棒，请留给果树吧！

我们需要充分考虑庭院的方位和日照时间，以此为基础来选择要种植的果树品种，因为大多数能够开花结果的果树都需要一定的阳光，而且尽可能是充足的光照。桃树、杏子、李子都喜欢阳光；柑橘、枇杷相对较为耐阴。在南方，果树的品种选择较北方城市要多，但也有不能适应南方酷暑多雨气候而耐北方干燥寒冷的品种；当然，更有南北皆宜的果树，比如石榴、无花果、樱桃等。

第三条尽量遵循的原则是"相亲相爱原则"。你知道吗，有些果树只种单独的一棵就能结果，因为它们是雌雄同株的，可以自花授粉。有些则是雌雄异株，需要有授粉树配植才行。大多数果树可以自花授粉，一棵也能开花结果，譬如苹果树、梨树、核桃树等；但异花授粉有助于结果量的提升。异花授粉是自然界中很普遍的授粉方式，它们的花粉靠风力和昆虫来传播。

所以栽种果树最好有两棵以上，这样互相授粉后坐果率大大增加。如果庭院面积有限，也尽量选择那种可以自花授粉的果树，比如金橘、柿子、石榴、李子、杏子等。有的果树是雌雄异株的，不能自花授粉，这种情况下就需要配置授粉树，比如猕猴桃、杨梅；有些果树则自花授

这是一棵正在塑形的啤梨树：这些彩色的小桶中装着沉甸甸的沙子，不仅起到装饰作用，更重要的目的是往下牵引枝条，改善树冠结构，提高果树产量

粉效果不够好，比如某些品种的樱桃树、甜柿，它们同样需要授粉树。异花授粉的果树产量要比自花授粉的产量多很多呢！虽然我们并不指望自家的果树能像果园里栽植的那样丰产，也不指望靠它来果腹，但丰收的美好景象终归是人们盼望的。

此外，要尽量栽种品质好、产量高、抗病性强、花期一致的不同品种作为授粉树和用于配对的雌雄株。花期一致很重要，比如早熟樱桃和晚熟樱桃开花时间不同，就没法互相授粉了。另外还要特别注意果树与绿化植物的不和现象：不能将梨与桃、梨与桧柏、葡萄与柏科、柑橘与樟科树木混栽，因为它们种在一起容易感染病菌。

还有一个原则是"物以稀为贵"。如果你觉得好吃的水果市场上就能买到，不必费心费力自己种，那么就选种那些超市买不到的水果品种吧！水果店和超市里能买到的水果基本都是商业价值较高的品种，这个世界还有很多不适合商业生产的品种，原因可能是它们虽然品质高但是产量低，或是果实成熟后不易运输，等等。

庭院果树的种植设计

在欧洲的花园中，我们常可以看到那里的园丁将果树贴墙种植，形成漫布墙面的"平板式"果树。这种贴墙种植的设计被称为espalier，也是一种"庭壁"的艺术，其中果树是最常被使用的一类，从无花果到西洋梨、海棠、苹果等都可以如此设计。这样不仅在视觉效果上起到很好的装饰作用，丰富了花园原本干巴巴的墙面，而且也充分考虑到果树自身

平板式造型的杏树

生长的因素：墙面反射的光照和辐射的热量会回馈给果树，有助于它们开花结果，也有助于冬季的保暖。这种设计其实并不难，不过是各国果树的栽培方式不一样而已，并没有优劣之分。在国外花园中心可以买到已经修好造型的成品果树，在国内我们也可以从幼苗期开始DIY（自己制作）。

可以自花授粉的果树适合孤植——一棵硕果累累的果树完全可以成为整座花园的焦点，这种"建筑"型植物非常能够吸引你的视线，它会成为花园的主构架。需要异花授粉的果树可以丛植——它们可以设计成庭院中的绿篱，成为园中的常绿背景。行道旁可栽种观赏价值大、干性强的高大乔木果树，如枇杷、银杏、柿、枣等；房子前后附近正对门窗处不宜栽高大的果树，尤其是冬天不落叶的品种，因为它们会遮蔽冬日里宝贵的阳光。屋顶平台、矮墙等处可种植盆栽金橘、无花果，还有其他各类矮化的果树，以免挡光或阻挡人们的视线。小庭院是寸土寸金，所以立体种植也是很好

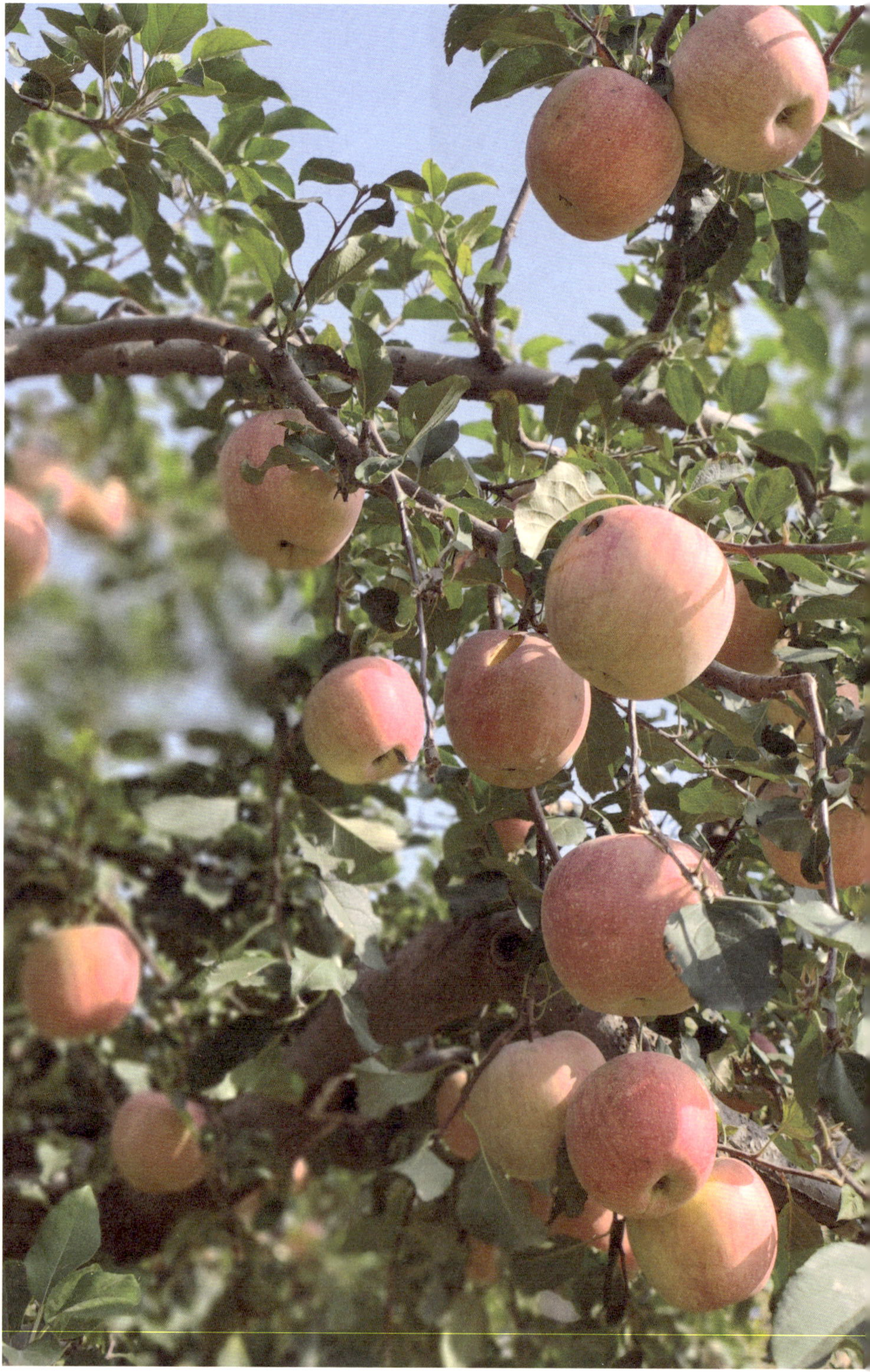

的设计方案,这样可以充分利用土地和光能,比如在果树行间和株间套种其他蔬果或花草,或者以草坪作为基调。

养护要诀:三分栽培七分管

树木的寿命一般都很长,果树也不例外。当然不同树种寿命不一样,柿子、板栗、核桃和枣树这类百年的老树我们经常能够见到,梨树也很长寿,苹果和樱桃没有这么久,但三五十年没有问题,葡萄的平均寿命普遍认为是五六十年。正因为它们长寿,所以我们更应该给它们一个好的开始。

准备工作需要"三大":大坑(长宽深各1米)、大肥(坑底要给足腐熟的有机肥料)、大棵的种苗(指有一定高度、茎干粗壮、根系发达的壮苗,这样当年就可以收获,节约很多年的时间;成品的容器苗更合适,可以随时下地)。每年秋季(9~10月)以果树根部为中心,沿着外围挖出一圈圆形的沟,然后施入有机肥——这有助于来年硕果累累。普通的追肥平时可以进行,采用薄肥多施的原则。根部可以覆盖一些园艺树皮,以便保持根系水分、防止杂草丛生。整形修剪是技术性很强的一项措施,很多果树多年不结果,可能除了营养的原因也和修剪有很大关系。修剪的目的是让树体通风透光、调节果树营养生长和生殖生长(结果)的关系。

不必将果树都修成果园里的植株那般矮小,果园那么做是为了采摘方便,我们在自己的花园中种果树不仅仅是为了采摘、还有装饰庭院和遮阴等很多作用，根据自己的需要来操作就可以了。整形修剪的原则是：因树修剪，随枝造形；均衡树势，主从分明；外稀里密，通风透光。

庭院果树的种类推荐

无花果——丰盈生命力的象征

无花果是东西南北皆宜的果树，而且品种特别多。在物流不发达的年代，除了无花果产区，其他地方很少见到鲜果售卖，这是因为它的果实很容易软烂，特别不利于保存和运输，所以早年我们只能吃到无花果干，而不是新鲜的果实。越是这类不容易存放的果实，越值得我们自己种植，因为你总是能采收到最新鲜而且是树熟的那一颗！

无花果很容易种植，它的生长速度是非常迅速甚至是惊人的！它的叶片很招展，但果实很低调，所以即使种在路边，结果的时候也没人会注意到。我在法国常常看到高大的无花果树伸出墙头，那边的品种还特别大，一颗无花果几乎像一颗小苹果那么大，很夸张！我种过三种无花果，有一种是从上海石库门老房子带回来的，叫"青皮"，表面是青色的，撕开果实，里面是红色如草莓般甜蜜的果肉，非常好吃；有一种紫皮的，果肉米黄色，不如青皮甜美，但耐贫瘠，超级皮实；还有一种叫"新疆早黄"，是新疆常见的一种无花果，果实为黄色，硕大饱满而且甜度高，所以当地人把它叫作"糖包子"。但我在北京花园里种植的效果

🔲 无花果"青皮"

不太好,几年下来都不怎么结果,很奇怪。在加州吃过一种棕色的无花果,叫作"土耳其棕",这个品种是连皮都可以吃的,口感特别好。

无花果的根系非常发达,所以一定要事先想清楚种在哪儿,要不然后面想挪可真是挪不动呢。

北美海棠——花果兼具的精彩树源

有没有一种完美的庭院果树,可以让我们在春天欣赏到精彩的花树,夏天享受到阴凉的庭荫,秋天采摘到甜美的果实?海棠可以成为答案之一。 海棠几乎是北京最著名的庭院树种，毋庸置疑，它非常适合北方的气候条件，同时它也适合上海、杭州等南方地区的小庭院。

我特别推荐的是四季皆美的北美海棠。它经过北美几代育种专家的努力，拥有层出不穷、多彩多姿的品种。它是庭院观赏的首选树种！4月正是它花开满树的当令时节，而且花枝繁茂如瀑布奔流。从8月到12月，海棠不仅给主人带来赏心悦目的果实，而且吸引着前来觅食的小鸟，这会让你的庭院即使在冬季也生机勃勃。（关于海棠的详细介绍，可参考秋天的章节《花树 & 果树：海棠》。）

柑橘——淮南淮北皆适宜

看着超市里品种繁多的柑橘，就不难发现：我国柑橘的品种如此丰富，它们的生长范围也非常广泛。虽说橘生淮北则为枳，但只要选好品种，无论是柑、橘、橙，还是柠檬，都是很好的庭树。它们的绿叶经冬不凋，初夏洁白的花朵芳香怡人——橙花精油可是非常昂贵的！而我们却可以在自己的庭院中享受最自然、最清新的橙花芳香。只要摘一枝橙花插在瓶中，家里就会洋溢着它好闻的香气。从秋天到次年春天，你甚至可以一直看到金灿灿的果实挂在绿意枝头——它们金色的果实饱满圆润，是如此吉利、如此闪亮，真的非常适合长江以南的庭院！

花园生活美学

3月

华盛顿和樱桃树

因为喜欢吃樱桃，所以在有了自己的花园之后我就去买了一棵樱桃树，它是第一年第一位就落户花园的首席果树呢，我把花园中最好的位置留给了它！不过我那时候不了解樱桃的品种，等结果后才发现它的果实和超市里的那种大樱桃长得不一样，这才知道：那其实是一棵毛樱桃，就是北京香山樱桃沟里的品种。

之后我迅速订正了这个错误，买到了一棵来自山东的"红灯"大樱桃，卖家并没有告诉我这种樱桃需要授粉才能结果，幸好邻居家也种了一棵，前几年结果还不少。但糟糕的是，邻居搬家后樱桃树被新主人砍了，于是我花园里的樱桃树就成了孤家寡人，这几年花没少开，可是基本结不了几个果子，只能当作庭荫树来欣赏了。这两棵樱桃树带给我的教训就是要买对品种，要不然会很浪费感情。现在想换果树也不易，因为樱桃树已经长得太大，挖不动也砍不动了。

美国西北的华盛顿州是全美樱桃的最大产区。如果你去西雅图旅行，春天一定要去华盛顿大学赏樱花，夏天就一定要去附近的樱桃农场采摘，当然超市里也随时可以买到很多品种的樱桃。另外一定别忘了尝一尝那里的樱桃巧克力，真的特别好吃，也非常适合买回来作为手信。得益于宾莹樱桃是暗红色的，果实硕大，果肉紧致，味道很甜。它的命名来自育种者家庭农场的工作伙伴、果园工人阿宾，他是一名华工，协助卢埃林先生一起培育了这种樱桃。

雷尼尔樱桃以欧洲甜樱桃（mazzard cherry）作为砧木。成熟的雷尼尔樱桃树高度约30至35英尺（9.1至10.7米），能适应多种土壤。果实乳黄至橙黄，上面带着一抹红晕。

这里的气候，西雅图的樱桃又大又甜，其果肉饱满紧实，不仅适合鲜食，还能做成蜜饯。华盛顿州有专门的水果委员会，樱桃协会（www.nwcherries.com）是其中最重要的一个。每年初夏的三个月中，西雅图的居民都能第一时间尝到美味的甜樱桃，而且周边还有很多樱桃园和农场，可以去采摘。

美国的樱桃大致分成甜樱桃和酸樱桃两种，一般直接吃的是新鲜的甜樱桃，酸樱桃则常拿来做派、罐头、果酱等，或是冷冻后做成冰淇淋的浇头。华盛顿州产的樱桃大多为甜樱桃，最具代表性的是两个品种："宾莹"（Bing）和"雷尼尔"（Rainier）。

在美国，有超过1000个樱桃品种，不过商业生产用的樱桃只有10个品种左右。最早提到樱桃的是公元前372年左右欧洲的《植物史》（*De plantis*），那时候作者就指出，樱桃在希腊已经栽培了数百年了。美国华盛顿州的樱桃树则可以追溯到17世纪，那时的欧洲殖民者来到这片新大陆，也带来了樱桃树。1847年一位叫作亨德森·卢埃林（Henderson Lewelling）的园艺家乘着牛车从艾奥瓦州来到俄勒冈西部，他带来了樱桃的种苗，成为西北地区最早种植的樱桃树。亨德森的弟弟选育出了如今名扬世界的甜樱桃品种"宾莹"。此后"宾莹"一直都是美国樱桃界的标杆，也是西北樱桃种植者首选的品种，产量也最高。直到 2016 年，它才被一个新品种打败，那便是"甜心"（Sweetheart；每年出产 349 万箱，一箱 20 磅）。

1972 年，华盛顿大学的哈罗德（Harold）博士将品种"宾莹"和"凡"（Van）杂交，培育出了"雷尼尔"樱桃。这个名字取自西雅图附近的雷尼尔雪山。这种结黄色果实的樱桃树现在已经是华盛顿州的标志性果树了，因为品质高、口感好，产量也大，因此被誉为"西北樱桃之后"。如今，这个品种的樱桃在中国也有引进种植。

那么中国最大的樱桃产区是哪儿呢？答案是富饶的胶东半岛。这里的甜樱桃品种很多都引自美国，还有部分来自乌克兰。从 1871 年开始，美国传教士就带来了 10 个樱桃品种，种植在山东烟台。大连同样是甜樱桃的集中产区，这里的樱桃品质也很高。

蔷薇科李属的樱桃是一类乔木，中国常见的"樱桃"有中国樱桃（Chinese cherry, *P. pseudocerasus*）和毛樱桃（Nanking cherry, *Cerasus tomentosa*），从美国传过来的甜樱桃（*P. avium*）、欧洲酸樱桃（*P. cerasus*）等也都有大量引种，而且占据了最大的市场份额。有阵子大家都在争论车厘子是不是樱桃，其实它们是同属不同种的果实。现在我们特指欧洲甜樱桃为车厘子（音译自 cherries），以区别于中国樱桃。

中国樱桃和欧洲甜樱桃在个头和质地上还算接近，但毛樱桃比中国樱桃还要小，它们的区别就是：毛樱桃的果柄非常短，几乎是贴着枝条生长的，至于果肉就更幼嫩了。北京香山的樱桃沟就有很多毛樱桃。但由于果实商业价值太低，我们只能把它当作观花的灌木来种植，它开花的时候淡粉色的花还是很漂亮的！

中国农科院培育过一个黄色樱桃品种叫"黄蜜"，果实个头不大，皮薄，不易运输存储。果实是纯甜，基本没有酸味。据说黄蜜适于荒山、沙地和坡崖地栽植，耐瘠薄，不过不抗旱、不耐涝。它的优势是风味蜜甜，自花结实，丰产并可作为授粉树。

美国西北樱桃种植协会指出，之前加拿大是美国西北樱桃的主要出口市场，但现在中国是最大出口市场。这一点也体现在南半球的塔斯马尼亚。塔州是澳大利亚最南端的一个岛屿州，这里出产的樱桃被誉为"樱桃中的爱马仕"，是世界顶级的樱桃产地。根据塔州旅游局的介绍，这几年品质最好的樱桃很大一部分也是出口到中国。

如果你问我为什么要种樱桃树，我想除了好吃，还有一个重要的理由就是它从开花到结果只需要60～75天的时间，在北京这样的气候条件下，五月初就能收获果实了！在病虫害还没有开始肆虐的时候，樱桃树已经完成了开花、结果的"人生大业"，所以它不像别的果树那样总需要打药施肥，它是真正的"春果第一枝"。

至于品种，特别要种植那些适合鲜食的果树品种，比如中国樱桃，自花授粉的欧洲大樱桃推荐"拉宾斯"（Lapins）。至于它的观赏效果是不用担心的，春天绽放洁白的樱桃花，紧随其后的就是红宝石般的果实。这也是推荐花园主人们种植樱桃的理由之一，可以赏花尝果；相比之下，樱花虽美，花期却太短暂，还不结果！

美味的樱花与樱桃

盐渍樱花 & 樱花盐

三月的樱花不仅看起来漂亮,味道也不错,除了远远地欣赏,樱花还可以为我们寻常的生活增色添彩。樱花虽美,稍纵即逝,美味也是如此。樱花其实并没有特别的香气(很多时候是靠想象而来),但单凭"樱花"之名和它所蕴含的浪漫气质,就获得了人们的青睐。日本用盐和醋来保存樱花并入馔,比如和果子或果酒,如今樱花已经成为日本春天的季节风物和招牌风味。实际上,樱花的盐渍或蜜渍是很容易制作的,不仅樱花,其他可食用的花朵也一样可以这样制作成花朵渍。

做盐渍樱花最合适的品种是重瓣品种,单瓣由于整体单薄所以装饰效果不佳。日本常用的是关山樱,因为它的花瓣很多,重叠的效果很美好。

1. 制作时选择半开(五到七成)的樱花,这时候香味保存完好,花形也是最美的姿态。
2. 清水冲洗花朵后,用纸巾吸干水分。
3. 准备一个洁净的保鲜盒,铺上一层海盐(普通食盐也可以),之后将花朵平铺在盐层之上,每一朵都彼此分开不交叉重叠,再撒上一层盐,如此反复,一层盐一层花朵。

1. 挑选半开的樱花

2. 清水冲洗花朵,用纸巾吸干水分

3. 在干净盒子里铺一层海盐,一层花朵 如此反复,最后盖一层盐

4. 洒些梅子醋,用重物压住,阴凉处放置2~4天

5. 晾干

6.

⊞ 盐渍樱花的做法

4. 最后盖上一层盐，洒上一些梅子醋（又称梅酢）。醋在这里的作用更多是留住樱花的色彩，如果不加醋的话，樱花容易变成棕色，就不好看了。在表层压上重物，盖上盖子于阴凉处盐渍2~4天。

5. 当观察到樱花析出水分后，就将花朵一朵一朵取出挂在绳子上阴凉通风处晾干——像晾衣服那样夹住樱花就可以。更简单的操作是直接一朵一朵晾在竹帘或藤席上，主要是为了去除水分，所以无论是挂着还是摊着晾干都可以，只是不能在阳光下晒，要不然那些珍贵的色彩就又没有了。

6. 樱花水分去除后，就可以重新将盐和樱花交替存储在玻璃罐保存了。

食用樱花渍最简单的方法是樱花茶或樱花酒（樱玉），将它们盛放在热茶或清酒之中，看起来分外轻柔。为了减轻盐和醋的味道，可以在加入沸水冲泡之前，用温水轻轻冲洗花朵，将花瓣上的盐分和醋味去掉一些，以此唤醒花瓣；再用热水泡成樱花茶，一般会加上蜂蜜饮用。在日本的传统婚礼上通常会用到这种茶，因为它纯净无浊，象征着完美的结合。

盐渍樱花除了泡茶，还可以用来制作甜点，比如樱花饭团、樱花慕斯、樱花玛德琳蛋糕等。

樱花盐则是另一种优雅的表达，可以为普通的米饭或蔬菜增加一点颜色和风味。要自己制作一点也不难。一种做法是用盐渍樱花来做，将干燥

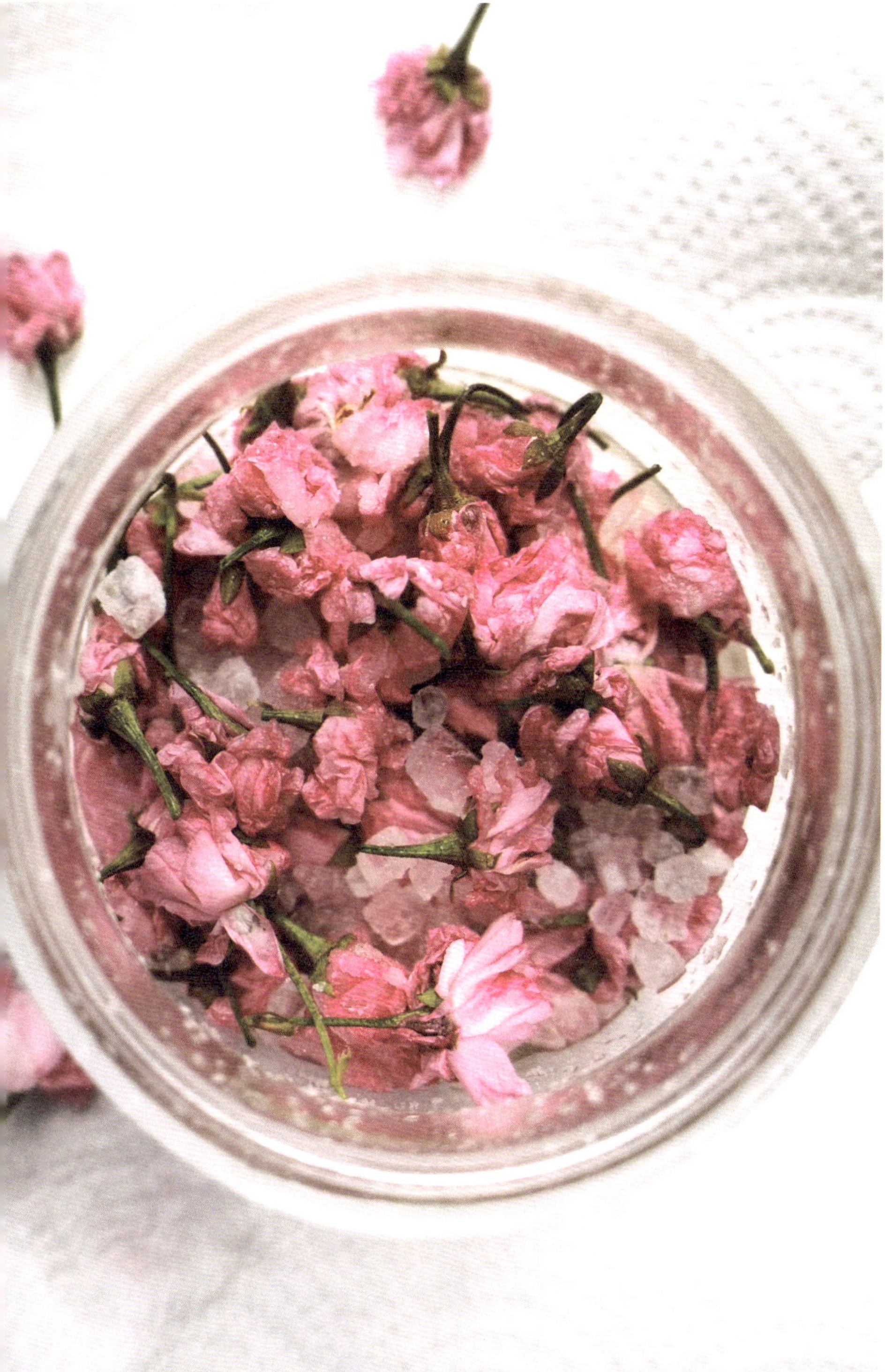

后的盐渍樱花打碎加适量食盐就可以了。只需用微波炉将几朵腌制过的花进行干燥（中火大约 2 分钟），然后摘下花瓣，混入新鲜的海盐，并用杵充分混合。接下来你就可以看到一片片樱花飘洒在洁白的盐粒之中了。

另一种做法是直接将樱花花瓣烘干，打碎后混入食盐中。其实这两种樱花盐，都是以增添情趣为主，并没有特别的香气。因为樱花本身的香气是很淡很淡的，更多是想象中的香气；以它们作为配饰的甜点也并没有特别的味道，更多还是欣赏花朵雅致的形状。有雅兴的人们之所以这样来制作樱花，更多还是为了抒发一种情绪吧！不过樱桃就不一样了，它的味道要甜蜜浓烈得多。

酒浸樱桃

酒浸樱桃在美国是很受欢迎的传统甜点配方，也是保存新鲜樱桃的好办法。做成之后，用于鸡尾酒调配或添加到甜点中都是极好的选择。饱满成熟的樱桃被浸泡在浓糖浆和白兰地的组合中，想想都觉得甜美无比。

用来浸泡樱桃的酒一般会选择朗姆酒或者白兰地。朗姆酒是由甘蔗压榨出来的糖汁经过发酵蒸馏而成；白兰地的原料则是葡萄，当然也有专门用樱桃酿造的白兰地。酒浸樱桃制作方法很简单，只需要三种原料：樱桃、白兰地或朗姆酒、糖。这是最简单的配方，也可以添加香料，比如香草（vanilla）。

除了白砂糖，还可以尝试使用不同热量的甜味剂，例如枫糖、棕榈糖和椰子糖，总之要保证较高的糖含量，以获得酒饮最佳的效果。

步骤：

1. 选择成熟的樱桃。过熟或未成熟的果实都不理想。
2. 将樱桃的蒂部剪短至1/4，或完全除去。然后用牙签刺破每一颗樱桃，防止煮的时候果皮破裂。
3. 在锅中以中火加热水和糖，不断搅拌直到糖完全溶解。放入樱桃和香草荚，然后在热糖浆中煮约2分钟。
4. 过滤樱桃，保留糖浆。将樱桃和香草荚放在一个玻璃罐子里，然后让糖浆冷却到室温。
5. 在冷却后的糖浆中兑入白兰地搅拌，然后倒在樱桃上。密封罐子，然后将其存放在阴凉避光的柜子或冰箱中。食用前，要让樱桃陈化至少六周，并定期摇动罐子。

酒浸樱桃的做法

樱桃戚风

"戚风"一词来自法文 chiffon，原义是"雪纺绸"，形容这款蛋糕轻透柔软如雪纺绸一般，所以我觉得其实叫作"雪纺蛋糕"也不错！它是一款基础蛋糕，基本上生日蛋糕的基底都是戚风蛋糕。戚风蛋糕的做法是1927年美国加州的一家蛋糕店首创的，它最大的特点就是口感松软，采用分蛋打发的技巧，并用植物油代替了热量更高的黄油。这是一款烘焙入门级的蛋糕，相信很多人都会制作，我也非常擅长呢！我觉得戚风最重要的道具就是打蛋器，能够把蛋清打发成蓬松洁白的蛋白霜，至于其他配料都很简单，比如食用油、低筋面粉、鸡蛋、牛奶。

樱桃戚风无非就是在蛋糕中加入樱桃果肉，那么如何让它看起来既诱人又好吃呢？首先我们来探讨下蛋糕中红色部分的制作。樱桃戚风最理想的颜色其实不是正红色（那样就太红了），而是淡淡的粉色，这种颜色更容易烘托樱桃的主题。

通常各类蛋糕面包房会采用食用色素来渲染，这是非常简单便利的做法。而在食物

界，有很多天然的红色可以用来给面糊上色。最常见的是红曲粉，只要一点点就足够了，还可以试一试仙人掌果粉、草莓冻干粉和火龙果粉。

鲜艳的樱桃可以作为蛋糕表面的点缀，樱桃蜜饯可以作为馅料，但不能太多，不然就太甜了。最理想的是酒浸樱桃的果肉粒。

制作方法和普通的戚风是一样的，只多了一个步骤：渲染粉色的面糊。

1. 将蛋清蛋黄分开；
2. 在蛋黄中加上植物油（橄榄油、玉米油、茶花油都可以）、低筋面粉以及牛奶（或椰浆），混合好备用；
3. 在蛋清中加上白砂糖和柠檬汁，打发成洁白的蛋白霜，混入搅拌好的蛋黄糊中；
4. 加入若干樱桃果肉粒，将蛋糊迅速搅拌均匀后，把其中2/3倒入模具；
5. 在剩余的部分撒入少量红色食用色素，搅拌均匀后再倒入模具，略旋转一下，让面糊呈现出大理石花纹的图案；
6. 轻轻震动，使面糊表层均匀；
7. 送入烤箱，上下火保持在140℃左右，烤40～50分钟就可以出炉啦！

一份色泽诱人、有颜有料的樱桃戚风就烤好了，可以直接食用，也可以铺上奶油后再食用，最后再点缀几颗樱桃就好了！

1. 蛋清蛋黄分开

2. 蛋黄+植物油+牛奶

3. 蛋清+白砂糖+柠檬汁

4. 蛋白霜+蛋黄糊+樱桃肉果粒，搅拌均匀

5. 2/3倒入模具，1/3加红色食用色素，搅拌均匀后再倒入模具略碾转成大理石花纹状

6. 轻轻震动使表层均匀

7. 140℃烤40~50分钟出炉

⊞ 樱桃戚风的做法

花园生活美学

樱桃果冻

果冻是晶莹剔透的下午茶甜点，Q弹的果冻不仅口感好，而且颜值超高。制作材料通常选用琼脂（提取自石花菜）、吉利丁（即明胶，提取自动物骨头）、寒天粉（提取自红藻）或果胶（提取自柑橘类水果），再加上果汁（或水、牛奶）就可以做出来了，其中寒天粉透明度最高。当然最简单的方法就是直接买已经调配好的果冻粉。自然界还为我们带来了很多类似果冻口感的美食，比如烧仙草、龟苓膏、魔芋（蒟蒻）、冰粉以及各类淀粉类凉粉。不妨给它们加上几片樱花花瓣或者一枚樱桃吧，我觉得一点都不会违和呢！

樱花糖

配料只需 1/2 杯砂糖、1 茶匙水和 1 滴红色食用色素——就是这样简单。

步骤：

1. 将糖放入碗中。用茶匙加一点水，混合搅拌，直到感觉像沙子一样湿和浓。如果需要，则继续加少量水，直到稠度合适为止。一定不要加太多水，那样糖就该溶解了，不容易保持形状。
2. 加入食用色素并充分混合，直到颜色均匀为止。一滴的量通常就足够了。
3. 将糖揉成团，包在一起，然后在切菜板上压平。厚度自己掌握下就好。

1份水 + ½杯砂糖 + 1滴红色食用色素

将糖揉成团,压平后用模具切成花形

风干过夜

🌼 樱花糖的做法

4. 用金属模具将糖饼切成可爱的花朵形状。曲奇刀也可以，形状像樱花的回形针亦可。还可以用模具冰盒来定型。(如果一压糖饼就碎掉或破裂，说明混合物可能太干了，可根据需要再加入1/2茶匙的水。)
5. 将糖放在烤盘上，使其风干过夜。如果立即需要使用，可以在烤箱中低温烘烤3分钟，但是使用此方法时要格外小心，不然焦糖化了就不好看了。

之后樱花糖就正式出品啦！喝茶或咖啡的时候可以用一块，很风雅吧？也是适合赠送朋友的春天礼物呢！

我觉得樱花糖、樱花果冻和樱桃戚风也是花园生活方式的一种体现。在我心中，花园是一个核心，它可以纵横捭阖、四通八达地连缀到所有的领域，你感受到了吗？

春分的新袍子

让我们继续聊一聊3月的节气"春分"吧。它是公历3月20日或21日的交节,这一天,太阳几乎直射地球赤道,全球各地几乎昼夜等长,所以说春分节气平分了昼夜、寒暑。在春分日,人们开始酿新酒、簪春花,"移花接木"的季节到了。这个时节,是该脱去厚重的寒衣了。

法国诗人奥尔良有一首《时光脱下了它的旧袍子》,诗中说:

> 时光脱下了它的旧袍子
> ……风袍子、冰袍子、雨袍子,
> 可是又穿上了一件新袍子
> ……用鲜艳明媚的春阳绣成的新袍子。
> 时光脱下了它的旧袍子,
> 河流、清泉和小溪
> 都打扮得格外美丽,
> 那银色的水滴是它们的首饰,
> 那碧绿的涟漪是它们的新衣。

顺着这首诗,我们来聊一聊园丁的新袍子,那就是"花园围裙"。我喜

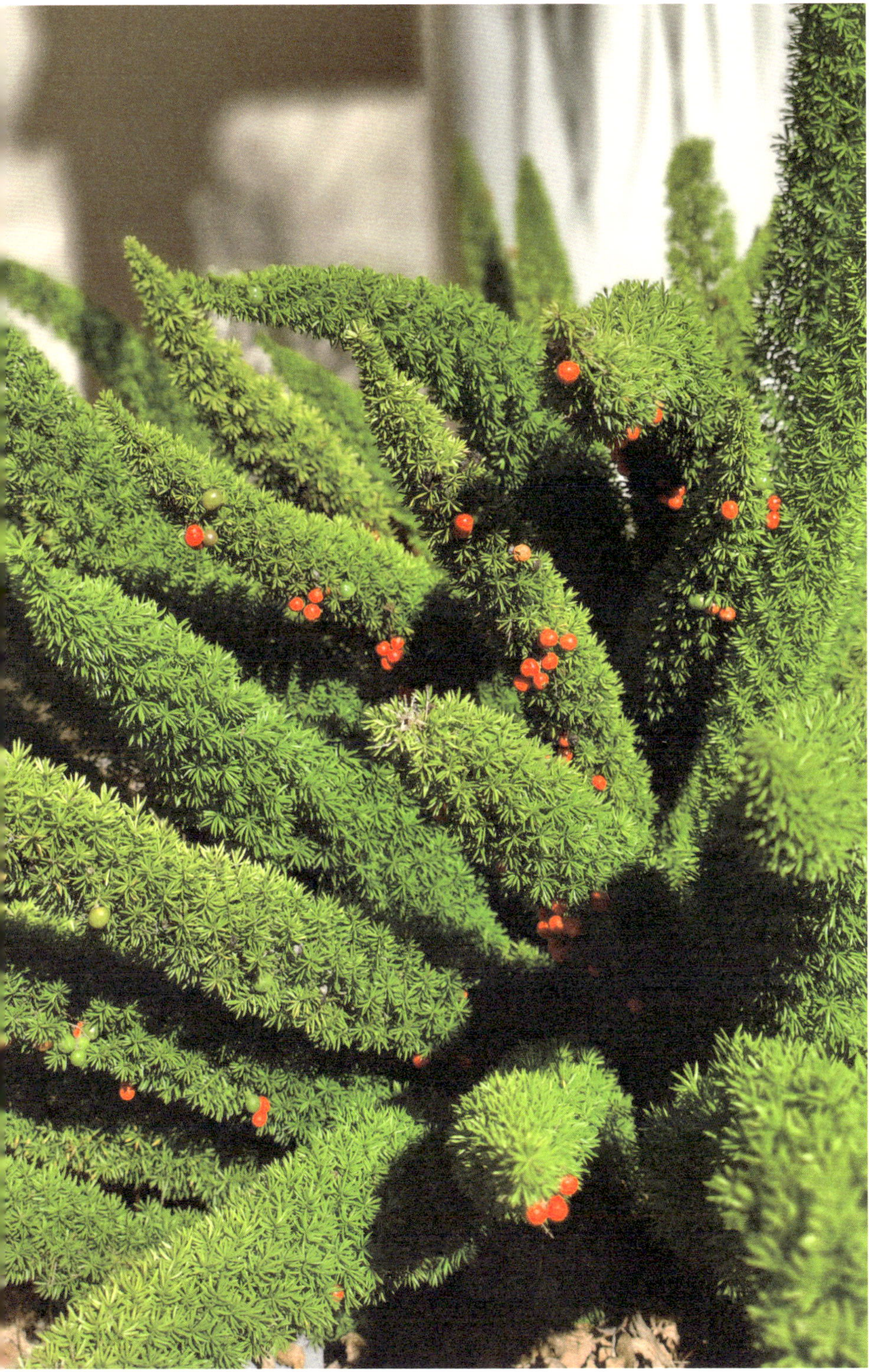

欢各种好看的围裙，朋友们也会送给我各类园艺围裙、居家围裙。在参观国外花园的时候，我常常购买那些落落大方的园艺围裙。可是，由于它们太高雅了，我轻易都舍不得穿。

围裙应该有很多年历史了，每家都有那么一两件。一般而言，市场上的围裙主要有帆布围裙、纯棉围裙、皮革围裙、橡胶防水围裙、各类花色的化纤质地围裙、复古亚麻围裙，由于用途不同，它们的材质、设计和制作方式都不尽相同。我最喜欢的当然是如花园般温柔浪漫的家居围裙。围裙上印制或刺绣的花纹当然是花园的一部分，很多纯棉（或者涤棉和亚麻）的家居围裙会选择小花朵图案作为面料的花色，它的好处是易于融入家居环境，不挑人，而且还很耐脏！

复古时装款围裙

值得一提的是，很多复古围裙的设计非常出色，通常裙摆下方会有三层以上的荷叶边，穿上它你不会觉得自己是辛勤操劳的家庭主妇，而是上得厅堂下得厨房、优雅的家庭女神啦！通常这类围裙的脖子和腰部长短是可以调节的，以适合任何身材的女性穿戴。

这种繁复的时装款裙式设计源于19世纪维多利亚风，那时候的女性服装大量运用荷叶边、蕾丝、缎带、蝴蝶结，形式也多是蛋糕叠层裙、褶皱、公主绣等，还采用了高腰、立领等设计。2020年奥斯卡获奖电影新版《小妇人》中的服装就是一个完美的体现。至于《唐顿庄园》一类的电视剧和电影也有很多类似的服装。而这类服饰的繁复设计也直接影响到我们今天的"花园式"围裙款式。

家居围裙中有一款背带为交叉式的围裙也很不错,非常方便。背后的背带可以是直边,也可以是翩翩的荷叶边(西方人把这种扇形边形象地称为"扇贝边")。当然还有更简洁明快的半身式围裙。

儿童围裙

儿童围裙是为小朋友们设计的,色彩亮丽,多数是卡通图案,比如我就买过黄色小鸭子、蓝色托马斯的围裙给幼儿园时期的孩子用。围裙的带子可以调节,并且也有口袋的设计,适用于手工课。平时小朋友去花园里劳动或者绘制丙烯图画的时候会用到。这两年每次组织亲子活动的时候,我都会送给孩子们这样

🏠 各式各样的围裙

的围裙。希望他们可以因为漂亮的围裙而帮助家里多做些活儿呢!

SCALLOPED APRON

工作围裙

工作围裙是一种特别的制服式围裙,主要是跟同系列职业制服搭配使用,比如一些特色店铺的围裙,当中比较典型的是星巴克的围裙。星巴克的围裙颜色代表着其内部的一种等级标准。绿色款是最基础的工作围裙,黑色是进阶围裙。黑围裙在星巴克内部是一种身份的象征。店员需要学习很多关于咖啡的专业知识,并通过严格的评级考试,才能得到黑围裙,这个身份被称为"咖啡大师"。后面还有更高级别的咖啡色围裙和紫围裙。

🏠 "扇贝边"围裙

花园围裙

花园围裙属于另一种劳作场景下使用的围裙,是介于工作围裙和家居围裙之间

花园生活美学

的一款。除非是专业园丁，对于普通花园主人而言，一款合格的园艺围裙，既要落落大方，也要美观实用。我对这类园艺围裙有着自己的期望：

1. 希望它有很结实并且很深的口袋，因为在花园中劳作时，不仅要在口袋里放高级的修枝剪，还要随身携带手机（我喜欢一边在花园里劳动一边听音乐，还需要用手机随时拍摄花花草草）。如果口袋过浅，一弯腰它就会掉出来啦！

2. 园艺围裙要能耐脏，色彩方面最好不易看出污渍，我不想稍有泥点就不得不洗它；还期望围裙要结实，所以布料需要耐磨一些。

3. 不需要太多太复杂的兜子，毕竟我们不是专业选手，不会把全部工具都琳琅满目地挂在身上呢！

这类精致且美观的花园围裙一度在日本很流行，近年来国内也很时兴。一款优雅大方的围裙会让花园劳作的心情变得更好。在脚踏实地的耕耘后，你才更能发现花园中不仅有动人的诗歌、动听的鸟鸣、昆虫的嘤咛，还有各种能让你动心的事物，花园围裙不过是百花丛中的一朵而已。春天的舞台已经拉开帷幕，脱下你的旧袍子，穿上漂亮的花园围裙去劳作吧！

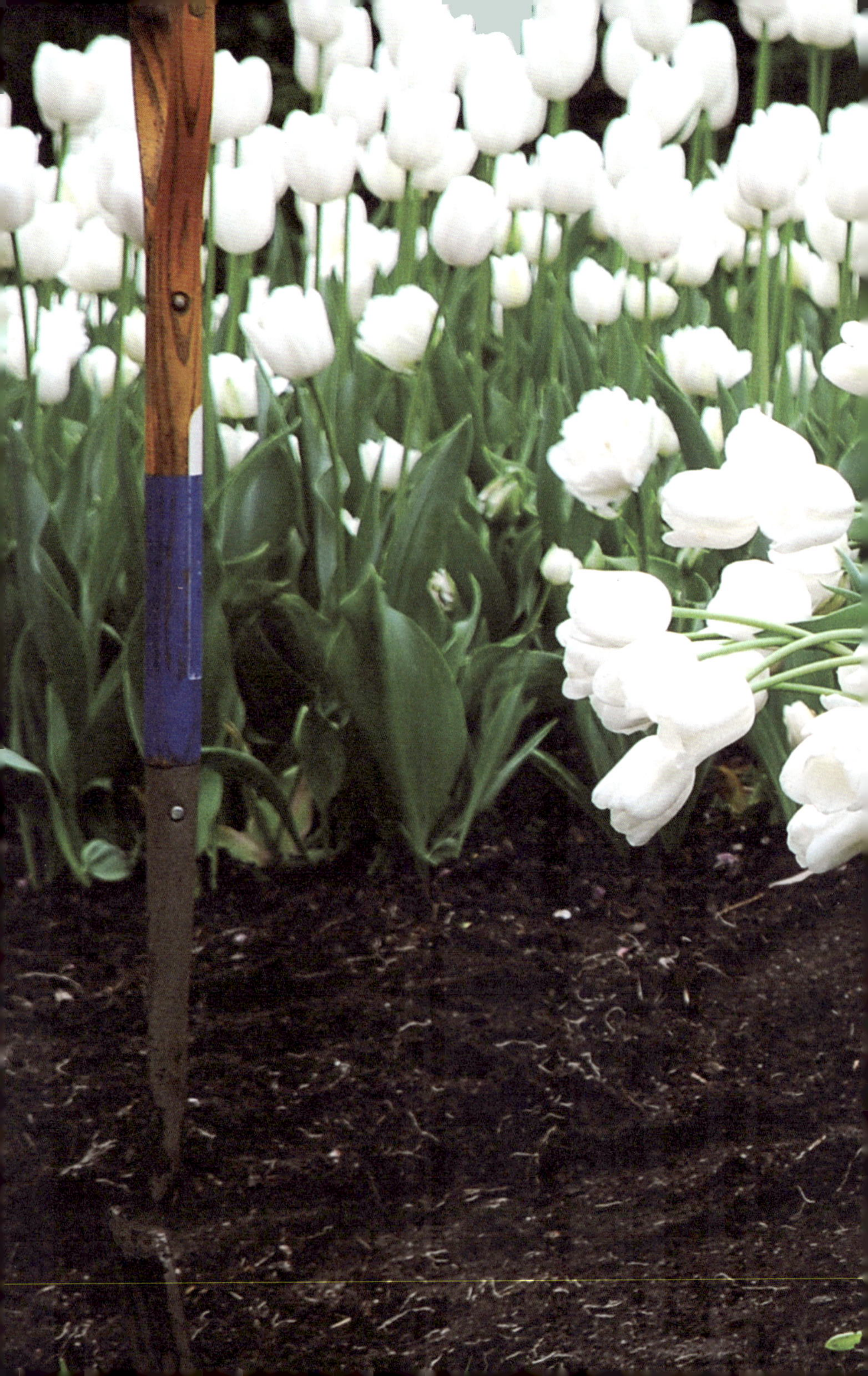

4月

多彩郁金香

万物生长，晴耕雨读

人间四月是春天里最美的一个月，处处充满了变幻的春光，一树一树的明媚花开，一群一群的燕来，各种春花灿烂让人目眩。

这个月的节气包括清明和谷雨。每年公历的 3～4 月，大地冰雪消融，世间草木青青，天气清澈明朗，万物欣欣向荣。"万物生长此时，皆清洁而明净"，所以这个节气我们称为"清明"。樱花就要谢去，梨花风起正清明，北京的春天要比上海晚半个月之久，而且还容易有倒春寒。

April showers bring May flowers. 这是一句英国谚语，寓意"阳光总在风雨后"。风雨只是暂时的，之后我们总会迎来鲜花和彩虹。

时值四月，北京路边的各种花次第开放：榆叶梅、紫叶李、碧桃、海棠和丁香，它们都把积蓄一冬天的能量用花这种最美的方式展现出来。人们纷纷走到户外来踏青赏花——因为已经冻了太久，和植物一样，是伸展筋骨的好时候了。

"清明断雪，谷雨断霜。"谷雨是春季最后一个节气，它的到来意味着寒潮天气基本结束，气温回升加快，大大有利于花园中各种植物的生长。加速生长的不仅有那些花草植物，还有园丁那一颗迅速膨胀的耕作之心。

此时北方的花园正热切地盼望"雨纷纷"的到来，它们干渴已久，此时天气温度又在上升，那些在地下忍耐寒冬和干旱很久的植物，更需要及时雨的灌溉。"谷雨前后，种瓜点豆"这句农耕时代重要的谚语对我们现代的园丁也一样有效。在春雨的浇灌下，社区中、街道旁和自家的花园里都能看到植物的生长。多多观察，你就会发现身边不同的植物有不同的萌发时间，不同的嫩叶有不同的绿色，有的先开花后长叶，有的先长叶子后开花。

四月是一个令人欣喜的季节，也是一个忙碌的季节。这个月园丁们要做的事情是：播种、添置土壤、施肥、购买各种花花草草！

播种 / 购买半成品

谷雨是二十四节气的第六个节气，源自古人"雨生百谷"之说，同时也是播种移苗、种瓜点豆的最佳时节。哪些花草适合播种呢？一般就是花市上不容易买到的品种，还有容易自播、发芽和生长迅速的花草。一二年生的草花和宿根植物，以及蔬菜花园中常种的瓜豆叶菜类都可以在这个季节播种。细颗粒的种子可以直接撒在耕耘好的土地之上，上面再覆盖浅浅一层薄土即可——这样不会让麻雀们给挑了啄光；粗颗粒的瓜豆类种子则要用水浸泡几小时后再播种，这样会让它们更快发芽——这种方法叫作"浸种催芽"。幼苗出芽的初期，需要注意保持温度和湿度。如果你是在阳台上播种，盆栽也是这样的方法。

如果你没有耐心等待播种育苗，那就直接去花卉市场或农贸市场吧！那里有数百种正当妙龄的花草和菜苗在等待你抱它们回家。成品苗的意义就在于减少等待的时间，你可以让花园迅速成为百花齐放的一座舞台！除了半成品的花花草草，4月底还是购买各类菜蔬小苗的好时机，比如各类瓜果：黄瓜、冬瓜、南瓜，以及茄子、辣椒。

2018年孩子上小学后，我们从花园搬回了城里的公寓，郊外的花园不再能日日眷顾，只能一周回去一次，所以对于蔬菜，我更青睐于那些可以随意生长、野蛮越冬的蔬菜们，比如芝麻菜、韭菜、香菜、野蒜，它们不仅割了又能长，而且无惧严寒，是低维护蔬菜花园的好素材。

喜欢种树的园丁们一定要注意，切不可在花开时节挪移大树。很多急性子的园丁会迫切希望自己的花园立刻开满鲜花，但是正开着花朵（或带着花苞）、大体量的乔木，如玉兰树、海棠树、樱桃树，除非它们是完备的容器苗（指本身就是带有容器的盆栽，不是从地里现挖出来的，可以直接脱盆下地种植），否则千万不能从苗圃中直接挖了买回家——因为挖掘会伤到根系，对植物是一种特别大的伤害，很容易使其一蹶不振，甚至死亡。种树的季节最好选择初春和晚秋。

添置土壤

"治田勤谨，则亩益三升"，这是说在农事活动中，加强劳动强度，实行精耕细作，挖掘土地潜力，则可以提高产量。花园的产量是什么呢？缤纷繁荣的花朵和富饶的蔬果产出便是园丁们最期望的。

花园中的土壤是其根本，你有没有发现花园中的土壤会越用越少？因为日晒雨淋之后，花园也会有水土流失，所以这个季节适合为花园多增添些新鲜土壤，而堆肥是合适的栽培介质，它富含丰富的有机质，而且环保。但很多人不会堆肥，后面我们会专门来讲如何堆肥，现在你可以先去花市购买泥炭土或园艺专用土。

如果在郊游时看到肥沃的土壤，也可以考虑挖几桶带回来，只是要注意那里面一定会有很多杂草的种子哦！不过也不要紧，杂草长出来后，反复拔掉几批就好。

增加肥料

农夫们常说"庄稼一枝花，全靠肥当家"。种花种草也是如此。

无论你是在花园里种植花草，还是在阳台盆栽植物，现在已经很容易买到适合家庭使用的肥料，而不必再使用带有气味的传统肥料，那些经过腐熟去除异味的古早肥料更受欢迎！

每种肥料的作用不同，大家可以根据自己的实际需求购买不同的肥料：氮肥能促使花草枝叶繁茂，提高着花率；磷肥可使花色鲜艳，果实饱满，如米糠、鱼鳞、骨粉、鸡粪等；钾肥使根系健壮，增强抗病虫害能力，如草木灰等。

有一种春天，叫郁金香

郁金香原产土耳其一带，它是百合科郁金香属的多年生球根花卉。它需要经过一定的低温阶段，并在花茎充分生长后才会开花，通常花期是3～5月。郁金香需要排水良好的砂质土壤，北京的土质大多不会积水，很适合它的生长。现在，经过园艺学家的育种，全世界已经有8000多种郁金香，荷兰是郁金香的帝国。

郁金香的花语有很多，它代表爱、永恒、高贵、美丽、爱的祝福和表白等，最常用的是"美丽""祝福"和"永恒"。不同花色的品种还对应特定的花语，比如紫色品种是"无尽的爱"，红色品种是"爱的告白"，粉色品种是"永远的爱"，黄色品种是"开朗"……我对花语不是特别有研究，只是觉得喜欢就够了。

郁金香效应

300多年前，这朵美丽的郁金香曾经给欧洲经济带来一场轩然大波。这是人类历史上最早的泡沫经济案例。

17世纪早期，郁金香从土耳其被引入西欧，当时量少价高，被上层阶级视为财富与荣耀的象征，投机商看中其中的商机，开始囤积郁金香球茎，并推动价格上涨。1635年，炒买郁金香的热潮蔓延为全民运动，

人们购买郁金香已经不再是为了其内在的价值或作观赏之用,而是期望其价格能无限上涨并因此获利。1637年的初春,郁金香市场突然崩溃,6个星期内,价格平均下跌了90%。这是人类史上第一次有记载的金融泡沫经济,此事间接导致荷兰由一个强盛的殖民帝国走向衰落。经济学上的特有名词"郁金香效应"或者"郁金香现象"便由此而来。

郁金香的色彩

郁金香到底有多少种色彩呢?

可以说,除了没有蓝色和纯黑色,其他颜色都已经有了。而最常见的颜色是黄色、红色、橙色,这是为什么呢?

其实花儿的色彩主要取决于花朵细胞中所含的类胡萝卜素和花青素:类胡萝卜素使花朵呈现鲜明的橙色、黄色,而花青素则使花朵呈现蓝色、紫色等。花朵中通常含有多种色素,它们随着日光照射的强度、温度、湿度和酸碱度的变化而变幻,所以有的时候你会看到花朵初开和即将凋谢时的颜色有所不同。

阳光是由赤橙黄绿青蓝紫七种色光组成的,光波长短不同,所含热量也不同,红色、橙色、黄色光为长波光,含热量较多;青、蓝、紫色光为短波光,含热量少。花朵一般都比较柔嫩,容易受到高温的伤害,为了保护自己,不致引起灼伤,它们一般会吸收热量低的蓝紫色光,而反射掉热量高的长光波,这就是红橙黄花色较多的原因。

黑色的花比较少见,郁金香也不例外,多数是红得发黑,仔细看还是红色或紫色的。提到黑色郁金香,大家可能会想到19世纪法国的积极浪漫主义作家大仲马,他不仅写过《基督山伯爵》和《三个火枪手》,还写过一本著名的《黑色郁金香》。书中的男主人公就是一位痴迷于郁金香的青年医生,他一直在尝试培育一种一点杂色都没有的黑色郁金香,后因受人诬告而被关进了监狱,在狱中他与看守的女儿相识相爱,最后喜结良缘。

4月

庭院郁金香品种推荐

如果我们有一座花园,应该选择什么样的郁金香品种呢?

我的答案是喜欢什么颜色就种什么颜色的,但我要特别推荐几种不易退化的园艺品种。

可能你还不知道,郁金香是一种容易退化的种球:今年种过的种球,第二年虽然也会开花,但花朵会变小、花色会变淡,失去大部分观赏价值,所以通常植物园或者公园在郁金香花开之后都是将其直接扔掉,不会再用。

至于郁金香种球为什么会退化,科学家们一直在研究,很多人都在试图攻克郁金香种球复壮的难题,不过目前尚未取得显著成效。园艺界普遍认为气候、病毒、肥料是影响较大的因素。

国家植物园的专家老师也告诉我,郁金香退化的原因比较多,有的是种球病毒感染,有的是土壤连作,还有一个重要原因就是气候,特别是我国北方的气候早春升温快,营养生长时间短,植株不够强壮,花后温度很快升高,植物就枯萎休眠了,导致营养回流不够,子球不够大,第二年开花就会变小。

实际上,原生的郁金香在我国新疆一带也有分布,那里的气候土壤很适合它们,当地人叫它野百合。这种原生郁

在荷兰,带着种球的花束比光杆的切花花束更受欢迎,因为维护起来更容易,花期也更长。购买的时候可以作为参考。

金香最大的好处是不会退化，它的花瓣是尖尖的，与常见的郁金香杯状花朵不太一样，把它种在花园里几乎不需要管理，每年早春开放，花谢不久就消逝无踪影——花友说：它像个时不时要离家的孩子，突然归来会让家人笑得特别开怀！

不过 4 月已经不是种植郁金香的季节了，而是观赏它们的时节，它们应该是去年秋天栽下，今年春天开花的。既然现在不再适合种郁金香了，那么适合春天种植的球茎植物还有哪些呢？

其实也有很多，比如人们爱吃的百合和荸荠。它们也属于球茎类植物，百合有漂亮的花朵，荸荠有特别的叶子，是很好玩的水生植物。春季种植的球茎植物还有漂亮的唐菖蒲（就是切花里常见的剑兰）、芳香扑鼻的小苍兰、精致小巧的酢浆草等。

郁金香插花

如果我们没有一座花园，又如何来使用郁金香呢？

这是花艺的范畴，也是我喜欢的花园内容。

其实郁金香早就是现代花艺中的常用素材了，有时直接做成切花，有时为了持久，则带着球茎一起作为鲜花售卖。郁金香的杆子里面储存了很多水，本身很容易保水（所有的球根类植物都很容易上水），不过它也有一个缺点，那就是它的花朵有趋光性，你插完之后，它可能还会继续向着光的方向生长。

很多郁金香花朵的侧面姿态比从顶部俯瞰更美，而且侧影效果非常优雅，叶子也漂亮。如果插在花瓶中，那么摆在高一点的位置会更好；在花束中使用的话，也是建议将它的位置安排在高处。

跟层层包覆的花朵（如玫瑰）和花瓣有波纹的花朵（如康乃馨）相比，郁金香花朵的质感非常特别，看上去非常干净光滑，因此搭配起来非常灵活，可以优雅地插上几支，也可以插成很大的花束。

花园摄影：
用花园的视角看世界

花卉摄影很常见，但是很多人都不太了解花园摄影。但是喜欢花草和花园的人，有义务将自己心爱之物拍摄出更加美好的效果。

花园摄影不仅要展现花园的结构，还要能够捕捉到花园最佳的一些角度，体现主人的气质。一片野花草甸，纵然再美，也不是花园——因为里面没有艺术的升华，没有人的介入。

事实上，花园摄影这个概念在国外已经有很多年了。除了自然风光摄影、肖像摄影、花卉摄影、人文艺术摄影，花园摄影也是一个特别有意思的领域，我觉得能够通过图片传递花园之美是特别有意义的一件事，因为花园每时每刻都在变化，我们很难拍出一座一模一样的花园。

最著名的花园摄影大赛来自英国。它是由一家花园影像公司和邱园皇家植物园联合运作的，是世界首屈一指的比赛和展览，专注于花园和植物的摄影。每年在全世界范围内，主办方合作举办年度国际花园摄影师大赛（International Garden Photographer of the Year, IGPOTY），10月31日结束投稿，次年2月公布获奖作品，并从4月起在英国各地进行巡回展览。

这个比赛最初是由花园摄影师协会的五位专业人士于2007年创立的，现在对世界各地的每个人开放。中国近年来也有摄影师参加。图像不必在指定年份拍摄，而且对专业摄影师和业余摄影师没有区别对待。

花园摄影师大赛的评选内容一共有11个分类奖项，"美丽花园"是其中最为闪亮的部分，其他还有"植物之美""城市绿洲""木、林、森""野花风景""花园里的野生动物"等。大赛的最高奖是"年度国际花园摄影师"，获奖者将得到7500英镑奖金，其作品将在世界各地展出。

大家有兴趣的话可以在比赛官网（igpoty.com）浏览历年的获奖作品，你就能看出花卉摄影侧重于细节和微距，而花园摄影更关注"园"的整体艺术表现。

其实对于摄影我是外行，对于摄影的技巧、各类参数我也不是特别懂，但是因为我喜欢花园，所以我知道如何将花园最美的那个角度呈现出来。即使你不是特别擅长摄影技巧，有了好的构图，画面就成功了一半。

这个季节外面繁花似锦，正是拍照的好时机。如果拿相机不方便，也可以拿起手机，现在的手机像素和镜头已经非常高级了，能够弥补我们摄影技术的不足。直接用手机随手拍摄路边身旁的花花草草，或许就会发现一个不一样的花花世界。我也基本都用手机来拍摄记录身边的花草呢！

以正当令的郁金香为例，介绍几个小技巧：

1. 拍摄时间和光线

首先是用光的时机选择，通常一早一晚、日出日落的两小时内，光照都很理想，尤其是赶上晴朗的蓝天，更是拍摄花草和花园的好时机。如果是顶光，那么拍摄浅色的郁金香比较合适，因为深色的郁金香在阳光下的对比会过于强烈，暗部特别黑，高光部分又特别刺眼，在画面上就不会太好看。逆光很容易拍摄出梦幻的场景，早上 10 点之前和日落之前都可以试一试。

晨曦之光是全世界花园摄影师的最爱，只是不要忘记使用三脚架！

2. 拍摄的角度和视线

通常人们习惯端着相机对花园平行拍摄，也喜欢俯拍花朵。但完美的花园图片不会来找你，上下左右多挪动几个角度会帮助你找到最合适的那一幕。通过摄影，你能发现我们与植物、植物与花园的关系，也就更容易懂得如何去欣赏一座花园。

拍摄花朵特写和展现花园是不一样的，常见的是使用大光圈让背景虚化，这样让主体更突出，还可以选择不一样的视角，来展现花朵不一样的姿态。此前我在网上看到一幅紫玉兰的图片，是从下往上仰拍的，于是我在山桃树下也试了几次，效果看起来很不错，因为异于常见的构图。

3. 背景的纯净和意味深长

为画面做减法，凸显自己希望表达的对象，这一点当然很重要，也容易做到，但画面背景的纯净清澈常常被忽视。我在拍摄花园的时候特别注重背景的干净，相当于给画面留白——这和花园设计是相通的。

有时候，花园或花草的背景有些杂乱，这时候更要将它们省略，最大程度地虚化；有时候背景很美，前景也很美，但画面需要有主次，我们可以将背景适度虚化，隐约看到后面的内容，这样的效果会让画面显得意味深长，人们会揣测、想象画面背后的场景，所谓"言有尽而意无穷"，是同样的道理。一幅能让读者回味的图片一定是更高层面的展现。

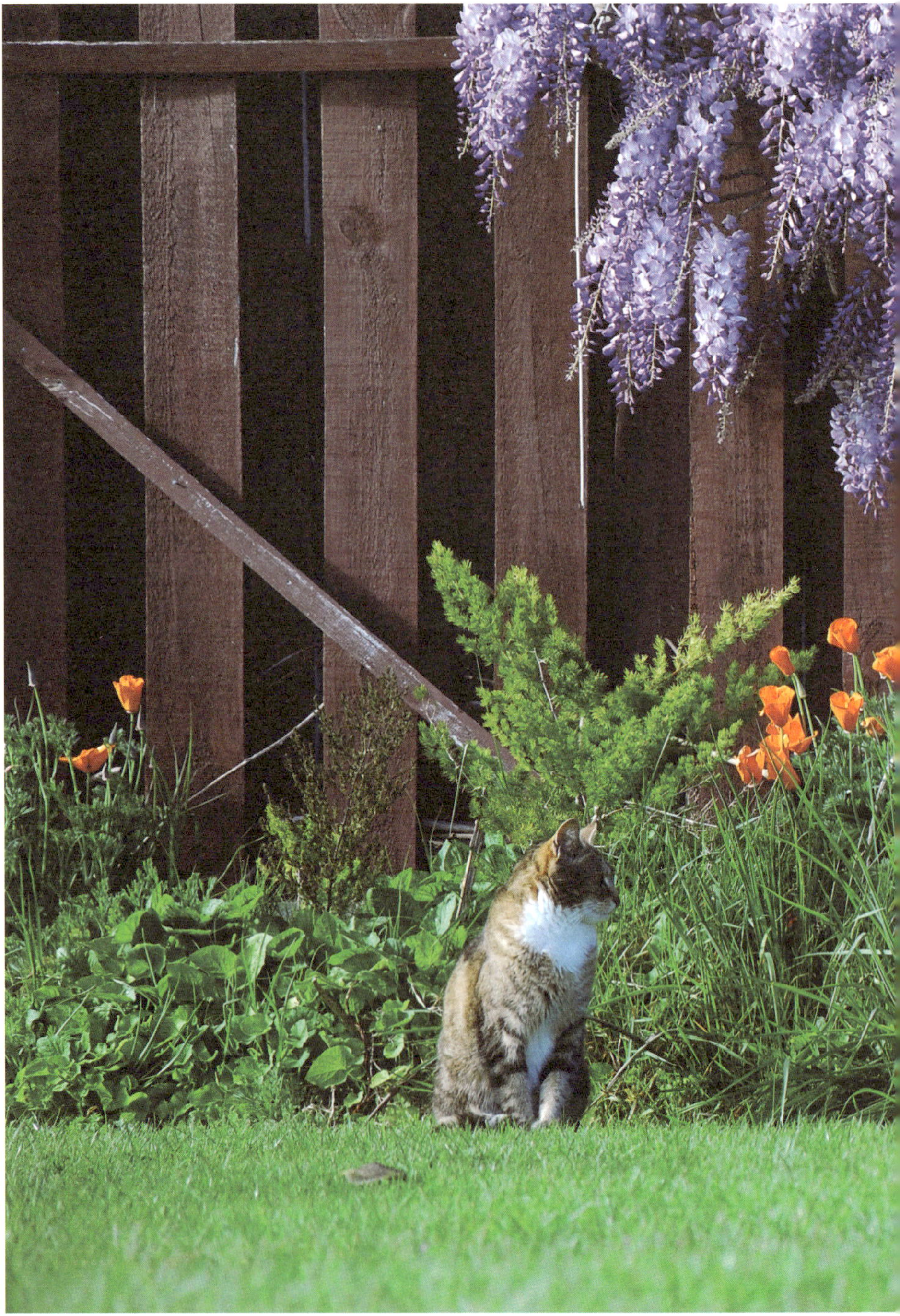

4月

传统种子之乐

最近十多年来，那些老式的瓜果蔬菜品种愈发吸引人们的注意了。有时候人们用 heirloom（传家宝）这个单词来指代这类种子或植物，它们在市面上不容易见到，因为它们的产量可能不高，分布也不是十分广泛。我将这类 heirloom seed 统一翻译为"传统种子"。

什么是传统种子

随着农业大规模生产方式越来越普及，只有那些产量高、适合机械化采摘，还能经受长途运输、抵御各类病虫害，同时忍耐得了杀虫剂的农作物，才能得到大规模的种植，才有商品价值。于是，我们很难在超市里买到原枝黄瓜，取而代之的是嫁接过的新品种；我们可以在超市买到各种西红柿，它们个头均匀，光鲜亮丽，但却皮厚肉硬，它们不会一碰就坏，也不再有皮薄汁多的美味。传统品种不再符合大生产和市场流通的需求，慢慢地被市场淘汰消失，仅有部分保留在民间，比如乡村或私人的花园中。

而现在，种植传统蔬菜又重新成为各国花园主人的流行时尚，在各国的花园中心你都可以看到标记着"heirloom seed"的老式品种。传统蔬菜又重新进入人们的视野。近年来,北美、欧洲和澳大利亚越来越流行利用自家庭院栽种传统蔬菜或果树。

究竟什么是 heirloom plant?是祖传植物、传统植物,还是翻译为老式品种?维基百科对这个词的解释是:这是一类古老的栽培品种,通常保留在农夫和园丁手中,尤其是在那些西方少数民族聚居区或相对孤立的地域世代相传。它们在人类历史过程中,早期曾广为种植,但不适用于现代社会的大规模农业生产。这当中的蔬菜品种很多通过自由授粉保持自己的特性,而果树品种则通过嫁接、扦插等方式繁殖。

我曾经拜访过澳大利亚墨尔本郊外的赫隆斯伍德花园（Heronswood Garden），这里的挖掘者俱乐部（Digger's Club）是澳大利亚最大也是最著名的花园俱乐部，它是一个非营利机构，在当地有数万名会员，组织各类园艺活动，出版图书和杂志；致力于收集并保护、拯救这些可传代的、老式的蔬菜、水果和花卉品种；鼓励园丁在自己的一亩三分地中种植这类宝贵的品种，享受丰收的乐趣。每年各个当令的季节，这里会举办盛大的丰收节。俱乐部邀请会员一起庆祝收获的种种果实和菜蔬，比如各种番茄、胡萝卜、土豆——当然，最重要的还是向人们传递和推广有机自然、亲手种植、可持续发展的花园理念。

在赫隆斯伍德花园中，你不仅会看到红花菜豆，还会发现开着深红色花朵的蚕豆、果实状如小土豆或柠檬的黄瓜、外表普通但口感极佳的南瓜等。这些看起来很奇特的品种并非转基因品种，而是古老品种或者自然杂交、变种的一些植物。

其实在中国，这类古老的传统种子比比皆是，人们把

> diggers 也可用来泛指澳大利亚人，这个词语的起源可追溯到淘金热时期，当时许多淘金者被称为 diggers。现在也有澳大利亚人用这个词开玩笑地称呼自己。

它们称作"农家品种"或"地方蔬菜品种"。我国东北盛产各类豆子,拥有众多"脍炙人口"的俏皮品种。东北气温低,豆角喜欢日照充足、空气流通的环境,山里的沙土地更适合它。

东北人生而幽默，就连给豆子取名都让人忍俊不禁。比如"兔子翻白眼"来自一种外皮较薄的架豆角，弯弯的豆荚呈金黄色，所以它还有个名字叫"黄金钩"——叫这个名字的时候，它们以食用嫩豆荚为主，炖肉的时候好吃极了呢！等到成熟的时候，豆荚里面的豆子则成为主角，它们黑白相间，真的很像兔子翻的白眼。"大姑娘挽袖"也是一种豆角的名字，豆荚上面有一抹粉红色；还有一种豆子叫"猫眼"，真的很像猫的眼睛；"将军一点红"是一种大油豆，成熟后豆荚上会出现红色纹路，而豆子上有很多红色的点点。

后来我查资料发现，东北的"兔子翻白眼"豆角、"三道筋"甜椒、"大桃"和"花皮球"西红柿、"老来少"旱黄瓜等都属于当地传统蔬菜品种，它们一度沉寂多年，后来经过当地农业部门的收集整理、提纯复壮，才在这几年重返市民餐桌。

它们现在看起来很少见，但几十年前可是菜场上常见的农家品种，可是因为它们产量低、经济效益不佳，所以逐渐退出了现代市场。随着人们追求绿色、自然、有机耕作等理念，还有新奇消费时尚的兴起，这类口感好、质量高、非转基因的传统农家蔬菜品种又重获人们的青睐。

比如大家爱吃的菜豆，传统或老式的品种通常鲜荚表面光亮，荚果宽厚，籽粒饱满且干物质含量高、纤维素含量低。而这些特质都是能够稳定遗传的，广泛存在于优良的农家品种中，简单说就是可以自己留种第二年再种的。

具体怎么种呢？

"黄金钩"

"大姑娘挽袖" "将军一点红"

"兔子翻白眼"

传统豆角品种

种的时候每株之间要距离两尺远，先挖坑，然后在坑里灌满水，再将豆子放进去，一般每个坑放3~4粒种子，最后盖上土。在现在这个温度下，一周左右也就发芽了。发芽后可以根据情况，每处留两株就可以。

东北的朋友告诉我说，这类豆子不用先泡水催芽，因为催芽如果遇到干旱或者炎热天气，出来的小苗叶子就干巴巴的，生长过程中再遇到干旱天气就容易得病，叶子蔫黄。不泡的话，抗病能力强一些。北方气候干，这是他们总结的经验。但是咱们国家幅员辽阔，大家可以根据当地气候来选择不同种植方法。比如南方有梅雨季节，如果排水不好，就很容易烂根。

一园青菜成了精

2021年3月，淘宝发布的一份《阳台种菜报告》显示，各类蔬菜种子销量逐年攀升，95后成为"种菜"主力，占了购买人群的60%，而且阳台是他们的主战场。近三年来阳台"菜化率"已经升至50%，这意味着一半家庭的阳台都或多或少种上了一些蔬菜！种植品种方面，成功晋级第一位的是韭菜，其次是辣椒和薄荷。以2021年第一季度为例，韭菜种子销量暴涨，同比增长370%。谁也没想到韭菜不但成为年轻人自嘲的象征，还成功逆袭，击败种种小清新盆栽，成为阳台新宠。

当时这份报告还显示：排在第五位和第六位的，是气味浓烈但家家不能缺少的大蒜和香葱；之后是草莓、樱桃小萝卜、毛豆、地黄瓜。位列阳台种菜前三名的城市是：上海、东莞、北京。

可见在没有土地种植条件的情况下，阳台种植成为人们的首选，而蔬菜更是占据了半壁江山。毕竟它们既能当绿植养，也能让主人食用。

花园野菜

在我的花园里，4月初已经冒出了不少花草和蔬菜，有很多值得和大家

⊞ 江浙常见野菜马兰头的花朵

分享。首先是那些极其皮实的野菜类蔬菜。

马兰头是我花园里永远也拔不干净的野菜,但我一直保留它们,不仅因为春天可以摘嫩尖清炒或凉拌香干,而且在于它会在秋初开出藕荷色的小花,看起来很漂亮,并且非常适合插花,即使就用玻璃布丁瓶,搭配起来也很雅致。美中不足的或者说它的另一个特点就是:在花园里窜根厉害,要经常清理一部分才能遏制它们的生长。

菊花脑是南京人爱吃的一种野菜，自从有一年我在花园里种了两棵后，它们就在这里安营扎寨了，每年也是春天可以为餐桌贡献嫩芽，秋天开出可以泡茶的小黄菊。我通常从春天到夏天一直都能摘它的嫩梢清炒，秋天花半开的时候摘下来晒干，留着泡茶喝。盆栽的话也是一样的，只是不要让它长太高，一直摘心打顶促使它分枝就好。摘心就是把植物往上长的嫩芽掐掉，打顶就是把最顶端的部分除去。用剪刀剪或直接用手掐就好——这样会让植物生长得更为饱满。

枸杞在北方的表现形式有两种，一种是野生灌木状，还有一种会被园丁塑造成有独立主干的小树状，前者适合花园，后者不仅可以在花园中种植，也可以用大的容器栽培成棒棒糖状——这种流行的灌木形式很适合阳台。在我的老家江苏，因为枸杞在野外常有生长，又非常容易成活，所以它们会被作为田亩分界的标志来使用呢！

菊芋，北方人叫它鬼子姜，在江苏叫野芋头，小时候喝粥时配的咸菜就是它做的。我们常常看到它在河边野地里长出很大很高的一丛，开着金灿灿的花朵。它是一种多年生宿根草本植物，能长到两三米，我的花园太小没敢种它。它的生命力极其顽强，耐寒耐旱耐瘠薄，不仅无需管理，还要担心它扩张得太快。

🌿 枸杞头

花园生活美学

152

4月

适合盆栽的蔬果

洋甘菊是 4 月就能开花的香草植物，它是我花园的常住旅客。它们纤细的羽叶在春天一早出现，初夏花谢之后就消失不见，但它们尘埃般的种子已经随风撒播在花园各处，这样无限次自播，年复一年。我非常诧异于原产欧洲的这种香草在北京的花园里居然可以如此怡然自得，我几乎从来不管它们，但是每年春天它们总是第一棵让人眼前一亮的绿色植物。过不了多久，到月底它们就能开出花朵，那时候我就可以摘下很多来泡茶喝，它们持续开花多久，我就可以喝上多久的新鲜花草茶。它们也可以盆栽，要是你能买到种子的话不妨试一试，它的叶子和花朵都很漂亮。一年生的洋甘菊也适合盆栽，开花结籽之后植株生命也就到了尽头，拔掉再种别的花就好了。

接下来要推荐的是桔梗，就是朝鲜泡菜里面的桔梗。它粗壮的根看起来很像人参，这个季节正好可以在菜市场买到它们。但是你买回来可以不吃，而是直接种在花盆或者花园里！到了夏末它们就会开出特别漂亮的花朵，是紫色的！最初是鼓鼓的一个花苞，像气球一样（所以它的英文名叫作 balloon flower），随后花苞裂开，绽放成星星状的花朵。我不是为了吃它而种，只因特别喜欢它清凉的花朵开在夏天的感觉。因为它的颜值，园艺学家培育出了矮化的品种，不仅有紫色，还有白色、粉色，还有重瓣的呢！矮化的品种就特别适合盆栽了，尤其适合餐桌布置。

如果你的家里有小朋友，那么我一定要推荐你种些能结果实的植物，比如现在正当令的草莓。超市的有机草莓不便宜，但草莓其实很好种，

曲 桔梗

而且不怕冷，可以在北京这样的气候露地过冬呢！而且特别适合盆栽，日光充足的阳台就可以。

草莓有匍匐茎，所以如果露地种在花园里它会很快蔓延开，长成一片，在北京基本上5月中下旬就是果期了，成熟季节和樱桃接近。如果是盆栽，果期就根据栽培时间来确定。草莓的根系浅，很适合在容器中栽培，它喜欢充足的阳光，在室内阳台窗台种植的话，只要能买到小苗，一年四季都可以。但如果是户外花园的话，最好还是春季种植。

关于种植草莓的花盆，西方有一种特别的容器就叫作草莓盆（strawberry jar/strawberry pot）！据说是墨西哥人发明的，国内也能买到，以红陶质地的最为经典。它的外形基本和常见的陶罐一样，但侧面和周边有多个碗状的排水孔，每一个碗口处都可以种上一棵草莓。这种草莓盆的好处是不会让草莓直接垂在地上，而是挂在盆沿处，看起来既漂亮又雅致，具有很好的装饰性。

当然这样有趣的草莓盆不是必需的，各种容器都可以种植，我在英国的切尔西花展上曾经看到过用洗菜的不锈钢漏盆种植草莓呢。在容器的底部铺上砾石或陶粒，或者倒扣上碎瓦片，能够保证容器不会积水就好。

如果种在户外，大家不妨试一试将草莓和细香葱一起套种。套种就是交替种

🌱 细香葱

植的意思，是指在前一季作物的生长后期，于株行间播种或移栽后一季作物的种植方式，有时候也指一行隔一行种植不同植物——相比单独种植，这种方法不仅能阶段性地充分利用空间，更重要的是能延长后季作物的生长期，使其产量更高。

在草莓种植行间套种细香葱是提高结果率、抵御病虫害的好方法。因为香葱的辛辣气味对草莓的白粉病、黑斑病，包括蚜虫、白粉虱、红蜘蛛等病虫害有很好的预防作用，特别是香葱的根系分泌物对土壤中的害虫有明显的防治效果。当然，在盆栽的时候也可以考虑这种组合。

家里的小朋友亲眼看到一朵花变成一颗果实的生长、成熟过程，是很有意义的一件事，也会让他们特别高兴！

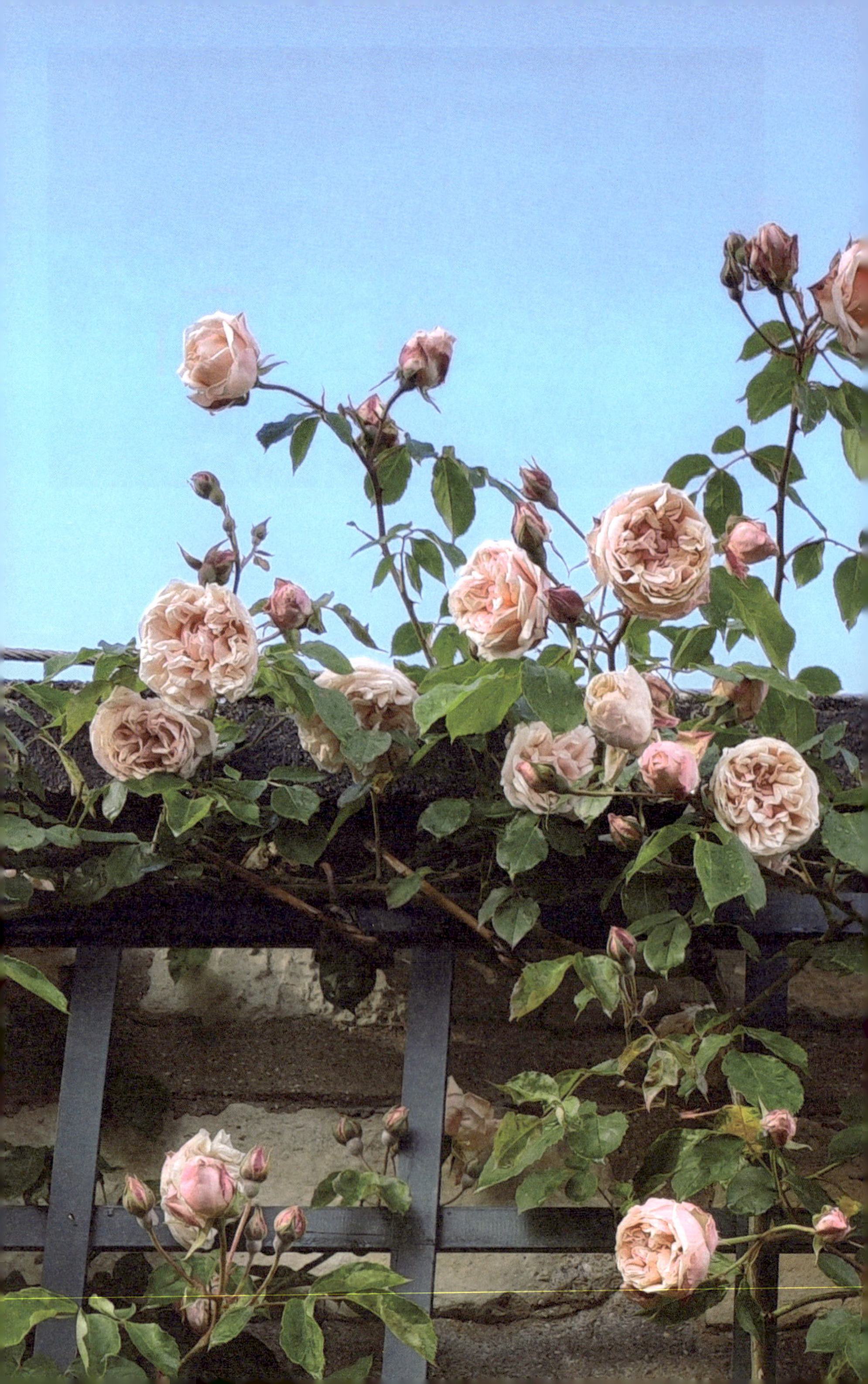

5月

缤纷的花海

初夏时节，小得盈满

五月的鲜花开满了原野，这是大部分园丁最爱的季节，在北京，这个月花园也处于最佳状态。此时天气不冷也不热，草木生长愈加葱郁繁茂，花园已经到了姹紫嫣红的时节。这个月的节气有立夏（5月6日）和小满（5月21日）。

立夏，预示着季节的转换，标志着夏季的开始。"万物至此皆长大，故名立夏也。"立夏的气温和降水都比较适宜农作物的播种和生长。虽然各地立夏这天各有传统食俗，但最经典的食物莫过于"立夏蛋"了。有的地方还会用茶叶末煮蛋，再用彩色丝线编成一个小网兜，给孩子们挂在胸前或挂在窗前。小朋友可以玩"斗蛋"的游戏，就是用煮熟的蛋互相撞，谁的蛋被撞破了谁就输了。

提到鸡蛋，我也曾借鉴西方复活节彩蛋的灵感，用花瓣或草叶染出彩色的鸡蛋。方法其实很简单：采撷此时野地里的漂亮叶片或花朵，沾一点水贴在蛋壳上，再用丝网包裹好，牢牢固定住叶片或花朵，然后和新鲜的艾草一起放进水中煮；煮熟后去掉包裹在鸡蛋外面的丝网和叶片，鸡蛋壳上就会出现漂亮的叶片或花朵的形状。你还可以把胡萝卜切成片，用刻刀刻出花形，或者用烘焙用的字母模具刻出英文字母，贴在蛋

壳上，后续染色的步骤和前面是一样的。从立夏到端午，这种艾草染鸡蛋的方法你都可以试着做一做。我们身边有很多可以染色的植物，洋葱皮能染出漂亮的红褐色，蓝莓能染出浅蓝色，栀子果染出黄色，红曲米染出红色……

我觉得凡是有关植物的事情，有花草元素的事物，都属于花园生活美学的范畴。

到了立夏时节，在江苏宜兴、浙江杭州这些地方，人们还会吃一种乌米饭。就是用乌饭树的树叶打成汁后浸泡糯米或普通大米，浸泡几小时后蒸出来的米饭。李时珍在《本草纲目》中称："摘取南烛树叶捣碎，浸水取汁，蒸煮粳米或糯米，成乌色之饭，久服能轻身明目，黑发驻颜，益气力而延年不衰。"南烛就是乌饭树。人们相信在立夏这天吃乌米饭可以祛风解毒,防蚊叮虫咬。

其实,用天然植物来染米饭,很多地方都有各自偏爱的色彩。关于草木染的对象不仅包括食物,也可以是衣物和织物类。

小满一般在5月20日或21日到来。"小满者,物至于此小得盈满。"这句话是说,夏熟的农作物到了这个时候籽粒变得饱满,但并没有完全长成,所以叫"小满"。

英国著名的切尔西花展通常在5月末开幕,这是一个了不起的花展,是全世界花艺和园艺的豪门盛宴。在这个展览中,大家不仅可以看到全球最高水平的花艺展示,还有各国园艺家带来的奇花异草。我最喜欢的是切尔西花展中顶级花园设计师设计的各

类花园，这些花园大小不一，风格不同，但无论是景观设计还是植物配置，都值得我们反复揣摩学习。

这个月少不了继续去花市和苗圃采购，你不妨把花市当作了解植物的绝佳课堂，不懂的问题都可以请教卖花人。五月的明星花草非常多，比如金盏花、大滨菊、鸢尾、各类天竺葵、矮牵牛等。

5月也是铃兰的时节。你知道吗？每年的5月1日是法国的铃兰节。那一天，法国人会互赠铃兰，铃兰被视为幸福、希望的象征。每逢铃兰花节，城市街头处处有卖铃兰的摊位，人们认为在这一天收到的铃兰会给人带来幸运。朋友之间互赠这种如响铃状的成串的白色小花。家里有花园的人家，还会让孩子抱一捆铃兰在自己的花园里售卖，真是一个可爱的节日啊！

芍药牡丹开未遍

牡丹和芍药是中国传统名花的代表,但我总觉得从小看到大,牡丹形象到处都是,而且大红大绿太俗气了。直到几年前,花友橘子妈改变了我这个想法,她在花园里种了一棵紫斑牡丹,每年开花的那一周,她总是会找一天请要好的朋友去花园做客、喝茶、赏花——以花之名、为花相聚。我们围着她的牡丹一起欣赏赞叹,真正体会到什么是:"唯有牡丹真国色,花开时节动京城。"因为牡丹的花期很短,我们更是倍加珍惜它开花的那几天,也珍惜大家能凑在一起聊花花草草的那个时刻。自此之后,我深深地觉得:实际上牡丹花本身并不俗,俗气的是我们之前对它的描绘和自己的审美。

我常常能从花友身上得到很多启迪,她们给了我太多支持和鼓励,激发了我很多关于花园的灵感。花园,也是一个绽放友情的空间。

橘子妈对我们说,花有气质差异,但是如何修剪、如何配植,给它找到最合适的位置,才是最重要的。这也正是我经常感慨的:植物配置是花园设计的灵魂。

让我们再回到牡丹的话题。牡丹的花朵巨大,花形饱满,而且花瓣层叠繁多,绽放时有王者风范,用"倾国倾城"来形容真是一点也不过分。

但我们的公园里喜欢大面积种植，所以看起来红红绿绿一大片，当然也是一种气势美！"太多牡丹种在一起，好像一群国王在开会。"橘子妈这么形容这种种植方法。在欧洲花园中，人们喜欢把牡丹融入自然式花境。花境就是以树丛、绿篱、矮墙或建筑物作背景的带状自然式花卉布置，是模拟自然界中林地边缘地带多种野生花卉交错生长的状态，并运用艺术手法提炼、设计成的一种花卉应用形式。花境的配植通常成簇成丛成片，自由变化，其间点缀开花灌木或山石等。它的英文是 flower border，"花境"中的"境"本义是"边境"的意思，但我觉得，不如把这个词理解为"花的境界或花的意境"——自然界中花的境界绝对不是一种花种一片，一定是很多种类、很多色彩彼此交织交融；但花境又不是随意种植，它最重要的特点就是源于自然、高于自然。

牡丹和芍药最直观的区别就是，前者为木本，后者为草本。它们的花朵很像，花期也前后接近，而且还可能会被园丁们种在一起"君臣相辅"。如果一定要辨认清楚，那就看枝干吧，有木质化主干的就是牡丹，牡丹的叶片偏灰绿色，芍药叶色较有光泽。牡丹开花要比芍药早半个月左右，一般4月就开花。芍药花根据品种的不同，可以从4月末开到夏初6月。不过郊区山野的牡丹常常比城市的牡丹晚开半个月左右，5月城里的牡丹可能芳菲已尽，但山上的牡丹才刚刚登上舞台。

河南洛阳、山东菏泽都是牡丹的胜地，每年这两地都会举办各类牡丹节，它们种植的牡丹多为中原牡丹。

中国牡丹园艺品种根据栽培地区和野生原种的不同，可分为四个牡丹品种群，即中原品种群、西北品种群、江南品种群和西南品种群。近年

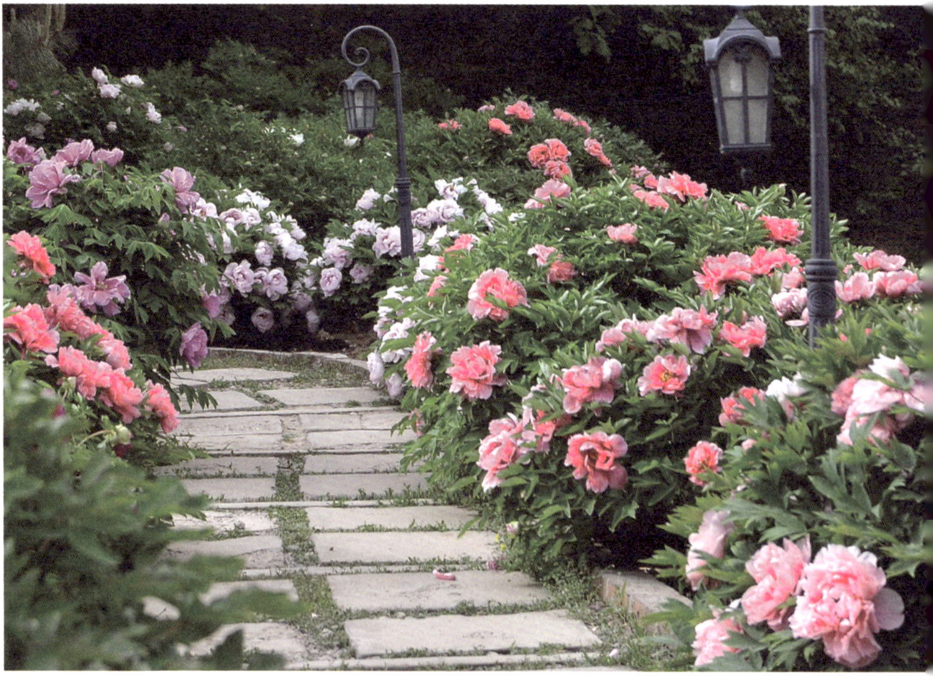

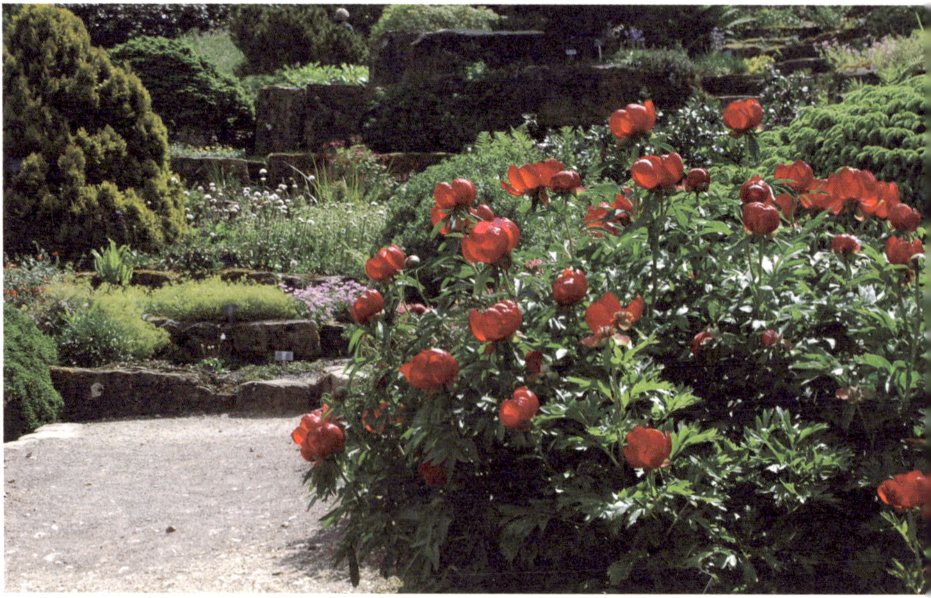

来，花园爱好者中流行一种紫斑牡丹，原产甘肃一带，甘肃的临洮从唐代起就大面积种植紫斑牡丹了。"白云堆里紫霞心，不与姚黄色斗深。"宋代诗人梅尧臣这句诗描绘的就是紫斑牡丹。这种西北牡丹的花心是紫黑色的，花瓣有白色、红色、粉色多种。

橘子妈花园中种的就是这样一棵白色花瓣的紫斑牡丹。她曾评说，中原牡丹好像盛唐美人，雍容华贵，但紫斑牡丹有魏晋风骨，卓尔不群。是的，紫斑牡丹天生高大，它可以生长在贫瘠的土壤里，抗寒耐寒性强，如果在花园里孤植的话，可以长两米多高，而且香气浓郁。每次花开过后，橘子妈总是把花瓣捡起来，放到一个玻璃罐中，让它自然干燥，之后就能保存很久，有时候她送我一盒点心，里面也会点缀上依然保持着色彩的牡丹干花瓣。

很多牡丹都具备药用价值，它们的根皮可以入药，而紫斑牡丹除了欣赏价值、药用价值，还有一个重要价值就是它的种子可以榨油。牡丹籽油是食用油，也常常用在皮肤的抗衰老方面。但在市场上由于产量少、价格昂贵、定位不明晰，所以几乎不为人知。

紫斑牡丹的种植与养护

水分 由于紫斑牡丹生长在我国西北地区较为恶劣的环境中，其耐旱性较强，所以一般我们并不需要过多地浇水，否则会导致土壤的积水，只需要在春秋两季三天浇透一次水就行，当然各地湿度温度不一样，所以浇水还要看盆栽本身，土壤完全干了，一次浇足水。在花园里种植的话，几乎无需特别的管理。

土壤 ━━━━ 紫斑牡丹对土壤并不挑剔，肥沃疏松且含有腐殖质的中性土壤即可满足它的需求。而且它适应能力较强，因此也可以生长在微碱性的土壤当中。不过要注意的是，紫斑牡丹容易出现烂根的情况，所以我们要控制好土壤的通风排水性，尽量避免积水情况。

温度 ━━━━ 紫斑牡丹的抗寒性很强，北京的花园里露地过冬没有问题，据说温度达到-20℃以下时，紫斑牡丹也可以继续生长。而一般紫斑牡丹的适宜生长温度在10～20℃，倒是太热对它的生长不利，所以盆栽的话要注意通风。

光照 ━━━━ 基本上，大多数开花的植物都很喜欢充足的阳光，紫斑牡丹也是一种长日照植物，但是紫斑牡丹同样惧怕过强的光照，尤其是中午的强光可能导致紫斑牡丹的叶尖枯黄、花朵打蔫，花园里适合东南向，盆栽的时候避免暴晒，尤其是花期。需要注意进行遮光处理，要不然很可能会缩短其花期。

花艺运用

牡丹和芍药的花期较短，所以要选择适合插花的牡丹切花，有必要了解不同品种不同的花期，这样瓶插期相对更长，花形也就能更好看些，这个很关键；多次使用过就有经验了。比如牡丹中的紫二乔、洛阳红，花期都较长。

紫斑牡丹

5月

其次，最好了解一些牡丹的花语、花文化：它是国花的象征，除了雍容华贵，还有很多其他的象征含义，比如富贵和吉祥；白牡丹还有忠诚之意。不妨多去了解牡丹的诗词歌赋、典故历史，这有助于你更好地表现牡丹花艺的美好意义。

牡丹一旦打开花瓣之后，中间的花蕊特别明显，所以在配材上要尽量简洁，配当季的枝材就可以。

但在欧式花艺中，想插出油画效果的时候，人们是会用其他花材来搭配它的，就是难度较大一些。

芍药虽然花朵很大，但其实还是比较安静、收敛的一种花卉。在欧式花艺或家居插花时可以和玫瑰搭配，会比较有意思。

如果放在花瓶里的话，把绿色枝材放高一些，芍药或牡丹放低一些，把空间做得大一些，这样会更有感觉。

万柳风物记：椿去楸来花草色

万柳是北京海淀一个区域的名字，位于西三环和北三环的交界处，如果你以为这里有万棵柳树吹拂，那就错啦。事实上，它是"万泉庄"和"柳浪庄"的合称——万柳——多么诗意的名字！但这里最著名的是其高昂的房价，因为这里有着大名鼎鼎的"中关村三小"，于是造就了全北京最贵的学区房。它还有几条和泉水有关的好听的街道名，比如"泉宗路""知泉路""云泉路""万泉庄路"等。虽然现在这里早无泉水，但柳树犹在，因为不属于老城区，规划相对较新，所以这一片街区的绿化相当不错，常见的行道树有国槐、银杏、梧桐、白蜡等，间或还有几株怒放的紫色泡桐。

特别喜欢这里开花的伟岸树木，每当我仰望它们，就像在仰望自己的梦想。

从我家的小樱桃上小学后，我们就从郊区搬回了学区的制高点海淀。我家在万柳东路，这里的行道树是国槐，小樱桃的学校在万柳中路，那里的行道树是楸树，连接这两条路的是白蜡树守护的泉宗路。每天早晚接送他上下学，我都会穿梭于这几条路，城里的公寓没有了花园，但路边一草一木都是我的风景。

虽然每个季节都有各自的美，但万柳中路和万泉庄路这两条纵横万柳的核心轴线最美的季节是4月底5月初，因为这里的行道树到了花期！这个月，楸树开出了层层叠叠、如云片般的粉色花朵。韩愈这样形容花开时节的楸树："看吐高花万万层。"最初盛放的是浅粉色和白色的楸树，后期则是深粉色的品种开放，前后花期约为两周。可能因为楸树塔形的树干太高了，也或许是因为来往的家长们总是那么焦虑和匆忙，所以无暇顾及它们的绽放。大多数人不认识它是什么树，最初我也不擅长辨认树木，请教园林专家后才知道，这种紫葳科乔木还很容易和梓树搞混。"楸，美木也，茎干乔耸凌云，高华可爱。"宋人如此介绍这种暮春开花的树木。花开花落，楸树的花朵落在人行道的时候也是极美的意境："落英满地君方见，惆怅春光又一年。"春天，真的是一年中最美的季节。

我时常会觉得好奇，园林局为什么会选楸树作为行道树呢？毕竟它直立挺拔向上生长的姿态，并不像梧桐那样有伸展的横枝能带来很多树荫。带着这样的疑问我去查阅了资料，原来楸树确实兼有很多作为行道树的优点：根系深、寿命长、病虫害少、花果不污染环境、发芽早落叶迟、耐修剪……我们每日匆匆经过它们，无暇关注到这些，也因为不了解就熟视无睹。可是如果多懂一些植物的知识，生活就会多一点乐趣呢！

万柳的公园里还有紫藤，也是这个季节开放。紫藤花的颜色在《日本传统色》这本书中被称作"藤色"，是指泛亮蓝的紫色，是从平安时代到现代时髦女子都喜欢的颜色。藤色被视为高贵的颜色，在《枕草子》中

还出现了用紫色和纸书写的和歌，并系着藤花寄送的浪漫情书呢！

万柳有很多值得欣赏的花草树木，小樱桃每天上学必经的拐角就开着金灿灿的棣棠，它的花朵宛若金色的绒球，是蔷薇科的灌木，在路边作为绿篱生长。这种微微泛红的耀眼黄色在日本被称为"山吹色"，于是每次经过那里我都会联想到它在山野绽放，随风摇曳的样子。这种色彩也是日本的传统色，据说出自平安时代，它是宣告春天离开的花朵，此后便进入了生机蓬勃的夏季。日本的时代剧中还常常用"山吹色的点心"来代表金币，因为山吹色和黄金的颜色相似，便有了这样的用法。

每一天，我都带着好奇的眼光去打量万柳的一草一木，有时候学校门前树坑里的马蔺开了，有时候发现小区路边有稠李，长春健身园里居然还有互叶醉鱼草，巴沟山水园的湖面上参差的荇菜也开出了小黄花……当你发现了、认识了、了解了，路边偶遇的花花草草就能成为生活中的确幸之花。

玫瑰之怒

差不多20年前,英国广播公司(BBC)发布过一篇题为《玫瑰怒植根于篱笆》的新闻报道,讲的是以绅士风度著称的英国人经常会因为花园和邻居大动肝火。报道基于BBC旗下的《园丁世界》杂志对全英读者进行的一次调查,并给花园纠纷起了个浪漫的名字:"玫瑰之怒"。

调查总结出了产生"玫瑰之怒"的十大根源:邻居家的狗太吵,音乐声音太响,晚会举行到深夜,夫妻吵架,花园工程进行到一半就扔在那里,花园中有过分亲昵的行为,孩子吵闹,裸露上身进行日光浴,一大早就剪草坪的声音刺耳。

花园不仅左右邻里关系,还会影响房地产市场。调查发现,76%的人表示,如果他们买房时对未来邻居的花园不满意,就会另觅他处。1/5的人对邻居的花园看不上眼,认为应该"极大改善",10%的人对邻居的花园"感到羞耻"。

之所以对花园如此挑剔,是因为绝大多数英国人将园艺视为第一大爱好。在乡村城镇,几乎每家房前屋后都有花园,主人对它们细心呵护、苦心经营,许多城镇还定期举办"最佳"和"最差"花园的评比。

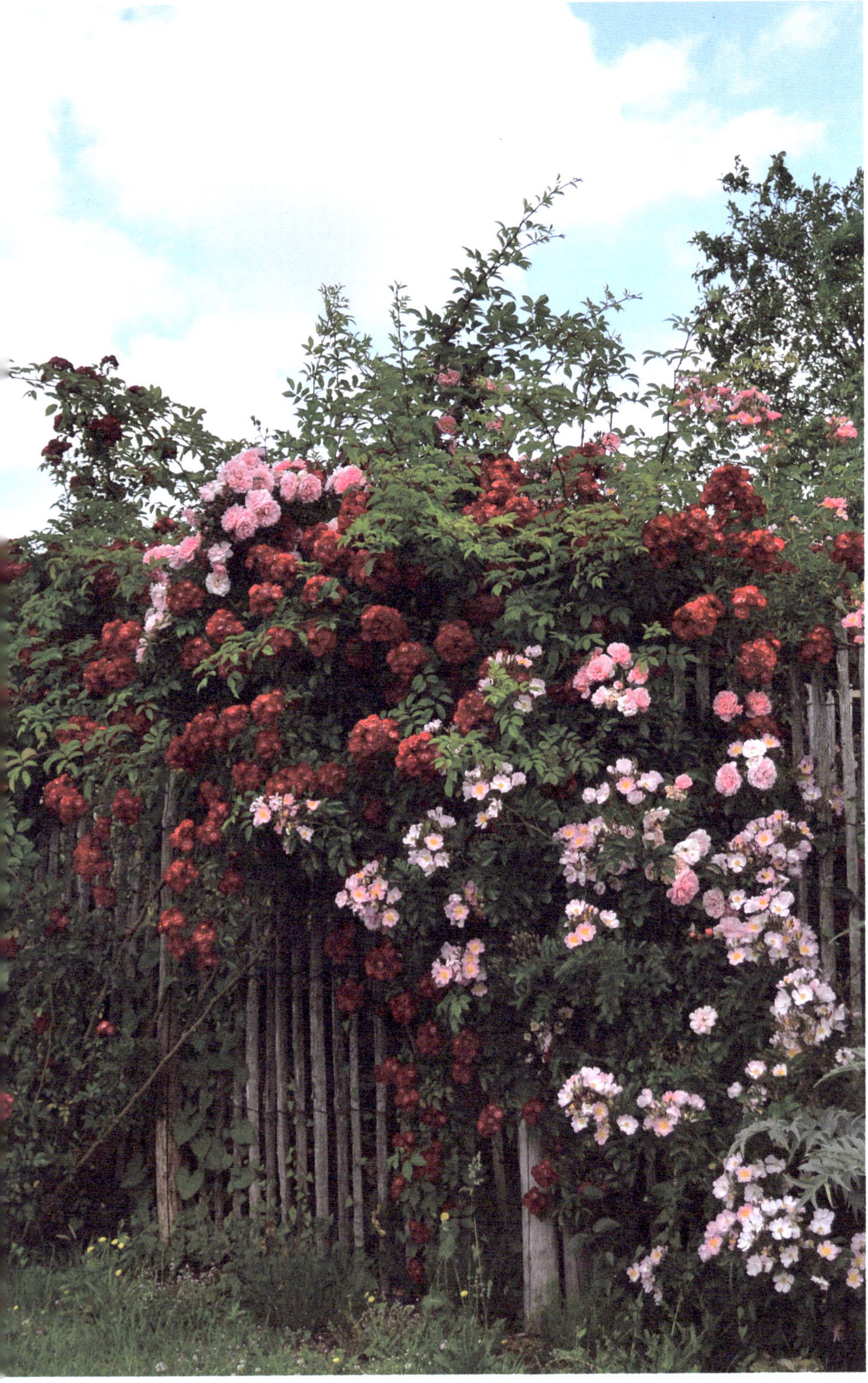

北京的市民多半不会有玫瑰之怒，更多可能是月季之喜！尤其是这个季节。5月北京的三环、四环道路隔离带上的藤本月季大放异彩，此时开车经过这两条环线的人们看到这么漂亮的月季隔离带，一定会觉得心情舒畅！月季是北京的市花，它们非常适合这个城市的气候土壤，此刻我们一定不会有玫瑰之怒，就连路怒也一定少了很多！

英文当中有个词组"look at/see something/someone through rose-tinted spectacles"，意为"透过玫瑰色眼镜看事物"，用来形容"某人过于积极、乐观，只看到事物最好的一面"。玫瑰确实能带给人们这样积极的能量。现在，让我们戴上玫瑰色眼镜，来了解下玫瑰的知识吧！

Rose 三姊妹

月季（*Rosa chinensis*）、玫瑰（*R. rugosa*）和蔷薇（*R. multiflora*）都是蔷薇属（*Rosa*）的植物，这个季节正在开放。在中文里，玫瑰和蔷薇这两个词听起来都很浪漫、优雅，月季这个词则比较朴实，但大多数的场合我们看到、买到的都是月季，尤其是在花店。世界四大切花中，月季、菊花、剑兰、康乃馨，月季位列首位。可送朋友花束的时候我们还是更愿意用"玫瑰"这个词，因为听起来更雅致嘛！

"我的爱人像朵红红的玫瑰，六月里迎风初开。"假如这个词翻译成月季，那语境可就没法感受了。Rose 们不仅在切花界拔得头筹，它们也从不缺席任何一座经典花园。

蔷薇、玫瑰和月季的辨别

试问哪一座花园没有 rose 呢？蔷薇、玫瑰和月季，它们有很多共同点，但在花型、果实、叶片和枝条，还有开花次数等很多方面，其实都是不一样的，各有各的美丽。

首先是茎干的区别：月季和玫瑰都是直立型灌木，不过藤本月季会有非常修长、相对柔韧的枝条，经过牵引，它们也可以和蔷薇一样攀援到很高的墙上。而蔷薇多半是蔓生或攀援，枝条细长而且柔软。

其次，它们的刺不一样：月季枝干上的刺通常稀疏粗大，玫瑰枝条上则有着特别密集的刺，蔷薇枝条上的刺则稍小。有的玫瑰或蔷薇甚至以刺的观赏闻名呢！

通过叶片也能辨别：蔷薇通常有 5 ~ 9 片小叶，叶片平展；而玫瑰叶片最醒目的特质在于多而密的褶皱，这也是区分它和月季、蔷薇最重要的特征。玫瑰学名中的种加词 *rugosa* 就是皱叶的意思。它的叶子上有明显的褶皱，而且布满细毛，真菌孢子难以附着在它的表面，所以玫瑰的抗黑斑病能力较强。月季通常每一复叶有 3 ~ 5 片，小叶相对较大，叶片很平，有光泽，没有褶皱。

果实 月季和玫瑰的花朵谢去之后萼片不脱落，而蔷薇的萼片大多会脱落，所以它的果实是很光滑的圆球状，也有纺锤形。玫瑰的果实

从左至右依次是月季、蔷薇、玫瑰

则呈扁圆形,萼片留存。月季的果实比蔷薇和玫瑰都要大些,萼片留存,但我们很少用月季的种子来种植,多数是扦插和嫁接。

花朵 单看花朵不容易辨别,人们习惯把花朵直径大、单生的品种称为月季,小朵丛生的称为蔷薇;而玫瑰,除了在花园中种植,很少有拿来做鲜切花的——因为它的花瓣过于柔弱单薄,很容易就凋落,瓶插期过短,导致它们缺席了鲜切花的舞台。在鲜切花的世界中通常只能买到"月季",这是因为月季的瓶插期长、花瓣厚实易于包装运输、茎干刺少光滑易于插花,而且植株本身反复开花,易于商业生产。

香气　　玫瑰的香气最为浓郁隽永，它们也是提炼精油的最佳原材料；月季则有着更细腻、更丰富的香型，比如茶香、果香、没药香，当然，也有没有香味或香气很淡的品种；蔷薇则香气最弱。

花季　　玫瑰和蔷薇通常只开一季，月季则常多季开花，也有一年只开一季的品种。但三姊妹通常可以在春季竞相开放！

玫瑰的种植和养护

蔷薇属三姊妹的种植和养护几乎相同，它们都需要充足的全日照环境，比如每天保证5~8小时的阳光直射；它们喜欢肥沃疏松的土壤，一定要排水畅通的那种，因为它们不耐水涝。

适合玫瑰生长的土壤应尽量具备疏松、透气、排水良好这三大要点。家庭用的话，肥料以有机肥为主。

很多玫瑰非常耐干旱，当它们开花的时候要有适宜的温度，比如15~28℃。玫瑰的枝叶很繁茂，因此它们需要通风透气的环境，潮湿不通透的环境易使它患各种疾病，比如黑斑病和白粉病等。保证了这些生长要素，无论是玫瑰、蔷薇还是月季，都会很茂盛。

专家们说"干生虫、湿生病"，这条定律适用于大多数植物。至于玫瑰们的病虫害，无外乎蚜虫、红蜘蛛、白粉病、黑斑病等，这些在花市都可以买到相应的杀菌或灭虫的药剂，每一种药剂都有说明文字，对症下药就可以了。

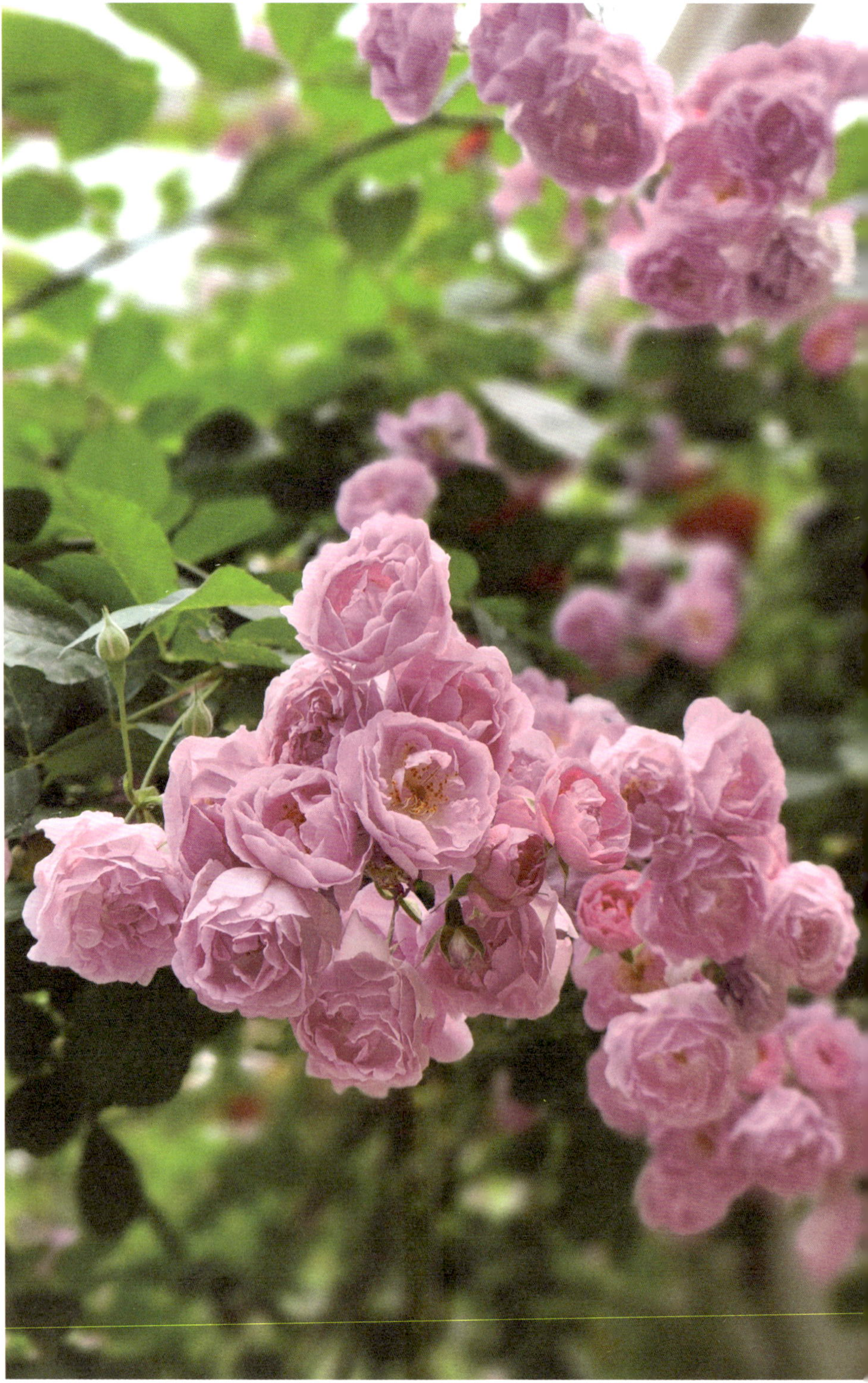

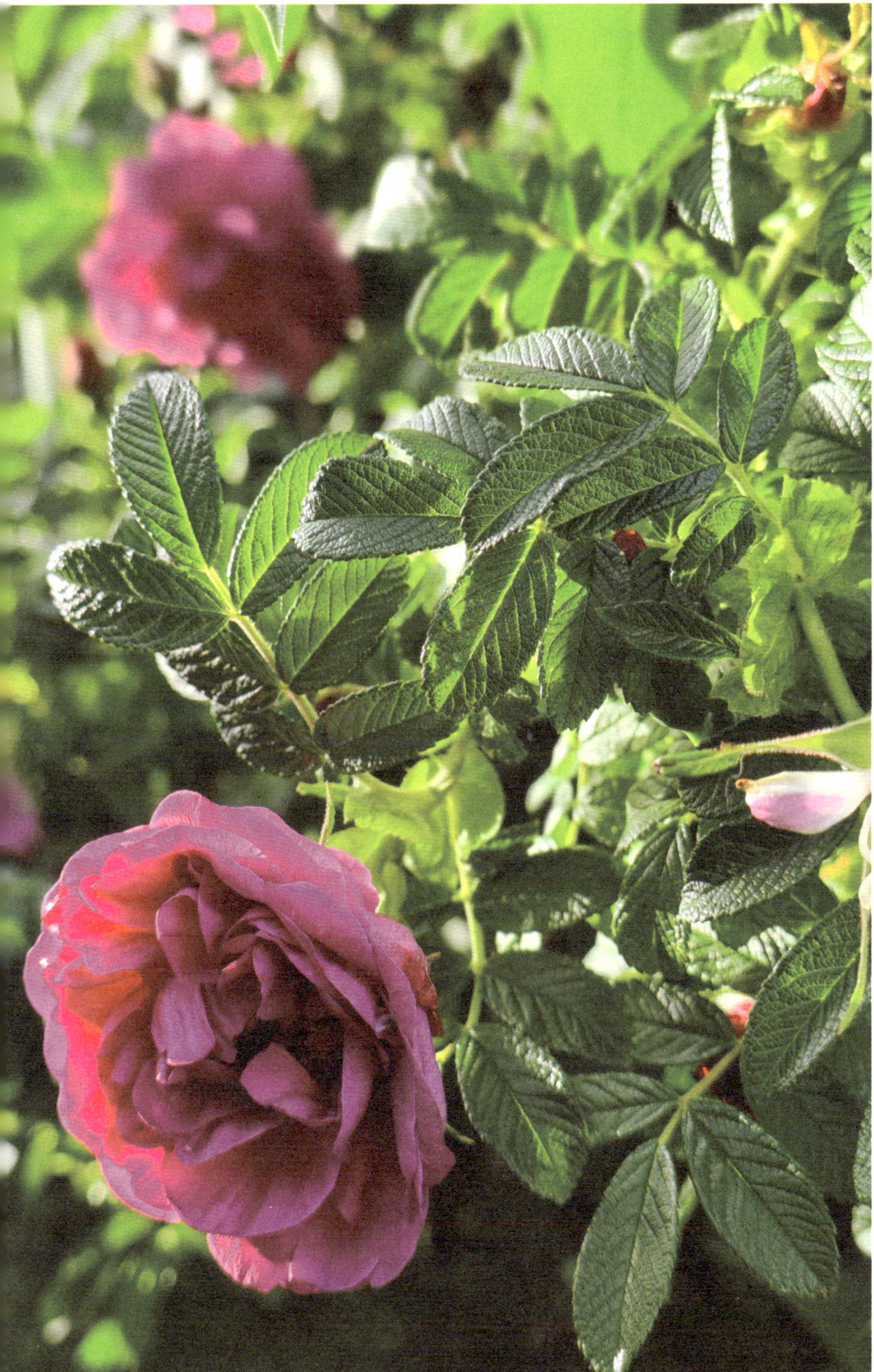

玫瑰的繁殖通常有分株和压条法。分株在春天3月萌动之前或秋天落叶之后进行。和月季不一样，玫瑰的扦插成活率不高，所以采用分株是最简单的办法。

玫瑰的剪枝也相当重要，一般在春秋两季进行：春季剪枝，是为了当年开出更漂亮的花而进行的作业。剪枝的顺序可先从底部剪去细枝、弱枝和枯枝；两年以上的老枝也从底部剪除。切除了多余的部分后，再把剩下的枝条剪短。秋季，玫瑰枝叶茂密地生长，枝叶间渐渐拥挤起来。如果放任生长的话会过于繁密，导致通风条件恶化，容易引发病害，所以也需要勤于修剪。

藤本月季最重要的养护工作是横拉枝条。将原本直立向上生长的枝条尽可能横着拉开，固定成水平的角度，这是促使它开花更多的秘诀！

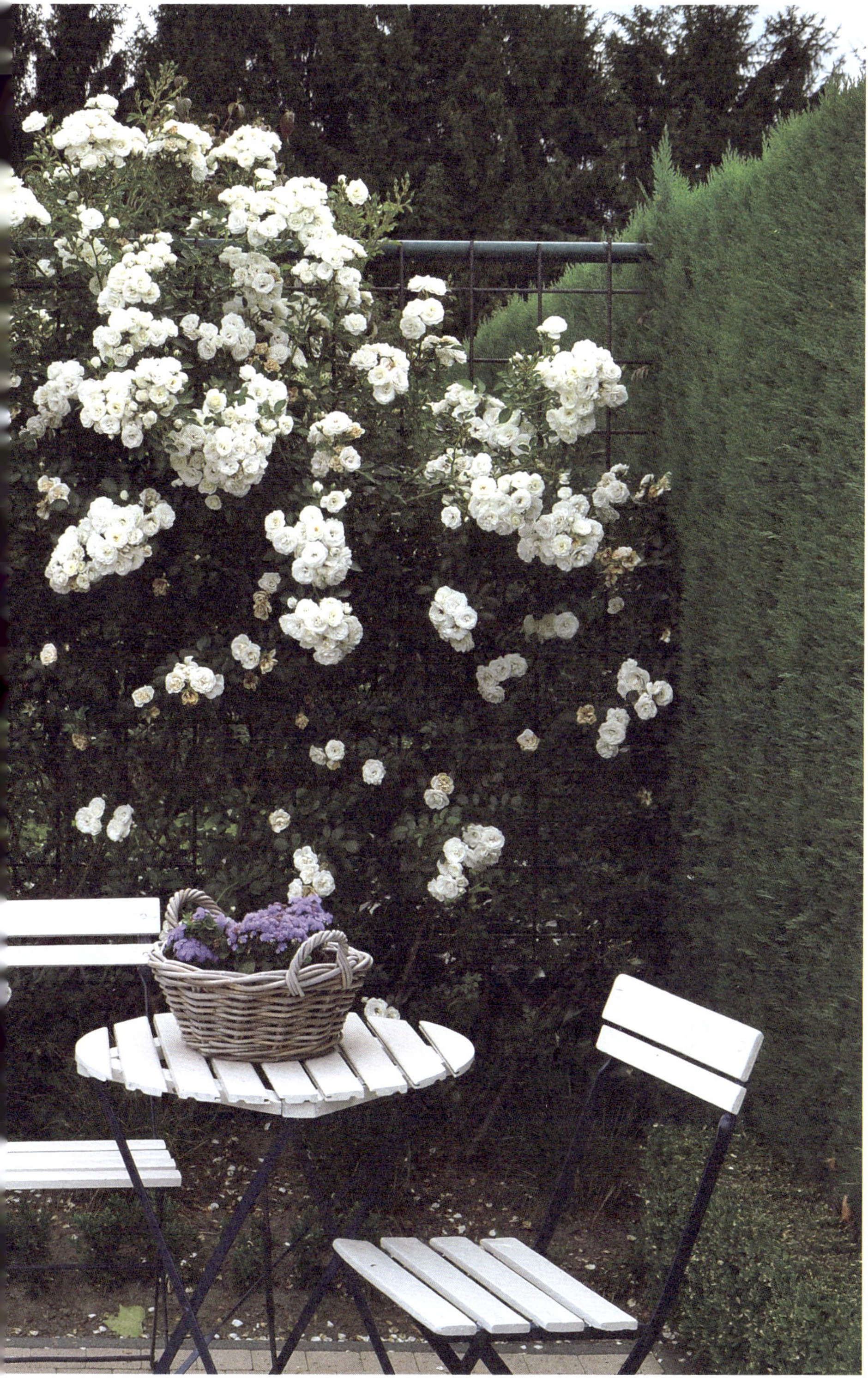

玫瑰人生：如何运用玫瑰

本节我们来分享玫瑰、月季和蔷薇在花园或阳台中的运用。正因为这三姊妹姿态各有千秋，所以它们在花园中、阳台上的表现形式也不一样，主人可以充分利用它们的特性来设计出不同的效果。

首先介绍阳台上如何选择月季。近年来流行的微型月季很适合装点窗台和阳台的花架，它们的花朵小巧精致，闪耀如钻石，所以它们有一个很棒的商品名称叫作"钻石玫瑰"；也有很多种色彩可以选择，而且价格也不贵，一盆可以开好久，远比鲜切花要来得更新鲜自然，也更精彩长久。我总是推荐朋友用真正的盆栽来代替鲜切花。它们也适合摆放在餐桌上营造氛围，成为餐桌花园的好道具。不过它们一样喜欢阳光，所以记得在装饰后要把它们拿到有阳光的地方继续生长。

藤本月季也可以在阳台上种植，但是需要花架或格栅来引导它们的枝条。虽然月季也算浅根系花卉，但毕竟是木质藤本，需要足够深厚的土壤来支撑，因此大口径的花盆或花箱是需要的。而且它们的枝条可以充分利用有限的空间，不占地方。

月季的种植，最好是在半封闭或不封闭的阳台，你还可以直接在墙上固定花架，让藤本月季爬上墙面——其实它们不能像牵牛花那样自己攀爬，需要主人来引导造型。如果是封闭的阳台，最重要的还是给予通透的空气，不然容易生蚜虫。

如果你的阳台本来就有露天的花池（有些小区的阳台设计包含这类设施），那么普通月季和地被类有蔓性的月季都能胜任，只要保证花池排水畅通就好。

另外，月季有刺，如果家里有小朋友一定要提醒他们，自己修剪的时候可以戴上专门的手套。

至于花园，那月季的展现形式可就更多了。

花篱 & 花墙 ━━━ 蔷薇和藤本月季可以攀援栏杆，所以它们可以种在栏杆或墙旁，待它们慢慢丰满，则可形成壮观的花篱——这需要年份，你要学会等待。如果选择的品种适宜，那么这个等待的过程并不漫长，两三个春天就可以了。此外，要达到理想的效果，每年的修剪必不可少。若是为迅速形成花篱而密密麻麻种上月季或蔷薇，则反倒不容易有好的效果，它们之间过于密集，既不容易伸展开，还会互相争夺养分和阳光，彼此都不容易长好。所以，记得要给它们预留足够的空间。

花瀑 ━━━ 花瀑的效果通常自上而下，所以如果将花境抬高，那些柔软的蔷薇枝条会自然垂下，它们的花朵小而密集，很容易就开成瀑流的形式。有很多嫁接的月季树也可以形成花瀑的样子，春天去花市就可以看到。这种花树也很适合盆栽，用以点缀你的露台或阳台。

花境 ━━━ 月季和玫瑰都非常适用于混合花境，东方园艺中通常为

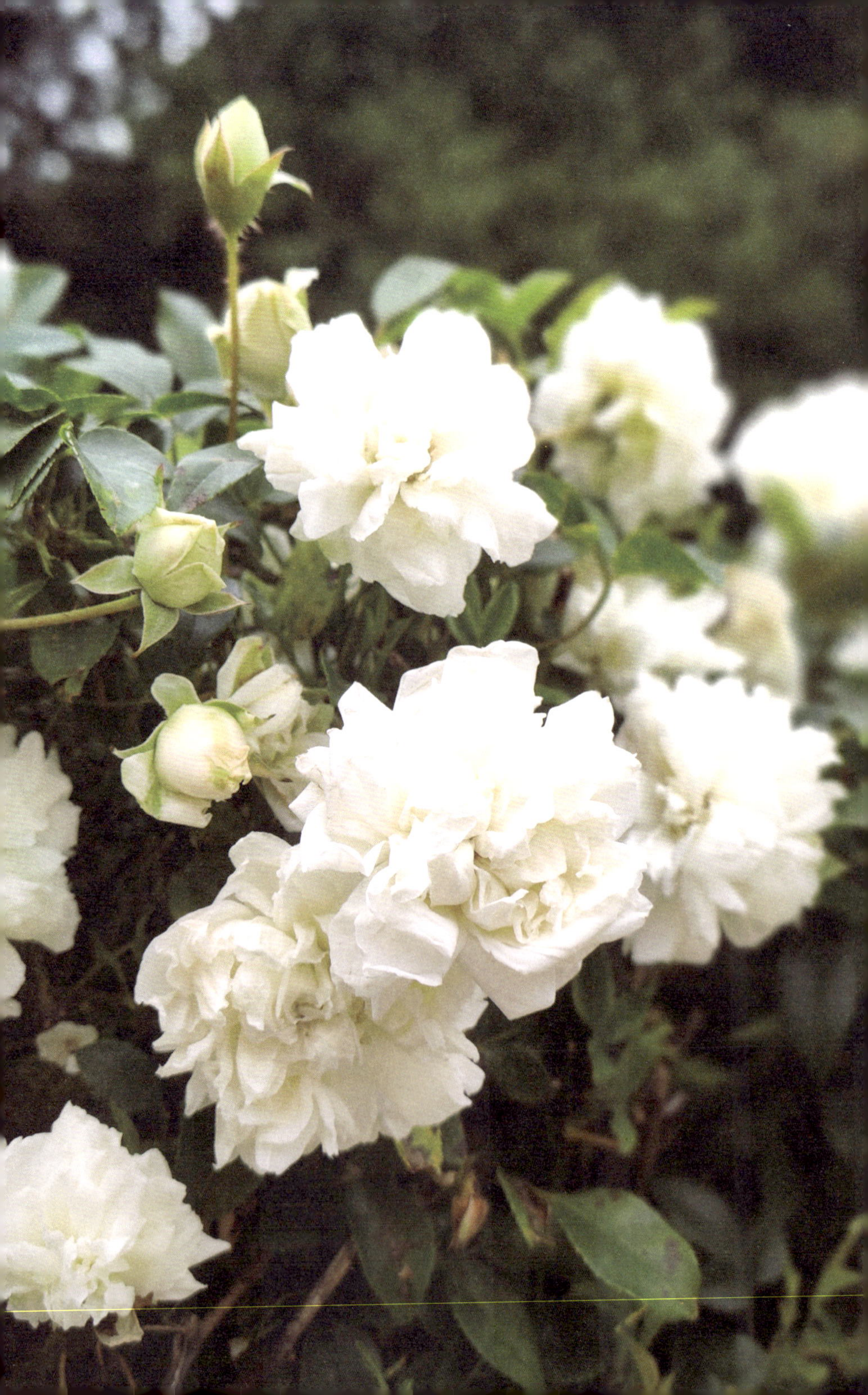

传统的单独种植，而在欧洲园艺中，月季和玫瑰经常搭配在自然的花境中，尤其是备受中国花友推崇的英国古典月季。它们在植株方面一般表现为极为理想的灌木丛，很适合搭配多年生草本植物，如老鹳草、鼠尾草等。它们有着丰富的颜色、繁茂的花朵，还有浓郁的香味，所以很容易种出典雅的气质。

切花花圃 在国外的很多大型庄园中，因为有足够的土地，所以主人通常会开辟一座苗圃专门用于"出产"鲜切花。这里生长的花草非常适合主人清晨前来采撷，插在花瓶中装点室内空间。如果你很喜欢采摘新鲜的花朵，那么月季是不错的选择，因为很多品种几乎能月月开放，而且它们有着不错的花形和最新鲜最美好的芳香。

> 花店中的鲜切花通常来自大规模生产，生产者为了提高花朵生长的数量而极力压抑花朵原有的芳香。

玫瑰美食

有了玫瑰、月季和蔷薇,不仅花园更美丽,而且你会发现,它们用处良多:玫瑰茶、玫瑰花酱、玫瑰饼甚至玫瑰花水都可以做起来了!

黄刺玫煎蛋

黄刺玫是北京路边常见的灌木,4月中旬就会看到金灿灿的黄刺玫开放。这种超级皮实的蔷薇虽不如玫瑰那么香,但一样可以成为花馔的好素材。比如用黄刺玫做的花瓣煎蛋。

如果黄刺玫过季了,其他杏色、黄色的月季,只要有香气的,也都可以试一试。

材料:重瓣或单瓣的黄刺玫、鸡蛋、食用油

步骤:

1. 将黄刺玫花瓣摘下,去掉花蕊,花瓣不用太多,清水漂洗后沥干水分;

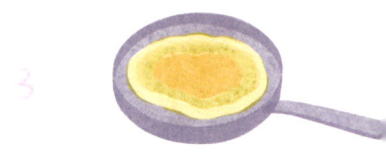

黄刺玫煎蛋的做法

2.将鸡蛋打入花瓣中，调入盐、鸡精，打散蛋液；
3.蛋液倒入热油中，煎成两面金黄即可。

玫瑰果酱

通常我们用玫瑰花瓣来腌制玫瑰酱，或者把花苞晒干泡茶，但很容易丢失玫瑰本身的优雅或者失去那份花朵应有的水灵。现在我们来尝试做一款秘制的玫瑰果酱，这是一种不仅香甜而且有着美好色泽的玫瑰酱。不过关于原材料，你不必拘泥于一定是"玫瑰"，芳香的月季同样可以，而且它们的花瓣更为厚实，制作出来的玫瑰酱不仅不会花容失色，而且色香味俱全呢。花友橘子妈用藤本月季"伊莎佩雷夫人"的花瓣做了玫瑰酱，成品具有非常浓郁的玫瑰香，好闻极了！

1 去花蕊、花蒂，洗净

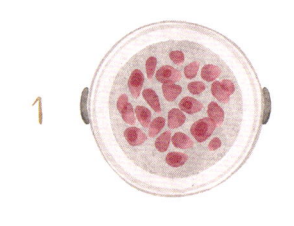

2 边搅拌边用中火煮，待汤变粉红后，加一半白糖

3 煮沸后加黑莓，换大火

4 再次沸腾后加糖，盖上锅盖

5 煮到冒气后，拿掉锅盖，继续边搅边熬煮

6 2~3min 熬到有光泽且黏稠时，加红葡萄酒，搅拌2~3分钟后关火

7 趁热倒入玻璃瓶，盖上瓶盖倒扣形成真空，阴凉处保存

⊞ 玫瑰果酱的做法

花园生活美学
190

材料：玫瑰花朵、黑莓、白砂糖、红葡萄酒、水

（如果没有黑莓，用桑葚代替也可以，也可以用柚子或白桃来配玫瑰。）

步骤：

1. 将玫瑰花瓣摘下，去除花蕊花蒂，用水洗净，轻轻将水分吸去；
2. 将清洗后的花瓣和水一起下锅用中火煮（为防止煮焦，需用木勺一边搅一边煮），待汤色变成粉红色后，加入一半的白糖；
3. 煮沸后加入黑莓，换成大火煮；
4. 再次沸腾后加入剩余的白糖，糖融化后盖上锅盖；
5. 煮到锅盖冒气后，拿掉锅盖，继续边搅边熬煮；
6. 熬到有光泽并且呈黏稠状态时，加入红葡萄酒，搅拌 2～3 分钟后关火；
7. 将果酱趁热倒入事先煮沸消过毒的耐热玻璃瓶中，盖上瓶盖倒扣形成真空，阴凉处保存即可。

玫瑰蛋黄酥

有了玫瑰酱，那么鲜花饼也是很容易的。其实玫瑰鲜花饼有很多种做法，大多数是类似苏式月饼那种。

1. 首先准备好水油皮和油酥。水油皮是将中筋面粉和热水、猪油（黄油亦可）、白糖混合，反复揉搓摔打成的面团；油酥则是不加水，直接用低筋面粉和猪油揉好的面团。
2. 二者醒发之后，把水油皮切成小剂子，油酥切成同样数量的小剂

1

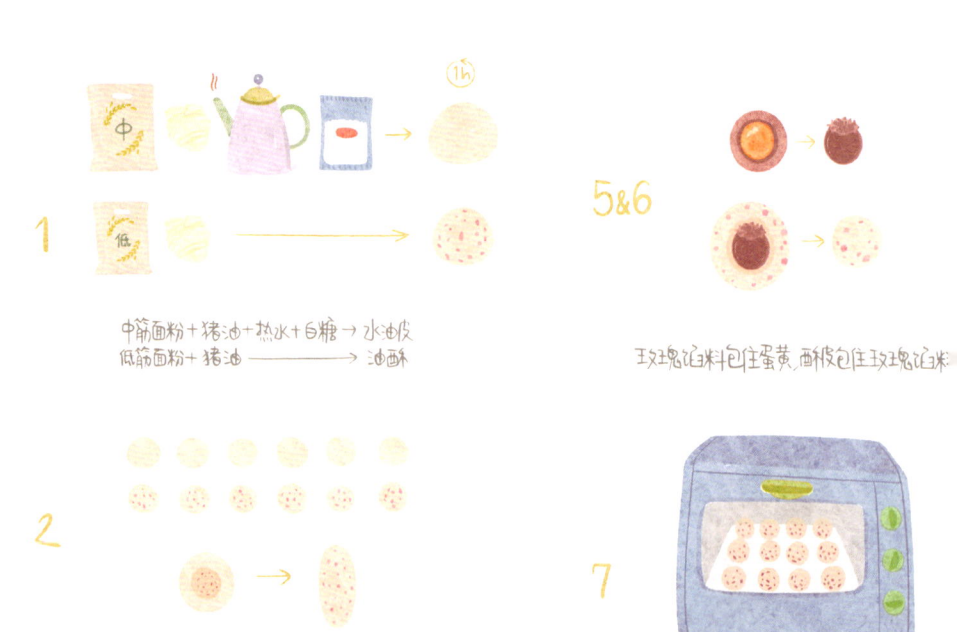

中筋面粉+猪油+热水+白糖 → 水油皮
低筋面粉+猪油 ──────→ 油酥

2

切剂子，包起来，揉成团对折压平

3

玫瑰酱+糯米粉+豆粉 → 馅料

4

咸蛋黄喷白酒，170℃烤5分钟

5&6

玫瑰馅料包住蛋黄，酥皮包住玫瑰馅料

7

170℃烤15分钟

8

170℃ 15min

刷蛋液，撒黑芝麻，再烤15分钟至变色，出

⊞ 玫瑰蛋黄酥的做法

花园生活美学
192

子，然后用水油皮包好油酥，揉成团后对折并压平，这样烤出来皮会很酥。如果觉得麻烦也可以直接买现成的酥皮。

3. 醒发酥皮的时间可以用来准备玫瑰的馅料（这个现在也能买到成品）。玫瑰酱中还可以加入炒熟的糯米粉或者豆沙，来丰富口感。

4. 给咸蛋黄喷上白酒，放入烤箱，上下火170℃烤5分钟就熟了。喷白酒是为了帮助软化咸蛋黄。

5. 用玫瑰馅料包裹住咸蛋黄做成丸状。如果馅料太湿，可以在熟糯米粉中滚一下。

6. 接下来就是将丸状的玫瑰蛋黄馅料包进酥皮中，做成圆圆的形状。

7. 放入烤箱，上下火170℃烤15分钟，拿出来刷一层蛋液，撒上黑芝麻。

8. 再放入烤箱烤15分钟，看到变色就可以出炉了。

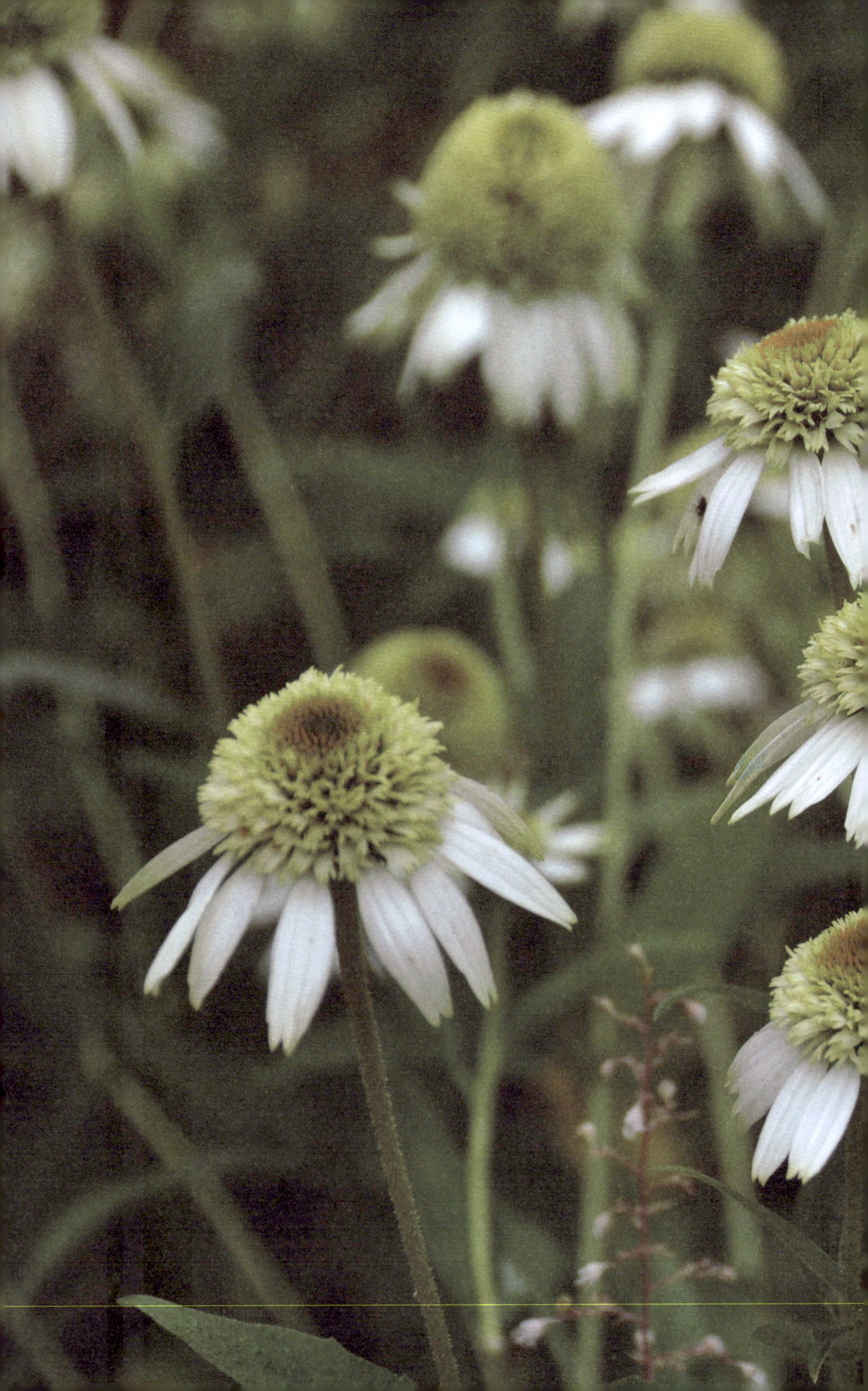

6月

离离艾草香

从青梅到玫瑰

6月已经开始进入炎热的时节，春天的花开始凋零，枝上绿肥红瘦，玫瑰们悄然谢去，正在积蓄新一波能量，等待再次绽放。无论它们是盆栽还是地栽，花谢之后要尽快剪去残花，给它们增加肥料补充营养。我喜欢反复开花的植物，总觉得它们特别勤勉，让人感动。园丁其实也是如此，勤奋的人总是值得尊敬。

这个月的节气是芒种和夏至。芒种节气通常会在6月5日或6日，一般是农历的四月底或五月初。"五月节，谓有芒之种谷可稼种矣。"这句古语的意思就是说，有芒的农作物，比如小麦大麦，一般这个时节差不多成熟，可以收割了。"芒种"的字面意思就是"有芒的麦子快收，有芒的稻子可种"，所以不如我们叫它"忙种"。

青梅煮酒

降水充沛是芒种时节天气的一大特点。芒种前后，江南一带进入梅雨季节，此时正值江南梅子黄熟时节，故名"梅雨"。

曾在日本留学的花友珊珊，每年这个季节都会泡青梅酒，她选用一种米酒来浸泡青梅。她说日本超市里会提供组合好的套餐，主妇们买回家直接在瓶子里泡就可以了。珊珊用冰糖、梅子和酒的比例是1∶2∶2，就是2斤梅子需要2斤白酒和1斤冰糖，当然这个比例不是固定的，可以自己调配。自己买青梅回来做也很容易：挑选表面没有破损的果子，去掉果蒂，洗净后自然控干（不能有水），放入同样洁净无水的玻璃罐中，加入适量冰糖，再倒入粮食酿制的低度白酒就可以了。酒的度数不能太低也不能太高，30～35度就可以。青梅酒属于果酒，度数太高太烈不好喝，这个度数差不多正合适。泡制时间为3个月，因为这是泡酒不是酿酒，所以中间不需要我们再做什么，阴凉处保存就好。到8月左右，加上冰块或者一比一兑上冰镇苏打水就可以喝啦！当然放的时间越长越好喝。等到酒里面的梅子已经吸足酒味成了醉梅，还可以用来炖鸡炖肉。

北方没有青梅，可是有杏子。这个季节杏子就快成熟了，如果杏树上结果较多，不如在疏果的时候顺手做一罐杏子酒。此外还有樱桃酒、桑葚酒，泡制原理和手法是一样的。

端阳包粽

这个月还有一个重要的节日是端午。你知道吗？端午节是中国的传统节日（清明、端午、中秋和春节，是我国四大传统节日），但它不属于二十四节气之一。端午节为每年农历五月初五。端者，初也。五月是仲夏，它的第一个午日正是登高顺阳好天气之日，故五月初五亦称为

"端阳节"。端午节还是中国首个入选世界非遗的节日呢！其实端午还是一座"花园"，包含了很多生活美学。

在我们所有的传统节日中，端午节和植物的关系最为密切。我们用粽叶包粽子，用艾草煮鸡蛋，要在门前悬挂如宝剑一般的菖蒲或芳香的艾草，人们相信菖蒲、艾草可以用来驱病、防蚊、辟邪，所以有地方会称之为"菖蒲节"或"艾节"；民间还把端午叫作"沐兰节"，因为有在端午采集草药熬水沐浴的习俗（这里的"兰"指的是一种菊科植物"佩兰"，和我们今天说的"兰花"不是一种植物）。人们还会用五彩丝线和布料包裹中草药，制成各种形状的香囊佩戴。清代李静山在《节令门·端阳》篇中描述端午的习俗道："樱桃桑葚与菖蒲，更买雄黄酒一壶。"小的时候，我的外公会在端午这一天买来雄黄，倒入白酒中，然后用手指蘸着雄黄酒在我的额头上写一个黄色的"王"字，那是老虎的额纹，意思是希望孩子像老虎那样威猛——寓意辟邪，使百鬼畏惧，孩子可以长命百岁！

这个节日最重要的活动就是包粽子。各地用来包粽子的材料也不一样，江南水乡会用河边的芦苇叶，有山的地方会用山里的箬竹叶，还有的用新生竹笋那毛茸茸的壳（比如毛竹、楠竹、斑叶竹、金叶竹它们的笋壳既结实又宽大，很适合包粽子），山东、山西和陕北常用壳斗科的槲叶，两广一带用竹芋科的柊叶，我国西南和华南地区用芭蕉叶，广西用山姜叶，广东、海南人民用露兜树叶子（也叫簕古叶）……听起来像不像一幅中国粽叶地图？粽子的馅料也一样丰富多彩：从传统的红豆蜜枣到火腿、咸蛋黄、梅花肉等，五花八门，各地都有自己的风味。

⊞ 猪脚小粽子的包法

至于粽子的包法那就更多了。我最擅长包一种精致小巧的猪脚小粽子，只用两片芦苇叶和一条马蔺叶就可以完成，而且可以变换出很多花样，特别适合小朋友来学习。马蔺，又称马莲，就是童谣中"风吹雨打都不怕"的"马兰花"。它在春天开出蓝紫色的花朵，到了端午，花朵早已谢去，此时叶片已经长得很修长啦！细长的马蔺叶结实而有韧性，特别适合用来捆扎食物。在过去没有塑料绳的年代，人们去菜市场买菜的时

候都会用它来捆菜或者拎条鱼什么的,这是天然的绳索呢!在北方人们用马蔺叶来捆粽子,在南方则有用水草或稻草来捆扎的。

夏至玫瑰面

夏至是二十四节气中第十个节气,它是最早被确定的节气之一,也是民间"四时八节"中的一个节日。(四时一般指春夏秋冬四季,八节指立春、春分、立夏、夏至、立秋、秋分、立冬、冬至。)此时太阳到达黄经90°,通常交节在6月21日或22日。夏至这一天,太阳直射地面的位置到达一年中的最北端,于是北半球的白昼达到最长——日北至,日长之至……至者，极也。这就是"夏至"之名的由来。

你还可以（带小朋友）观察下这天的日光：在夏至这天的正午时分，"立竿见影"这个成语不灵啦！因为这一天太阳呈现直射状态，北回归线地区会出现短暂的"立竿无影"的奇景。

不管怎么样，"夏至"意味着"炎热的夏天来临"啦！自古以来，我国民间就有"冬至馄饨夏至面"这一说法，夏至吃面是很多地方的重要习俗。似乎所有的节气都可以和食物联系在一起；当然，它们同样可以和植物联系在一起。

到了夏至，玫瑰和月季正好都开了，于是我们可以试一试不一样的面条。取花园中芳香的玫瑰或月季花瓣（一般云南的墨红或滇红花瓣色彩和香气最为出彩），切碎后混入面粉，加清水拌匀，反复揉搓擀制，就能切出粉色的玫瑰面条。如果没有新鲜的花瓣，也可以去超市买成品的玫瑰花苞茶或花冠茶，然后直接去掉绿色花蒂部分，只留红色花瓣部分，将它们磨碎后，混合在面粉中，其他程序和做手擀面是一样的，最后擀出的面条会呈现淡淡的玫红色，开水下锅后捞出凉拌即可。当然还有更简单的办法，就是直接购买成品的玫瑰粉和面、擀面条，同样也能得到一份香气扑鼻的玫瑰面。这样主题的面条，无论你有没有花园、种没种玫瑰，材料都是很容易采购到的，于是也就容易制作。

生活中除了节气、节日，和植物花草相关的事情太多了，如何以植物、以自然为核心发散开去，也是一种花园生活美学。

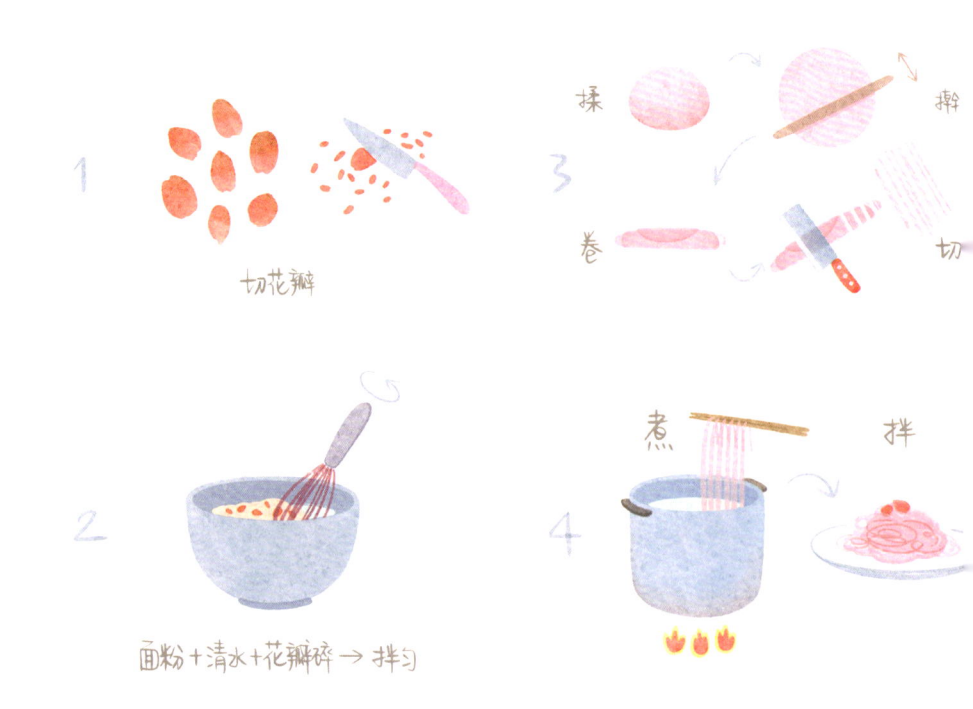

玫瑰面的做法

粘虫板的花园艺术

到了6月，虫子们已经进入活跃期，其实花园里有虫子是正常的，没有反倒不正常。

所有的虫子，只要不泛滥，只要不对植物造成致命伤害，其实无妨。比如蚜虫，用喷壶喷水就可以冲掉；比如红蜘蛛，如果不多，把叶片摘掉就可以了，或者用水洗下也可以。如果你难以忍受这些虫子，那么网上也有很多这类化学药剂可以使用。如果你还是希望绿色环保，那么可以试一试粘虫板。粘虫板上有特殊黏胶，防水抗晒，虫子会被吸引过来直接黏附在上面，也起到了诱杀害虫的作用。

蚜虫、白粉虱、斑潜蝇等多种害虫成虫对黄色敏感，具有强烈的趋黄性。所以我们可以使用黄色粘虫板来对付这些虫子，还有一种蓝板主要防治的是叶蝉、蓟马等害虫。

春天的时候我去颐和园，那时西堤上山桃正开，每一棵树上都悬挂着一块黄色的牌子，凑近仔细看发现这是一块黄色的粘虫板，但颇为用心的是：颐和园的园林组并不是直愣愣地挂出方形的粘虫板，而是将粘虫板设计成了一件黄马褂的样子，挂在枝头既是装饰又起到了黏附害虫的作用。这黄马褂粘虫板看起来很是符合皇家花园的气质！

不久前在家附近的公园里，我也看到园林工人在两棵树中间，像晾衣服那样悬挂着一排长方形的黄色粘虫板，那时候我就在想：如果是自己的花园里，我们是不是可以把粘虫板处理得艺术一点呢？

之前我曾经拜访过花友的花园，大家也都希望尽量少用化学药剂，最好能用物理的方法来防虫害，所以会在蔬菜园、果树上挂这类方方正正的粘虫板，这种黄色特别醒目，虽然吸引并黏附害虫很有效，但视觉效果真心不好看。南京的花友紫藤就有一个很好的创意：她把黄色粘虫板和蓝色粘虫板裁切了下，贴合到一件铁艺装饰裙上，一下子让这件铁艺裙有了新的姿态和作用！

花园生活美学

我没有适合贴粘虫板的铁艺挂件,但有一次在丹麦参观安徒生博物馆的时候,那里的剪纸艺术给了我启发。人们都知道安徒生是童话作家,其实他还是一位剪纸艺术家。在他的家乡丹麦菲因岛的欧登塞,有一座安徒生博物馆,馆里就陈列着他当年的作品,其中有一组是他剪的仕女裙,记录了那个时代妇女们穿着的各类蓬蓬裙式样,而且剪法并不难。这让我眼前一亮。我立刻把这组裙子翻拍了下来,回国后照着用粘虫板也剪了一组,像晾衣服那样拉成一串,悬挂在麻绳上,将两端系在蔷薇花枝条上。这样处理粘虫板,不仅视觉效果美观,而且不失除虫效果!

园艺能够体现主人的审美和艺术情操。每一位心怀浪漫的园丁都可以试试,将粘虫板裁剪成衣服、裙子、奖杯、动物或者花朵的样子,再挂在适当的位置,既起到装饰的作用,也能消除害虫,正是一举两得的好方法。

艾草与松果菊

这个月我们将要分享一花一草，一花很"西方"，一草很"中国"。

我要推荐的"花"是松果菊。2019年我在瑞士旅行，最后一站是圣加仑，旅游局特意为我找到一座药草花园。这座花园位于托伊芬的一座山坡之上，可以看到远处连绵的高山牧场。药草园门前种着很多正在开放的松果菊，还有一座雕塑，是位老先生手捧着松果菊。我很好奇，游览过整座花园和展览室才知道，这里是瑞士著名有机品牌沃格尔（Vogel）创始人的故居花园。

沃格尔现在是欧洲草药和天然膳食补充剂的国际制造商。品牌创立于1963年，创始人阿尔弗雷德·沃格尔主张从新鲜的草药中提炼有效的药物。松果菊是他特别看重的一种植物。

很早以前，北美的印第安人就发现松果菊有卓越的药效，特别是在预防感冒方面有奇效。现在你也可以在药店或超市保健品柜台看到松果菊片或松果菊药剂，它几乎是顺势疗法的代表植物。瑞士植物疗法的先锋沃格尔先生在一次偶然的北美之旅认识了松果菊，并了解到这种有数百年使用历史的植物有很好的药效，于是他把种子带回瑞士种植。之后他生产了松果菊滴剂，这也成为沃格尔公司的拳头产品，他本人也获得了德国、瑞士等国实证医学组织的认可，并成为荣誉会员。

松果菊是很好的花园植物，我们也叫它紫锥菊。我在花园里种了几棵，它的花心很像松果，干枯后掉在地上就会长出很多小松果菊。因为它耐寒耐旱，我几乎不做特别的管理，每年六七月都是它在花园中最灿烂的时节，特别适合低维护花园。松果菊的花瓣质感比较硬，所以它不像其他草花花朵那么柔弱，从花心到花瓣，包括它的株型，都是很坚挺的样子。即使花谢之后，留下的果序圆圆刺刺的就好像一枚硬硬的松果。常见的颜色是浅紫色和白色，但最近几年国内引进了很多花色的园艺品种，有重瓣的，还有黄色、橙色、红色的品种。去年夏天，我在颐和园也看到了园艺品种的松果菊，它们的花期很长，又无需特别管理，五彩缤纷高低错落很是别致。

接下来要介绍"一草"：艾草。这是我们中国人最熟悉的药草了！据说它在亚洲就有300多种，我国很多地方都有艾草分布，每个地域产的艾草名字各不相同：宛艾、蕲艾、北艾、海艾……受各地土质和光照的影响，艾草的品种也不同。

艾草是多年生草本，略成半灌木状，植株有浓烈香气，在《诗经》时代就已经是很重要的民生植物了，它可能摇曳在村舍的墙角，也可能生长在田边，还可能不知怎么就出现在我们的花园里。我在花园特意种了两种艾草，它们都有浓烈芳香的气味，叶子羽状分裂，而南方做艾草青团的则是一种阔叶品种。在很多公园或植物园里，还会看到金叶的艾草品种，它作为观叶植物而受到园丁的欢迎。

提到艾草，大家可能会想到西方的苦艾酒。这种苦艾和我们中国的艾草是亲戚，二者都是蒿属植物。苦艾的中文正式名是中亚苦蒿，是地中海地区一种有刺激性气味的银灰色药草，可以调制利口酒和鸡尾酒。但实际上苦艾酒的主要原料是茴芹、茴香及苦艾。只是人们不叫它茴芹酒，而叫苦艾酒。传说苦艾酒可以致幻，但并不是因为里面的侧柏酮含量过高引起的，而是因为酒精度数高的关系，在欧洲、美国都可以合法应用。

> 艾草在中药中因为太重要，所以被称为"医草"。不过，中药中用到的艾草是陈艾，并非新鲜艾草。明代李时珍《本草纲目·草四·艾》："凡用艾叶，须用陈久者，治令细软，谓之熟艾，若生艾，灸火则易伤人肌脉。"

蕲艾是我国现代使用最多、最出名的艾草之一，因产于蕲州（今湖北省蕲春县）而得名。这里也是李时珍的故乡，他特别推崇家乡的这种艾草。蕲艾的挥发油含量、总黄酮含量、燃烧发热量等明显优于其他地区所产艾条。很多中医也都认为，使用蕲艾施灸效果远远好于普通艾条。

所以艾草是非常有代表性的中国传统香草，虽然是一种普通的植物、一味常见的中药，但是在中国传统文化中却蕴含着丰富的知识和内涵。人们不仅用它祈福，也运用其为自己解除病痛。

不过，尽管艾草有这么多品种，又这么常见，但人们并不习惯把艾草当作花园植物，因为它既没有好看的花穗，还很容易泛滥生长。如果你很喜欢艾草的实用特性，在庭院的某个偏僻角落种上几棵不失为一个好主意，它们几乎无需维护打理，很快就会蔓延成蓬勃的一大丛，足可让你采摘它们的叶片和嫩枝。它们可以成为花园中不错的绿色背景屏；如果它们生

长得太泛滥，可以适当拔除晒干留待它用，或者作为堆肥也很不错。如果花园空间已经很小，那么可以采用盆栽的方式种植，效果也不错。

在有些山林中的果园里，果农们也会特意保留野生的艾草，一来可以采收药草，增加经济效益，二来还能预防病虫害。在庭院中，你也不妨将艾草种在高大的果树底下，不仅可以防止其他杂草的蔓生，还可以帮助果树驱除害虫——而且还很节约花园有限的土壤空间！

松果菊冰棍和艾草染色

松果菊冰棍

BBC 的园艺节目《园丁世界》中，曾经介绍过这款松果菊的运用。节目主持人詹姆斯·王（James Wong）来自马来西亚乡村，现居伦敦，他喜欢运用各种草药，在花园里种满了药用和食用的植物。他说小时候，经常看着祖母将辛辣的香料和鲜艳的植物根部混合物倒入巨大的石质研钵中，然后将它们研磨成气味香浓的混合物，以便缓解蚊虫叮咬的不适或治疗感冒。

詹姆斯是在邱园皇家植物园接受过培训的民族植物学家（民族植物学是研究人们如何使用植物的科学）。他渴望打破现代医学和传统医学之间的界线。"有很多人在传统植物疗法与现代医疗法之间画出了一条大黑线。然而，世界上 50% 的顶级传统药物最初取材于自然界。阿司匹林、吗啡、青霉素等重要药物都有天然的起源。"

他特别列举了十大功效植物：

- 洋甘菊：舒缓消化不良和肠绞痛，缓解紧张，有助于修复皮肤过敏。
- 松果菊：增强免疫系统，减轻感冒和流感的症状。

- 薰衣草：镇静和放松，缓解疼痛，对切割和瘀伤有舒缓作用。
- 柠檬香蜂草：舒缓神经紧张和焦虑，促进睡眠，对唇疱疹的康复有益。
- 金盏菊：修复晒伤，治疗痤疮，淡化斑点，缓解溃疡和消化问题。
- 薄荷：有益于消化系统，缓解头痛。
- 迷迭香：提高记忆力和注意力，改善情绪，清新口气。
- 鼠尾草：用于治疗咳嗽、感冒，缓解充血、潮热。
- 圣约翰草/金丝桃：抗抑郁药，促进伤口愈合。
- 堇菜：抗炎，有助于湿疹和皮疹的康复，并且可以祛痰。

在这十大功效植物中，松果菊排名第二，于是他在节目中教观众制作了一款松果菊冰棍，可以说是一种帮助抵御感冒和感染的美味，正好适合这个夏日呢！我找到了詹姆斯的配方，分享给大家试一试：

首先是制作酊剂：

20克新鲜松果菊根

80毫升伏特加

注意：萃取的酊剂中含有酒精，因此不适合儿童食用。

洗净并切碎松果菊根，然后放入罐中，倒入伏特加酒，直到完全没过松果菊。放置2~4周。

接下来是制作冰棍的材料和步骤：

2个中等大小的红辣椒

8厘米长的生姜段

240毫升蜂蜜

1小包明胶或吉利丁片

800毫升蔓越莓汁

2勺柠檬汁

80毫升松果菊酊剂

1. 清洗辣椒并切片，生姜去皮，也切成薄片。（如果不喜欢辣椒的味道可以不放，只用生姜即可。）
2. 将辣椒、生姜、蜂蜜、明胶和蔓越莓汁倒入平底锅中，搅煮5分

1. 松果菊根碎＋伏特加,静置2～4周,制成酊剂

2. 辣椒片＋生姜片＋蜂蜜＋明胶＋蔓越莓汁

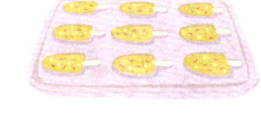

3. 冷却后过滤＋柠檬汁＋松果菊酊剂

倒入模具并冷冻

搅拌

煮 5min

松果菊冰棍的做法

松果菊的根部可以做冰棍,而它的种子和果序则能磨成粉,成为手工皂的原材料。

钟后取下锅,自然冷却。

3. 待熬煮过的液体冷却后,过滤到碗中,倒入柠檬汁和松果菊酊剂,搅拌均匀。倒入冰棍模具并冷冻。松果菊冰棍就完成了。在冰箱中可以保存3个月。

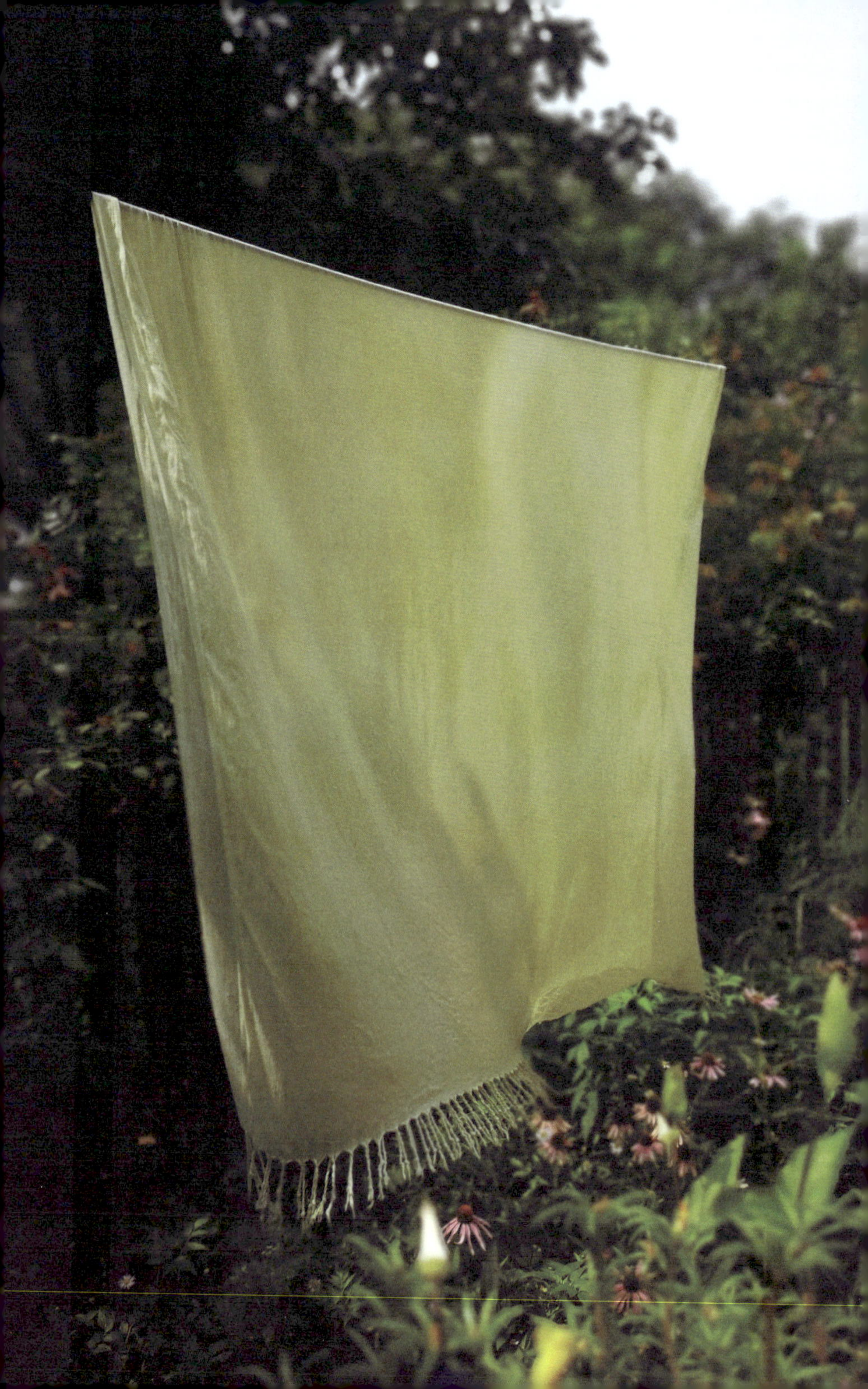

艾草染色：冰台绿

学习了英国花园节目主持人的松果菊冰棍配方，再来学习一款山东乡村的配方吧。山东的手工老师朝颜住在莱州乡下，但是她种花、制皂、染色，做各种手作的美好事物，还开了一个小的淘宝店销售她的手工皂，每一款都配着一段灵感小文。她很擅长的草木染就是冰台绿。

关于艾草为什么被古人称作"冰台"，有很多种解释。《博物志》言："削冰令圆，举而向日，以艾承其影，则得火，故名冰台。"大意是说：古人将冰块削成凸透镜的形状，在太阳光下聚焦艾草可以取得火种，所以叫作冰台。我觉得也许是因为艾草的色彩：它的叶片正面是绿色，背面是白色。艾草染出的颜色，就被称作"冰台绿"。

如果在艾草刚刚长出的时候摘取，那么染出来的颜色是轻轻浅浅的绿色，随着月份越来越临近端午，它的颜色会从浅绿变成深绿，到了端午之后它染出来的颜色则变为褐色。朝颜老师说，这就是自然特别神奇的地方，你并不知道自己会染出什么颜色，同一种素材会做出不一样的色彩。这要靠机缘：你什么时候采了它，什么时候带回它，什么时候染了它。

艾草染的具体做法：

植物染相关的内容，详见 7 月"紫苏茶和紫苏染"。

1. 将采来的艾草洗净剪碎，加水煮开，最好煮久一些，水开之后文火煮 10 分钟，让水保持沸腾的状态。
2. 煮完后捞出艾草，如果染制的素材是棉、

▣ 艾草染的做法

麻、苎麻或者是羊毛，那么趁艾草水还热的时候就可以放入；如果是桑蚕丝、竹纤维这类，要等冷却后再投入布料。

3. 浸泡至少3～4小时，或者一天一夜也可以。时间越久颜色会越深。
4. 之后拧干抖去折痕，在阴凉处自然晾晒。
5. 晾晒后再投入明矾水中固色。明矾在网上可以买到，是过去常用的媒染剂。(也可以在染色前浸泡明矾水。)

艾草果冻

艾草既可以染织物，也可以染食物。比如和鸡蛋一起煮，鸡蛋就会有艾草的清香。人们还用它来做很多种美食，最适合夏季的是清凉透亮的艾草果冻，做法也非常简单。

1. 摘取新鲜的艾草嫩枝，清洗干净后用开水焯熟后捞出；
2. 将艾草枝放入破壁机或果蔬搅拌机中，加入清水打碎；
3. 过滤出艾草汁，回锅加入若干冰糖，熬煮到沸腾（甜度根据个人口味来把控）；
4. 按照1:30的比例，调入白凉粉若干，倒入模具或碗中冷却；
5. 冷却后的艾草果冻可以切成小块或者切成丝，再浇上炼乳或酸奶就可以开动啦！

1 焯水

2 加清水打碎

3 加冰糖 过滤 煮沸

4 加白凉粉 倒入模具冷却

5 切块 浇上炼乳或酸奶

⊞ 艾草果冻的做法

风铃变奏曲

风铃草（又称风铃花）是欧洲常见的花园植物。我最爱的也是最适合英式花园的风铃，名为"坎特伯雷之钟"，它是一种二年生植物；也有一些风铃是多年生的，比如阔叶风铃和哈伯特风铃。风铃的花朵多半都有着非常漂亮的铃铛形状，颜色通常有紫色、蓝色、藕荷色、粉红色、白色等，花瓣有重瓣和单瓣之分。

欧风铃的春化历练

初见风铃是很多年前在巴黎的市政厅广场，那时候国内还没有这类草花。暮色中我惊讶地发现路边的几株小花就是传说中的风铃，它们的花朵成串地挂在枝头，虽然没有芳香，也没有声音，但那精致的钟铃形花朵留住了我的脚步，也留住了我的花园之心。实在是太喜欢这种花了！从此，我一心一意想着要在自己的花园里种上风铃。

后来我终于买到了风铃的种子，迫不及待地就播种下去。第一次播种风铃的我完全没有经验，从6月播种直到11月的深秋，它们看起来就像是一棵棵小白菜，搞得我一度以为自己种错了种子；终于，到了第二年

4月，风铃们熬过了北京的严寒，终于开始突飞猛进，抽薹后的风铃足有半人高；5月打苞，6月才正式开花，每一朵都有鸡蛋大小。此时距离我播种它们已经过去了差不多一年的时间。作为一名急性子的园丁，这样的等待显得既漫长又无奈。

我既吃惊于它的耐寒性，又对它如此漫长的开花进程感到奇怪。查过资料后发现：风铃确实应该经历一段寒冷才能开花，正如"梅花香自苦寒来"。而这段过程在植物学上被称为"春化"。

春化是指某些植物必须经历一段时间的持续低温才能由营养生长阶段（即根、茎、叶的发育）进入生殖生长阶段（即花、果实和种子的发育）。很多冬性草本植物、一二年生植物以及某些多年生草本植物都有春化现象，这也是它们必须等到翌年才能开花的基本原因。因此常规品种的风铃需要经历这样一个寒冬的历练才能开花。除了低温春化，风铃还需要长日照刺激才能开花。

我种的这种风铃原产欧洲南部，是桔梗科风铃草属最经典的代表。人们认为它的花朵很像坎特伯雷朝圣者手摇的铜铃，所以又把这种欧风铃叫作"坎特伯雷之钟"，国内也有园艺公司叫它"可俐风铃"。它的园艺品种很多，花形也有别致的，比如有一种叫"杯子和碟子"，因为花朵下方有一层环形花瓣，好像碟子托着茶杯，真是可爱极了！

坎特伯雷是英国东南部的一个小城市，这里有著名的坎特伯雷大教堂。在英格兰，坎特伯雷被人们比喻成基督教信仰的摇篮。

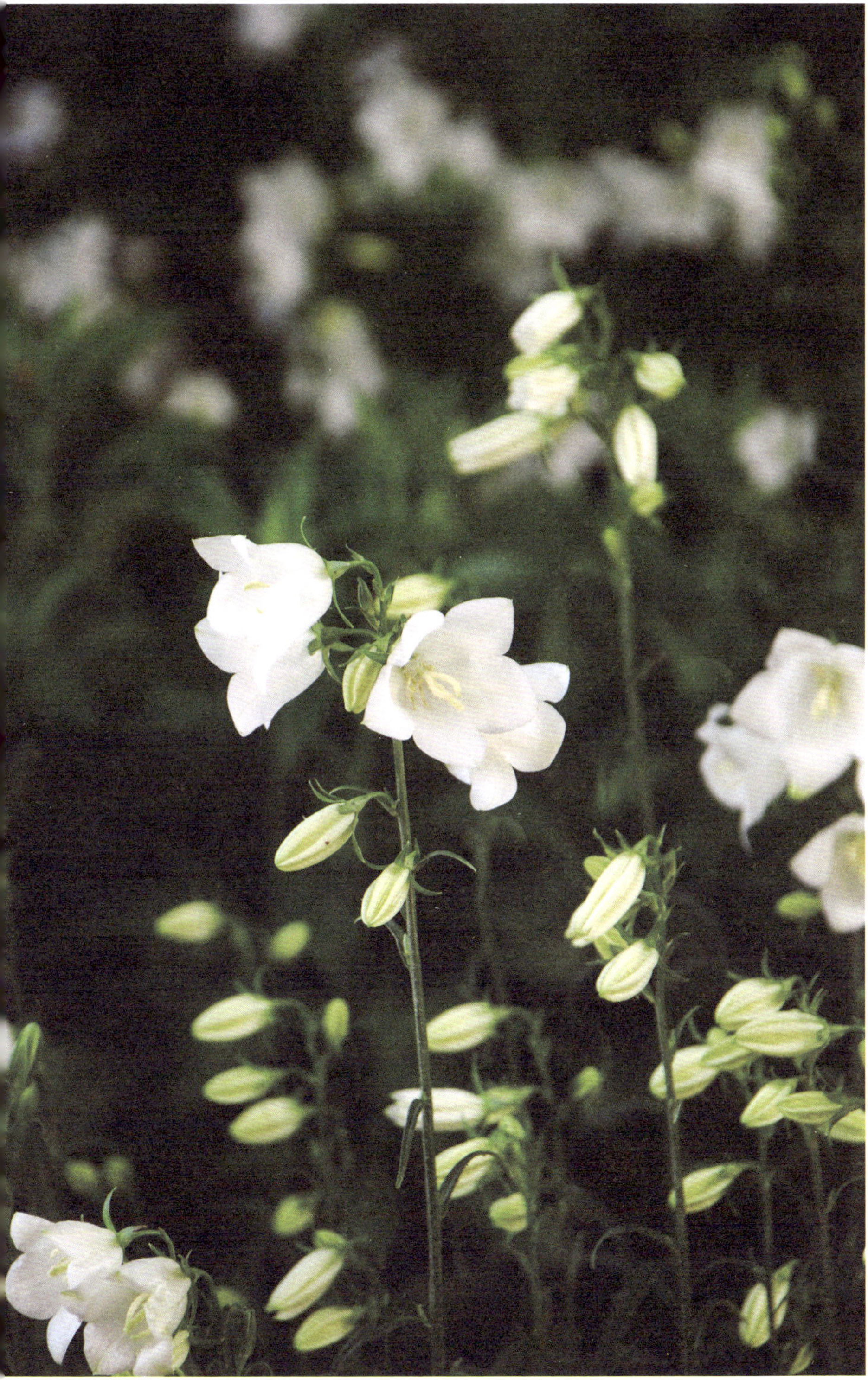

阔叶风铃草

无论是娇小精致的蔓性风铃草还是纯洁大方的直立风铃花,都是欧洲花园中的宠儿。它们是春末夏初最常见的草花,根据不同品种的表现效果,园丁们会将其配植在花境或花坛中,蔓性的风铃还可以作为垂吊的花草盆栽。

我国最常见的是阔叶风铃草,这是一种原生风铃。在北京郊外的山野中,经常可以看到它独树一帜的花穗——通常是明亮的天蓝色,总状花序,所以总是格外醒目。这种野生状态的阔叶风铃在北京的苗圃现在已经得到驯化,也非常适合花园种植。和可俐风铃不一样的是:阔叶风铃是多年生的,而且它相当耐寒耐旱,不惧贫瘠的土壤。阔叶风铃的花期在6～8月,比欧风铃要长,而且其根系非常发达。

最最重要的是,阔叶风铃是宿根花草,你可以不用每年为播种或购买种苗发愁:它年复一年自生自灭,没有开花的时候,你几乎看不到它的存在。突然有一天,蓝色的花穗绽放,会让主人有眼前一亮的感觉。

紫斑风铃草

还有一种同为宿根植物的紫斑风铃草,每年6～7月开花。这两年涌现出不少园艺品种,于是也开始在花园中流行起来了!最初我是在北京植物园的宿根植物园见过野生种,看到牌子上写着"紫斑风铃草",记得我当时绕着它走了两圈,心中不屑,连我先生都笑了,他说你心里肯定在想：这也叫风铃草吗？确实，我当时见到的紫斑风铃是有点土气的深粉色，花朵也不是我种过的可俐风铃的钟形，无论是色彩还是花形，都其貌不扬。

后来有一年夏天我去英国汉普顿花展，一个展棚里展出了各种各样的风铃草，我发现紫斑风铃草也有很多颜色，白色紫色浅粉色深粉色，英国人对风铃的钟爱可见一斑，他们收集了各种原生的风铃，并培育出更多优雅的园艺品种。

此后，我开始关注紫斑风铃草，基于它强大的基因，园艺品种的紫斑风铃草也是一种非常容易成活的花卉。它们的花朵低调谦卑垂于枝头，花冠内部有紫色的斑点，因而得名；它们属于北方山林草花，从西伯利亚到日本、朝鲜都有分布，我国东北到四川也都有野生分布。如果有风铃的评选：最佳庭院宿根风铃非紫斑风铃草莫属，没有比它更耐热、耐寒的风铃草了，它们体魄健壮很容易生长。人工杂交的园艺品种，适应性也超强、耐寒、耐热、喜阴凉湿润的通风不积水环境。花形虽然不如可俐风铃优美，但也很像铃铛，初夏开放，这几年在花园中也很流行。

种植

播种 ━━━ 二年生草花风铃常常用播种繁殖，比芝麻还细小好多倍的褐色种子在合适的温度和湿度条件下两三周就会发芽，它适合秋播，翌年春天开花。播种时要避开强烈的光照，风铃种子发芽只需散射光即可，土壤则需要排水良好。风铃是典型的冷季型花草，它需要相对较低

花园生活美学

224

的温度，不可超过20℃。

养护 ━━━ 可俐风铃非常适合花园的花境、花床种植，小棵风铃草非常适合盆栽或是吊盆，要注意保持土壤的湿润。在6月的骄阳下，风铃娇嫩的花朵通常会被晒蔫，所以一定要注意遮阴处理。或者你也可以选择在清晨摘下作为居室的鲜切花来使用。

购买 ━━━ 现在，你不用像我当年那样从国外带种子了；国内很多品牌的种子公司都已经有风铃种子售卖。可是我已经没有耐心从播种开始，如果你和我一样，推荐去苗圃直接买种苗。每年4月是苗圃中宿根种苗的出品期。现在买可能有点热，不适合移栽了。

有必要提醒的是，此时花市中盛开的风铃盆栽就没有购买的必要了，因为可俐风铃是二年生植物，开花后结完种子基本就完成了生命的过程。

试一试在花园里种几款风铃吧，微风会吹来花园的声音。

吃掉一枝薰衣草

6月的下旬属于薰衣草。

如果薰衣草没有开花,它看起来真的就是一丛草。如果没有香味,它的姿色也比不上同为穗花型的其他蓝色花草,花期也不过短短一个月,而鼠尾草这类可以勤勉地从春天开到秋天呢。不过薰衣草一旦成片开花,魅力就势不可挡。薰衣草特有的香味和功效,是它得以挺立于蓝色花草家族中的最大亮点。

芳香制胜

很多香草以叶片取胜,花朵倒是并不一定突出。而薰衣草不仅有银灰色或绿色的叶片,还有着优美挺拔的花穗,每一枝都充满芳香的能量。早在古罗马时代,薰衣草就被誉为"香草之后",除了美丽,更源于它杀菌、消炎、镇静的药用功效,可以说它既是优雅的香草,又是绝佳的药草。我想,薰衣草之所以能够如此受欢迎,最重要的魅力可能在于它浓郁特别的香气和梦幻的蓝紫色。

薰衣草全株都有浓烈的芳香,其中花朵处是精油最集中的地方,只要轻触花叶，薰衣草的油腺就会释放出好闻的香味。所以花园主人们都喜欢将它种在小径两旁，每当经过时衣物就会蹭到薰衣草的枝叶，于是随身带走它的芬芳。即使没有开花，在天气晴好的日子里，薰衣草的枝叶也会在艳阳下散发出若有若无的芳香。

也正因为薰衣草全株精油含量高，又具有很多功效，所以很多化妆品和食品都会用薰衣草作为原材料。据说薰衣草精油具有安神的疗效，我想花园里的天然芳疗效果一定会比居室里的香薰更胜一筹吧！

花田错

提到薰衣草，所有人脑海中一定会浮现出法国南部普罗旺斯一望无际的梦幻花田，那几乎是浪漫旅程的代名词。全世界最著名的三大薰衣草花田是南法的普罗旺斯、日本北海道的富良野、中国新疆的伊犁。每年6~8月都是薰衣草花田最美妙的季节。也正因为这份紫色的浪漫，各国几乎都有大小不一的薰衣草花田，就连夏威夷、济州岛这样的海岛也在追随这份紫色风尚。

爱花园的人更是解不开薰衣草情结，因为那几乎是浪漫英式花园中必定会出现的气质植物！但是在国内，薰衣草的种植还是很少。而我迷恋所有开着香花的美好植物。从认识薰衣草开始，我就一直在寻找适合北京花园种植的品种，但总是不太成功。后来经过专家指点，我才知道：薰衣草栽培最重要的不是温度，而是湿度的把控——大多数薰衣草是因我们的"溺爱"而死去的。

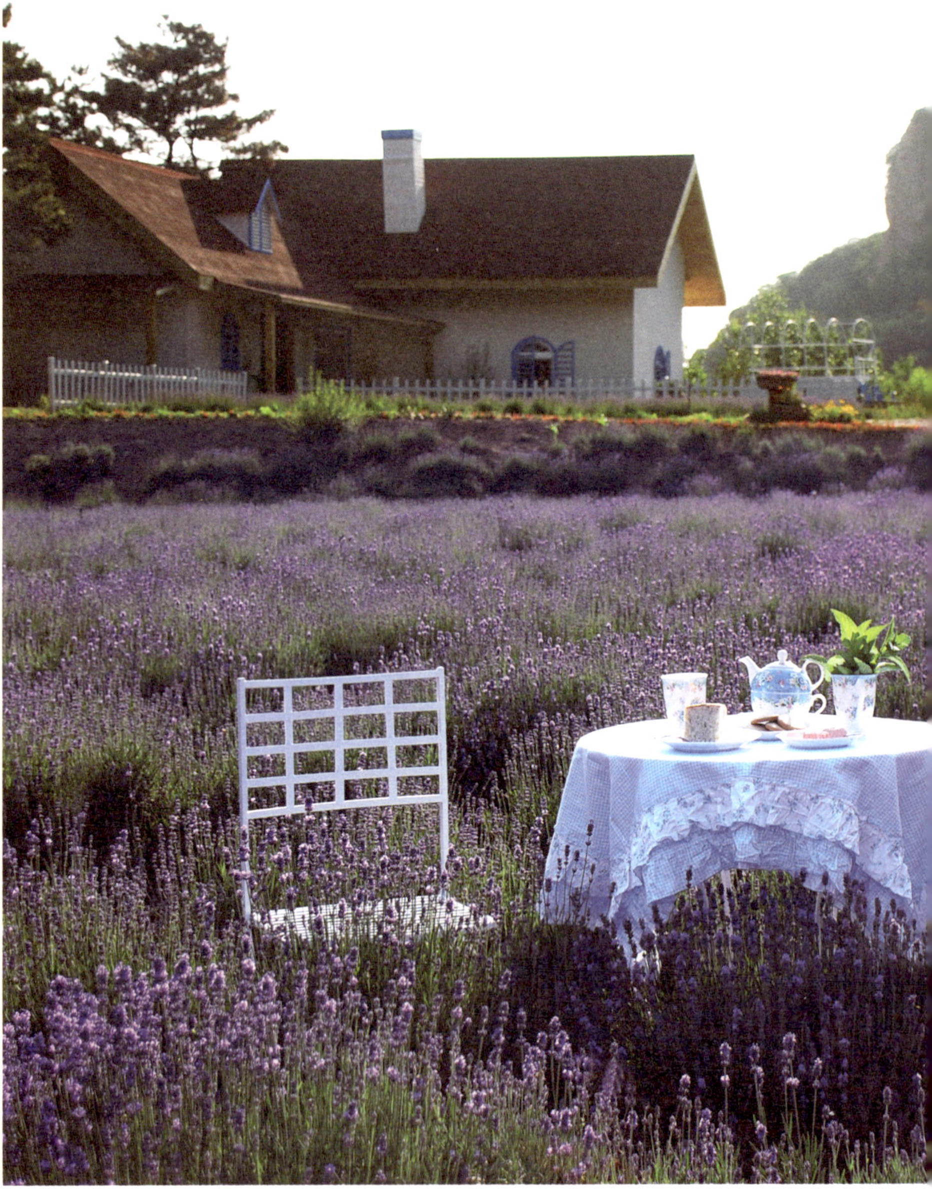

薰衣草原产于地中海沿岸、欧洲各地及大洋洲列岛，后被广泛栽种于英国及法国南部、中国新疆等地。它的叶色特别，叶形花朵优美典雅，蓝紫色的花序颖长秀丽，呈放射状绽放，是浪漫主义庭院中常见的多年生花草，适宜花径丛植或片植，也可盆栽观赏。

品种 薰衣草有太多品种，原生种和园艺种已经超过百种。不过我们现在花市能买到也是花园里最常见的有：狭叶薰衣草、齿叶薰衣草、羽叶薰衣草、甜薰衣草、法国薰衣草等。最适合盆栽的是羽叶薰衣草，最适合花园的是英国薰衣草、法国薰衣草等，而这二者也是欧洲香草花园中常见的薰衣草。英国薰衣草又被称为狭叶薰衣草，当中又有很多品种，比较知名的有"希德科特""孟士德""皇家紫"等。

繁殖 ━━━ 如果你是园艺新手,建议不要尝试播种薰衣草,因为这会打击你的积极性,还是直接去花市买成品比较简单。因为薰衣草不是那么容易发芽,我曾经播种过一包种子,只出来一棵小苗,而且生长异常缓慢,实在叫园丁心焦,很想拔苗助长!但薰衣草的扦插难度要比播种小很多,花市买回来的盆栽,在春天或秋天都很适合扦插,方法和其他花草大同小异。

养护 ━━━ 薰衣草喜欢排水良好的土壤,这也构成养护的第一注意事项。它的根系很怕积水,所以切不可浇灌太多,不必让土壤总是保持湿润。最适合的栽培介质配方是:蛭石或珍珠岩一份、菜园土一份、草炭土一份。南方花园最怕湿热的酷暑,北方花园则以干旱的寒冬为大敌。而这二者都可以解决:前者注意土壤配比,增加排水性能;后者需要注意冬季覆盖。

薰衣草花糖

干燥的薰衣草叶子和花粒都可以用来做花糖,如果用紫色的花粒,看起来会更漂亮。如果用新鲜的花和叶片,因为里面还有水分,就会沤在里面,反倒不好。

制作方法很简单,仅需要一只洁净透明的玻璃罐,同时准备一包白糖,以颗粒感强的白砂糖为佳。

先在罐子中铺一层砂糖,然后在糖的表层撒上一层紫色薰衣草,之后

6月
231

再倒入等比例且适量的白砂糖，厚度与之前的相近；如此循环往复，尤其是瓶壁处，要多撒一些，让紫色看起来更加明显。这样反复叠加几层后，玻璃罐中就会出现薰衣草和白砂糖的分层和纹路，看起来很漂亮。

放置一段时间后，白砂糖就会被窨制成带有薰衣草香味的糖粒。其实这种制作方法的原理类似窨制茉莉花茶。

喝红茶的时候可以试着来一点薰衣草糖，茶汤中也就渲染上了淡淡的薰衣草花香。其他有需要用到糖的地方，比如烘焙类甜品也可以用上。

薰衣草戚风

3月已经介绍了樱桃戚风的做法。薰衣草戚风与之类似，不同之处就是在低筋面粉中混入薰

🌿 薰衣草花糖的做法

花园生活美学

衣草花粉。如果想要蛋糕呈现出好看的淡紫色,那么可以在牛奶中提前泡两朵紫色的蝶豆花来染色。

分享完薰衣草的美食,下面介绍薰衣草在家居中的用法。

薰衣草枕头

最简单也最普及的是薰衣草枕头。需要注意的是薰衣草的比例，如果味道太浓烈反而适得其反。记得有一次我从郊外云峰山的薰衣草花田买了一个薰衣草小枕头，觉得里面花粒越多越好，于是又往里面塞了一包薰衣草，第二天一早我先生就说什么也不肯用了，说太香了，熏得他睡不着觉！后来请教了云峰山的森林医生，他说这个枕头里薰衣草的含量是有比例要求的，通常是1：3——就是说1份薰衣草花粒配3份荞麦壳或其他植物种子，比如决明子、山楂籽这类适合做枕芯的种子。

系住花根部并向下翻折包住花粒

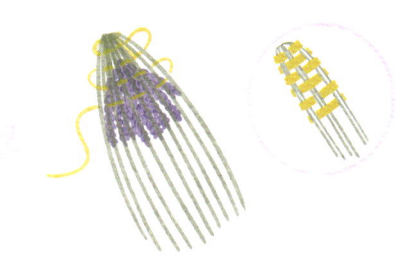

用丝带与枝干交错编织

重复步骤2,将花粒完全包住后打结

▦ 薰衣草棒的做法

薰衣草棒

这也是颇为实用的薰衣草手作,因为风干后的薰衣草花粒很容易掉下来,没法保存太久,做成香棒可以改善这个问题。将花粒用丝带与枝干交错编织后,正好把容易脱落的花粒包裹进去,而且还很漂亮,很适合放到衣柜或抽屉中,真正起到"熏衣"的作用,香气能保持好多年。

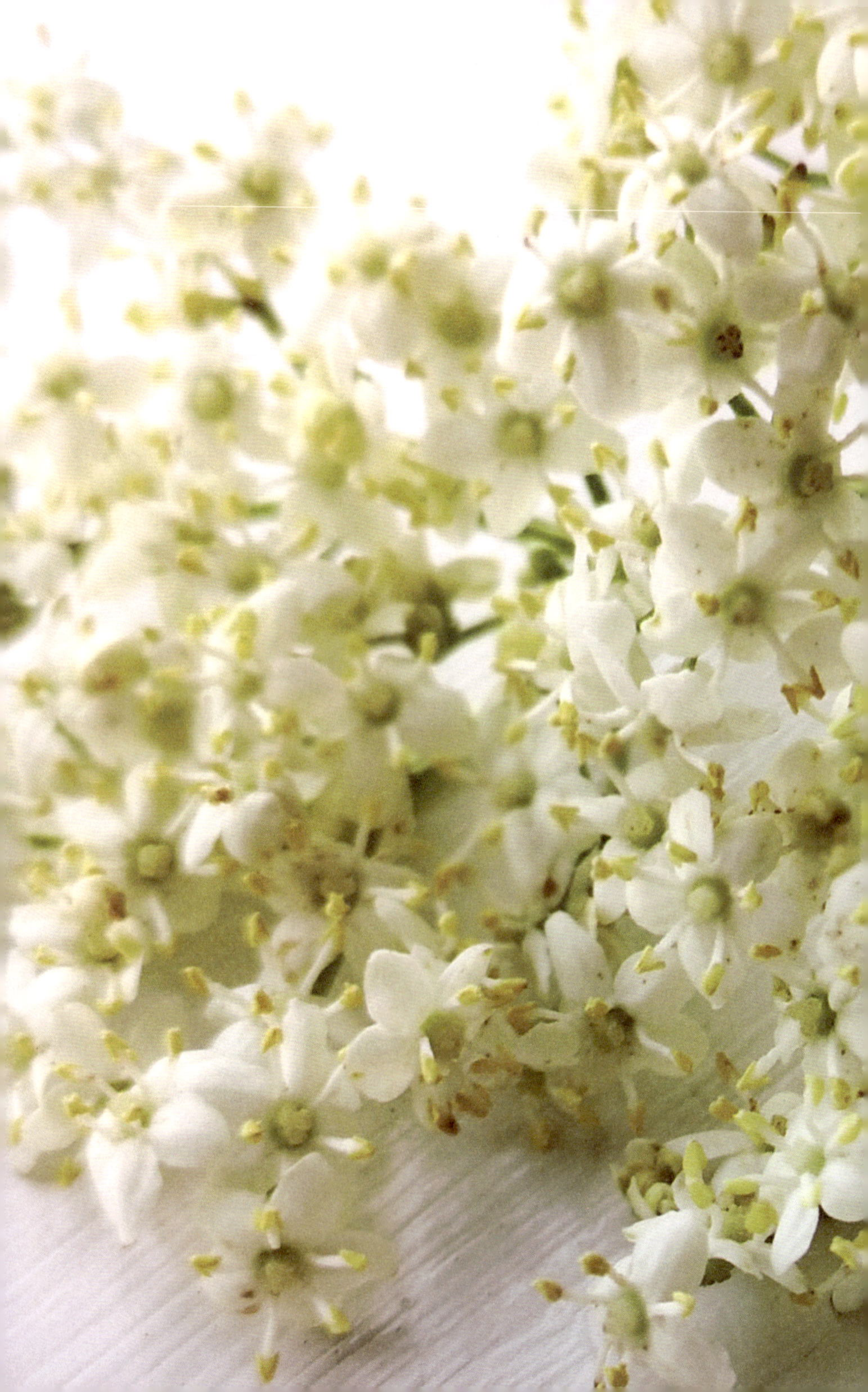

7月

香草
自芬芳

盛夏的花园

7月已经正式进入盛夏了。7月的节气有小暑和大暑,总的来说就是各种暑热。暑,热也,热又分大小,月初为小,月中为大。

小暑是一年中最炎热时节的开始。"疏忽温风至,因循小暑来",一般情况下,小暑节气的标志是入伏和出梅——你的花花草草还好吗?这样的热天我们需要格外关心植物,也要谨防蚊蝇滋扰。在北方,干旱是必然的,所以园丁们很忙,早晚都需要浇水。正午的时候日头很毒,就不要再去花园了。不过,对应花园的酷暑,总有解决方案。如果太晒,就在花园里支起一把好看的太阳伞或油纸伞,给花园增添一道亮丽风景;如果蚊子太多,就点起香草做成的驱蚊盘香;再不然还可以架起一幕轻飘飘的纱帘——等到周末的午后,在花园里找个阴凉的地方休息休息,睡个午觉,然后再来杯花草下午茶,一定会觉得很惬意!

荷处是花园

提到热和不怕晒,很多水生植物都是抗"日"英雄,这也许是因为有强大的水分后援在支撑着它们,使其不怕高温和烈日的炙烤。荷花是其中的明星。宋代杨万里写的那首脍炙人口的荷花诗,就是写在"西湖六月中"的时节,"接天莲叶无穷碧,映日荷花别样红"。

7月荷花是最盛的,在我看来它真的全株都很有用。清晨起来摘一片碧绿的荷叶,开水泡上一壶晾着,于是一天都能喝上解暑的荷叶茶;荷叶梗上略有刺,但可以忽略,它和莲藕一样中间有孔,那是天然的吸管,小时候我最爱用它来啜吸荷叶茶——有机会你一定要给孩子们试试,那就是一支支天然的吸管呢,用它来吸汽水和果汁也是一样的,非常好玩!至于荷花,除了欣赏,还能在傍晚时分往莲蓬上放入一枚茶包,不久荷花收拢,茶包就被收入花朵之中;第二天清晨,花朵再次打开,就能拿到一包天然芳香的荷花熏茶了!很是风雅。

这个季节你去花市可以买到成品的荷花盆栽,只需为它准备一个阳光充足的阳台或露台就可以了。荷花是喜欢全日照的植物,在北方还可以提升居室空气湿度,放在屋中既能欣赏到清凉的荷叶、荷花,还能随时取用,非常值得推荐。

我在花园里也种了盆栽荷花,用的是一只很普通的灰色瓦缸,我把它一半埋进土里,一半露出地面,这样做的好处是荷花缸不会被夏日的艳阳晒过热,土地会给它起到降温的作用。同时,荷花缸在园中也不显得突兀,荷叶娉婷如同栽种在地面上。除了开花的季节,荷花在雨季也特别美,哗哗的雨水落在荷叶盘上,承接满了,荷叶脑袋一歪,把雨水倾倒在缸里,别有一番情趣。

花园小确幸

花园常常会让我收获小确幸。这个词是前几年才开始流行起来的,大意是心中隐约期待的小事刚刚好发生在自己身上,由此获得的那种微小而确切、真实的幸福和满足感。"小确幸"一词源自村上春树的散文集《兰格汉斯的午后》。

2019 年初夏,我去丹麦参观了安徒生的故乡菲英岛,安徒生在这里出生并度过了贫穷的童年。他来到人世的那个年代,只有大约 60% 的欧洲儿童能够存活下来,高死亡率和贫困问题都十分突出。他在童话故事《蝴蝶》中写道:"单是活下去还不够!必须有阳光、自由和一朵小小的花!"

在欧登塞,我非常虔诚地拜访了安徒生的故居。全世界的人们都喜爱他的作品,欧登塞也以他为傲,人行道上甚至还以他的脚步作为印记,来引导人们参观他当年生活的地区。在故居不远的地方是安徒生的妈妈常年为贵族洗衣的地方,她是一名洗衣妇。河边生长着一丛丛茂盛的植物,叶子硕大!尽管不知道这种植物的名字,但这应该就是他笔下"拇指姑娘"生活的地方了。

安徒生的童年生活是他童话创作的源泉。欧登塞如此丰富的植物给他带来了无限的灵感。在《拇指姑娘》中,他描绘道:"拇指姑娘诞生在一枝美丽的郁金香花朵中,花瓣绽放开后:精致而优雅的小姑娘就坐在绿色的、丝绒般的花蕊上。于是,妈妈给她准备了一个精心打磨过的核桃壳做她的摇篮,她的床是蓝色的紫罗兰花朵做的,上面铺的被子是一片玫瑰花瓣,她晚上就睡在这床上。白天在桌子上玩耍,妈妈给她桌上放了一盘清水,盘子周围是一圈花环,花梗都垂在水里;水面漂浮着一片大大的郁金香叶子,这是拇指姑娘的船……"这些文字描绘读起来简直就像一座童话的花园!

后面还有拇指姑娘坐着绿色的荷叶漂流而下,癞蛤蟆用灯芯草和黄色野花装饰新房……很多细节都是关于花草的描写,我相信安徒生对身边的植物一定是经过仔细观察的!

我经常在文章中写道:"花园是非常宽泛的概念,有植物或植物元素的空间就可能会成为一座花园。"这同样适用于文学范畴,安徒生的童话中常常有对植物细微之处的描绘,又怎能不是一座文学中的童话花园呢?

所以那一次丹麦之旅是名副其实的"童话花园之旅",带给我很多收获,在那里我和同伴一起游览了一座著名的城堡,还在菲英岛意外见到了我心目中完美的乡村花园!在欧登塞的家居店里,我买到了一对淡绿色的天鹅形书挡,无论颜色还是式样,都超级喜欢!又在闲逛小书店的时候,看到一本淡蓝色封面的新书放在醒目的位置,书名叫作"Hygge"。于是,我学会了一个新的单词。

丹麦语中的 hygge 描述的是一种被美好事物包围、舒适怡然的感觉,其中蕴含着一份小小的仪式感,有神奇的治愈力。hygge 可以是旅途中遇到自己心仪的花园,可以是和朋友一起美美地吃一顿晚餐,又可以是花时间看一本有趣的书。

语言专家说，hygge 一词的使用频率，在最近几年中几乎翻了一番。2016年，这个词还登上了柯林斯词典十大年度词汇榜的第三位。

在丹麦人看来，hygge 不仅仅是一间充满烛光、同伴和美味食物的舒适房间，更是一种哲学，一种生活方式，它让丹麦人理解了简单的重要性，学会去放松和放慢生活的节奏。

在丹麦的旅途中，我遇到了各种小确幸：从高速公路旁飞闪而过的鲁冰花丛，到橡树林城堡湖畔摇曳的大滨菊，再到斯歌德姆庄园遇到的 150 岁的高山杜鹃、刚刚开花的鹅掌楸，还在路边闲逛时采到了蕾丝般的接骨木花（以前一直都没有见过真的接骨木花朵呢！）……我的小确幸总是和花花草草联系在一起！只要留心，你就一定能在自己身边看到快乐、听到美好，并且发现属于自己的 hygge。

7月

243

夏日香草

各类香草在 5 月生长最为蓬勃,但我们在 7 月才翻开有关它们的篇章,这是因为在这个月份它们可以充分发挥自己的优势,为我们的花园生活提供各种有趣有用的帮助。

香草(herb)在西方的花园中非常常见,略有别于中文语境中的"药草"和"本草",也区别于冰淇淋中的那个"香草"(vanilla)。vanilla 特指一种热带兰的果荚,具有特殊的香味;而 herb 泛指带有独特香味并且可以食用或药用的草本植物,通常它们可以调味、制作香料或萃取精油等,很多具备药用价值,一般用叶片较多,但也包括花、果皮、种子等其他部位。

除了国际香草协会(iherb.org)外,各国都有关于香草或药草研究的协会,美国香草协会成立于 1933 年,致力于引进和分享香草植物,激发民众参与香草种植的兴趣。

美国香草协会评选出的十大香草植物包括:

> 罗勒 Sweet Basil(*Ocimum basilicum*)
> 百里香 Common Thyme(*Thymus vulgaris*)
> 肉桂 Bay(*Laurus nobilis*)

罗勒

鼠尾草 Common Sage（*Salvia officinalis*）

希腊牛至 Greek Oregano（*Origanum vulgare*）

香葱 Chives（*Alliums schoenoprasum*）

莳萝 Dill（*Anethum graveolens*）

欧芹（法香）Parsley（*Petroselinum crispum*）

迷迭香 Rosemary（*Rosmarinus officinalis*）

薰衣草 Lavender（*Lavandula* spp.）

胡椒薄荷

我们就从中国人最熟悉、接触最多的一种香草植物薄荷开始介绍吧！薄荷是唇形科薄荷属植物，广泛分布在北半球温带地区。我们国内常见的是中国绿薄荷、留兰香薄荷等。刷牙用的牙膏，夏天常用的花露水、风油精，饭后嚼一嚼的口香糖，里面几乎都含有薄荷成分，薄荷为我们的生活带来清凉的感受。

随着人们对薄荷的选育和种植，现在它的品种已经多达六百多种了。因为品种太多，名称有时候也很混乱，在这里只介绍常见的品种。

目前国内的花市中，最常见的薄荷是叶色青青、叶脉纹路较深的一种，我们通常把它叫作柠檬薄荷，夏季的饮料莫吉托就是用这种薄荷来制作的。叶色偏草绿、叶脉褶皱较浅的很可能是中国绿薄荷，叶片颜色较深、几近黑色的叫作巧克力薄荷，叶片上有乳白色

巧克力薄荷

姜薄荷

花园生活美学
246

斑点的我们叫它凤梨薄荷。西方的花园中有更多薄荷品种，国内翻译过来的时候有的按照地名翻译，比如摩洛哥薄荷、罗马薄荷，有的根据气味取名字，这种比较好记，比如胡椒薄荷、柠檬薄荷、草莓薄荷、葡萄柚薄荷等。

很多薄荷的根系都具有一定的侵占性，它们生长旺盛，有强大的匍匐根状茎，所以如果在花园里种要倍加小心。很多时候园丁会把它们种在木槽中或者给它们限定生长区域，要不然它们地下的根茎会窜得到处都是，拔都拔不干净！盆栽可以避免这一困扰，但薄荷喜欢水分，所以盆栽的话要特别注意浇水。

薄荷不是以开花见长的，它的花穗多半也不好看，而且还吸引苍蝇、消耗养分，所以尽量不要让它开花，从而保证有茂盛的

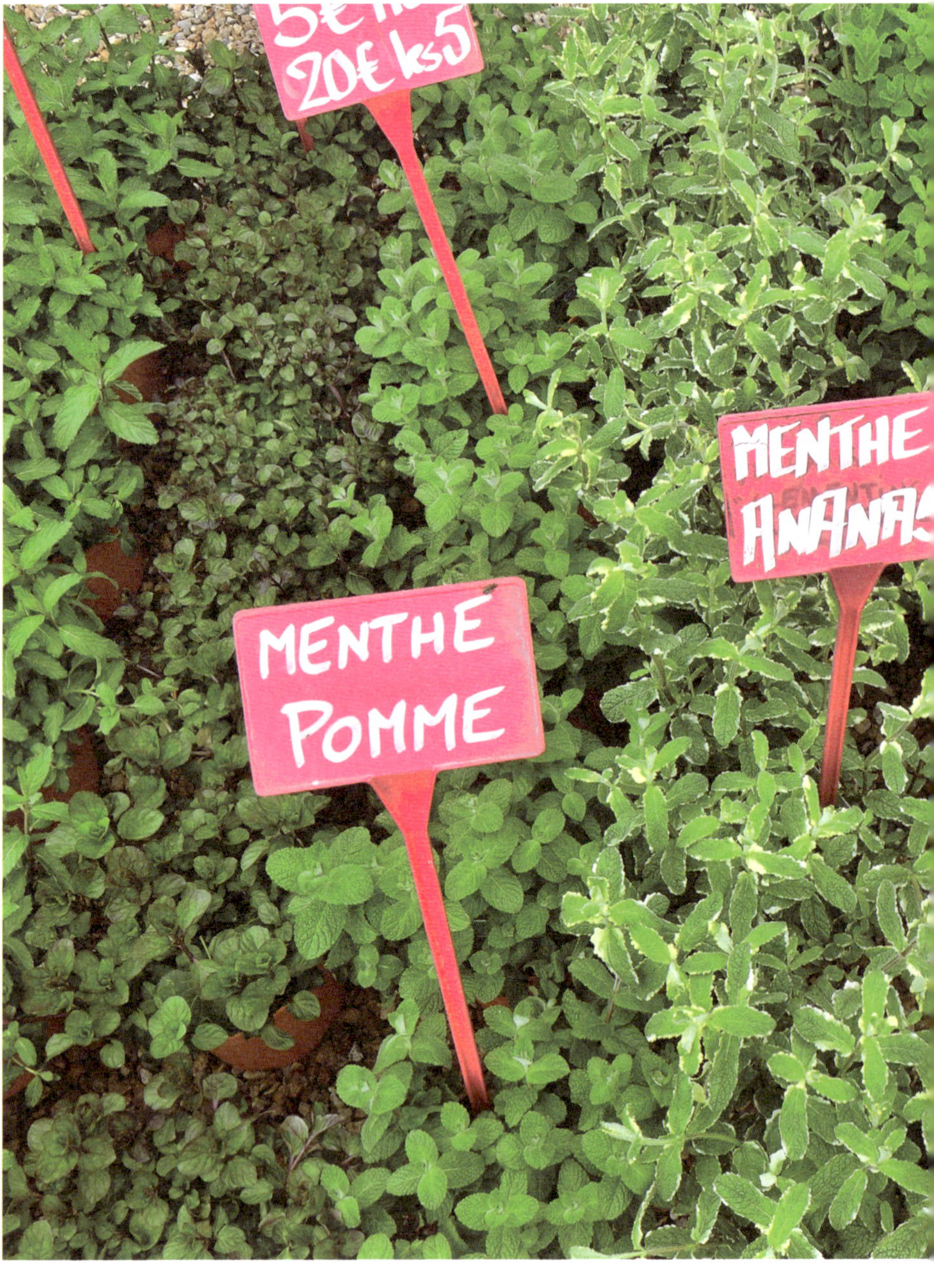
MENTHE
POMME
MENTHE

叶子可以出产,这样你每天都可以摘两枝泡泡茶,或者点缀下甜点也很好。如果你舍不得摘它,它就很容易徒长,又高又瘦;不如经常摘心,可以刺激植株萌发侧芽,让盆栽看起来又饱满又丰盛,毕竟它们是以叶片取胜的。

薄荷是耐阴的草本植物,可它还是更喜欢阳光,所以给予足够的光照和雨露会使其生长更好。如果没有花园,又喜欢香草,那么我强烈推荐的两种植物就是薄荷和迷迭香。

迷迭香比薄荷还好种,因为它是多年生常绿亚灌木,所以它天生比薄荷耐旱,虽然它不耐寒,但如果在封闭或半封闭的阳台盆栽,冬天的温度是足够它过冬的。

7月
249

迷迭香的叶子有革质的光泽，喜欢热烈的阳光，同时会散发出迷人的香味。据说迷航的水手可以凭借海风中迷迭香的芬芳寻找陆地的方向，它的味道仿佛海上灯塔一般指引着人们。迷迭香的枝条生长很旺盛，所以在地中海沿岸的国家经常用它来做绿篱，这听起来真奢侈啊！在北京它们只能盆栽，但也是一样很容易生长。尤其四五月的时候把修剪下来的枝条随手插到土里或者清水中，就能生根发芽，还是非常好种的。

如果你喜欢吃披萨或意大利面，那么肯定很熟悉罗勒，它和西红柿是好搭档，经常出现在一起。它也是很好种的香草，多为一年生。当然它也不是以花朵取胜，而是以芳香碧绿的叶片胜出。罗勒也有好多种，叶子的颜色、形状、味道都不一样。最常见的是叶片卷卷的甜罗勒，台湾的三杯鸡中的九层塔是罗勒，河南人吃面时放的荆芥是一种疏柔毛罗勒，越南米粉的灵魂配料也是罗勒叶。大家喝饮料常见到的那种有透明膜包裹的"兰香子"其实是一种罗勒的种子。

鼠尾草也是一种很好种的香草，开花时常被人误认作薰衣草。我的花园里就种过好几种，主要是以观花为主的蓝花鼠尾草和观叶为主的药鼠尾

🌱 鼠尾草棒

草。它们能从温暖的 4 月生长到肃霜来临的 11 月，而且能为花园带来清爽的蓝紫色调，拍摄时最适合成为花园的前景了！

西方自古以来看重鼠尾草的药用价值。鼠尾草的属名 *Salvia* 源于拉丁文 salvere，意思就是保健、治疗和救护的意思。常用于烹调的是药鼠尾草，它有着浓烈的滋味，所以通常单独使用新鲜的叶片。它能帮助人们消化油腻的食物，德国人就常常用鼠尾草腌制香肠、烹调鱼类。对于意大利人来说，鼠尾草更是和迷迭香一样重要，最著名的意大利面酱料莫过于以奶油煎鼠尾草碎啦！

要是尝不惯这西方的香草滋味，不妨试一试用点燃的干鼠尾草叶为居室熏香。这种方法颇有点类似我们传统的熏艾，是源自美洲印第安文化的一种古老的清洁方法，甚至被当作一种神圣的精神仪式。人们会将鼠尾草这类香草捆扎成束然后点燃，用以熏身体、熏房屋、去除污秽和病菌，而燃烧鼠尾草棒产生的芬芳烟味，被认为可以清除精神上的杂质。

这些香草无论是在电商网站，还是在实体花店，甚至超市的绿植区，都很容易买到。大家不妨买两盆试试看，它们不仅可以为你的生活增加绿色，还可以为你的居室和美食添上芳香的味道。

经常有读者和我说自己之前养过薄荷却失败了。其实不必纠结于此——花园生活方式中包括种植，但不限于种植；就好像我们买鲜切花，并不会要求它永开不败，接受它的蓬勃也接受它的凋零，盆栽的花草也是一样。经过多次体验和试验，再加上自己的观察和用心，花草同样会回报我们的。

薄荷的运用

如果你和我一样喜欢花园也喜欢美食,那么能将这二者联系在一起会让生活更有趣。

扦插

现在大一些的超市里都可以买到盒装的薄荷和迷迭香,如果你没有栽种它们,那么就可以去买这些放在冷鲜柜里售卖的香草。不过你有没有想过,这些已经被摘下并包装好的香草也可以扦插成鲜活的小盆栽呢?我想说的是:其实我们生活中的香草素材很容易找到,它们就在身边。不一定是在花市,其实超市、菜场都能找到可以栽培的花草。

买的时候,它们还非常新鲜,你可以试着用这些枝叶来扦插。很多草本植物适合用嫩枝扦插繁殖,因为植物顶端新萌发的芽是细胞分裂最活跃的部分,剪下来后繁殖成功率很高。所以即使是超市里的这类生鲜香草,只要还保存着完好的枝干及嫩芽,就可以试试扦插。操作步骤如下:

1. 选取那些看起来成熟一些、长一点、粗壮带茎干的薄荷枝条,将它们完全浸泡在水中,吸足水分。

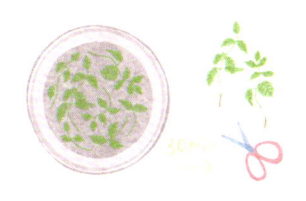

薄荷扦插的做法

2. 同时准备一只花盆，倒入营养土，浇上足够的清水。
3. 半小时后从水中捞出吸足水分的薄荷枝条，剪去枝条下方多余的叶片，然后直接插入土中，稍微用手指压实土壤。
4. 之后的几天内保持散射光的照射和盆土湿润，避免高温，千万不能放在烈日下暴晒。一两周左右就可以看到新芽萌发，枝条下面也应该已经生根了。

更为简单的方式是直接插在干净的清水中，同样保持散射光，你会亲眼看到枝条开始生出白色的根须，再大些就可以移栽到土里了。

7月

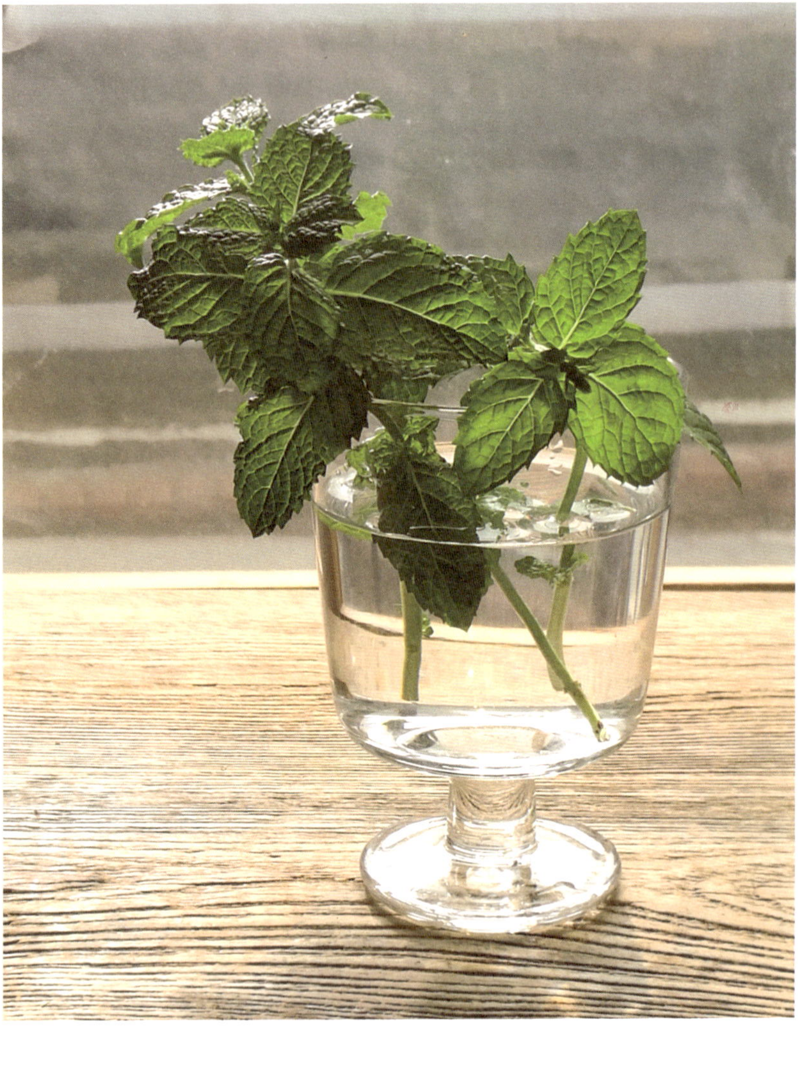

薄荷水和薄荷冰

至于薄荷的做法，最简单的就是用开水冲泡薄荷茶。这个季节还有更清凉的做法是冻成薄荷冰。就是将薄荷叶片或嫩芽放进冰格中，冻成冰块，需要的时候随时取用。薄荷冰保留了薄荷清新的色彩和清凉的味道，而且可以保存很久。

盛夏的午后，来一杯柠檬薄荷水，不仅视觉效果好看，口感也很清爽！

薄荷莫吉托

莫吉托（mojito）是最有名的朗姆调酒之一，起源于古巴。传统上，莫吉托是一种由五种材料制成的鸡尾酒：淡朗姆酒、糖（最初是用甘蔗汁）、青柠汁、苏打水和新鲜薄荷，一般选用柠檬薄荷。青柠与薄荷是为了柔和朗姆酒的烈性，喝起来会觉得很清爽，是夏日最受欢迎的特饮。当然，这种调酒有着相对低的酒精含量（大约10%），我们自己做的话可以根据口味修改配方。

原材料需要用到：

新鲜的青柠和柠檬少许、新鲜的薄荷叶6～8片、糖浆20毫升、朗姆酒若干、中型冰块6～8块、苏打水一罐、新鲜薄荷1枝（装饰用）。

捣出薄荷汁液

朗姆酒+冰块

青柠/柠檬汁+糖浆

苏打水+搅拌

莫吉托的做法

制作步骤：

1. 取新鲜薄荷叶，用研杵稍微捣下，略挤压出薄荷的汁液；
2. 青柠和柠檬切尖角，分别挤出果汁，并把青柠角和柠檬角也放入杯中，然后兑入糖浆（也可以用薄荷糖浆），酸甜的比例自己掌握就好；
3. 加入适量朗姆酒，然后放入冰块至八分满；
4. 倒入冰苏打水，用搅拌长匙稍微搅一下；

5. 在杯口处加上绿色的薄荷枝和黄色的柠檬片做装饰，一杯莫吉托就完成了。

清凉薄荷膏

舒缓蚊虫叮咬的薄荷膏的做法其实也很简单。原料需要天然蜂蜡、基础油、薄荷精油、冰片、新鲜薄荷若干。

首先选择你现有的基础油。基础油（base oil / carrier oil）是从植物的种子、花朵、根茎或果实中萃取的非挥发性油脂，可润滑肌肤，能直接用于肌肤按摩，也是稀释精油的最佳基底油。常见的有茶油、荷荷巴油、甜杏仁油、葡萄籽油、玫瑰果油、橄榄油等。制作这类精油膏的时候，手边有哪款就用哪款，差别不是特别大。我一般用橄榄油，最为百搭，如果给小朋友使用的话，那么甜杏仁油更适合。

基础油常用来稀释单方精油（纯精油），单方精油无法直接抹在皮肤上（薰衣草和茶树精油可以小面积直接使用），因为它们太浓烈，带来的刺激性也就很强，如果直接擦在皮肤上反倒会造成伤害，所以必须在基础油中稀释后，才可以用在我们肌肤上。

植物基础油本身就具有药效，能够为身体提供营养和精力。当我们利用植物基础油稀释精油时，可参照比例使用。但这个比例不是固定不变的，克数可以上下略做调整：如果你希望自己的精油膏更加滋润，那么橄榄油这类基础油就可以多放一些；如果希望精油膏干一点，那么就减少基础油的使用。我用的比例是：薄荷叶 100 克、天然蜂蜡 10 克、薄

荷精油 10 克、橄榄油 50 克。具体制作方法是这样的：

1. 将新鲜薄荷切碎，然后倒入橄榄油，在奶锅中充分混合；
2. 准备一只浅锅，倒入清水，再将奶锅置入其中，隔水慢慢加热橄榄油和薄荷碎，保持低温不让油沸腾；

新鲜薄荷叶在这里最主要的作用只是为了让颜色好看，因为 100 克薄荷叶里所含的有效成分其实没有多少。之所以要用鲜叶，更多还是为了萃取它好看的绿色。如果没有新鲜薄荷叶，也可以省略这一步。

⊞ 薄荷膏的做法

3. 加热到新鲜薄荷的水分已经完全蒸发、叶片变色后，过滤掉薄荷碎叶；
4. 将天然蜂蜡切成小块，加入锅中，隔水加热至完全融化（薄荷膏的软硬度其实取决于蜂蜡的多少）；
5. 最后倒入薄荷精油，这款精油膏最重要的疗效还是来自精油本身，如果你喜欢柠檬香茅草的味道，还可以加入几滴香茅精油，这样闻起来气味更丰富；
6. 趁热倒入罐中，冷却后就成为好看好闻好用的薄荷精油膏啦！

中国香草：紫苏荏苒，藿香正气

提到中国香草的代表植物，紫苏和藿香一定榜上有名。它们很"中国"，基本上大家都知道名字或者用过它们，现在也正好应季。

你知道吗？我们经常说的"时光荏苒"中的荏苒其实就是一种紫苏。字典中，"荏"的本义是指一种草本植物，名为白苏，叶卵圆形，花白色，种子可入药，而"苒"指草木茂盛的样子。所以，"荏苒"最初是形容植物（白苏）繁茂生长的样子，后来用来表达时光不知不觉地过去。正所谓"荏苒冬春谢，寒暑忽流易"。

中国科学院植物研究所官网有一段对白苏的介绍：

> 唇形科紫苏属。一年生草本植物，古名荏，又称荏苒。种子可榨油，并可与老茎共入药，叶可提取芳香油，株高约1米，茎方形有沟，多分枝，基部坚硬，光滑，上部有白色毛茸。叶卵圆形，先端尖，背面有腺点。茎叶绿色。总状花序顶生或侧生。小坚果圆形，俗称苏子，黄褐色，有网纹。原产中国，现分布在东北各省，以及河北、山西、江苏、安徽、湖北、四川、福建、云南、贵州等地。日本、朝鲜和印度北部也有分布。野生白苏种子散落后，常成批生长，自成群体。

七味粉（SHICHIMI）是日本料理中一种以辣椒（唐辛子）为主料的调味料，由辣椒和其他六种不同的香辛料配制而成。常用材料包括红辣椒、陈皮、芝麻、生姜、海苔、芥子（罂粟籽）、山椒、紫苏和火麻仁等，各品牌配料略有不同，但紫苏总在其中。

最后这句话不仅在野外如此，也适用于私家花园：经常有园丁种了紫苏后，第二年发现自播特别厉害，几乎在花园里泛滥了。

实际上紫苏有很多种，我们得根据不同品种来做不同的利用。就颜色而言，茬荋特指白苏，它的叶子双面都是绿色的，也叫作青紫苏。也有叶子正反面都是紫色的，日本把这种叫作赤紫苏。还有一种正面是青色、背面是紫色的紫苏。就叶子形态区分，有卵圆形表面平坦的，也有皱叶品种，边缘都是细密的小齿。紫苏经典的栽培品种就这几种，干燥后的赤紫苏叶还是京都七味粉的原料之一。

为什么我们要种紫苏呢？

因为它是典型的东方香草；因为它们有浓郁的味道；因为它们广泛用于我们亚洲的各类料理，又很容易和其他香草搭配；还因为它们无需特别管理，很容易生长！

白苏和紫苏，不同颜色带来不同的花园色彩。播种前将种子浸泡几小时可加速发芽，紫苏的萌发需要20℃左右、潮湿的条件。一般春天播种两周内会发芽，从播种到采收成熟的叶片只需要八周，如果你喜欢吃紫苏，那么整个夏天都可以一直收获。

需要大叶片的话，就要给它大空间，株距在30厘米左右较好。紫苏喜

欢充足的阳光和排水良好的土壤。它也很适合盆栽，在容器中的表现和在花坛、花境中的表现一样好！你可以把它当作菜叶植物来运用，并且不断地掐尖，让它们多滋生侧枝，爆出新芽。

藿香正气

2019年国际香草协会评选出来的年度香草植物就是中国常见的"藿香"。当然，那是一种漂亮的园艺品种：既能食用又能装饰花园。在我们的生活中，藿香其实扮演着许多角色。藿香可以用于烹饪和医药，它在花园中也很友好，吸引来很多蜜蜂蝴蝶传播花粉，是可靠的蜜源植物，还为花园提供了漂亮的紫色花穗和郁郁葱葱的绿色背景。

你不一定见过真的藿香，但肯定知道藿香正气水。我们家小樱桃小的时候夏天泡澡，我会给他倒些藿香正气水在浴缸里，祛暑防痱。人们常用它来治疗发烧、中暑、腹泻等夏季常见病。我一般到了夏天，就会时不时去花园里掐几支藿香泡茶喝。

唇形科的藿香是耐寒的多年生直立草本植物，高 60 ~ 200 厘米，带有浓郁的芳香气息。它的茎干呈四棱形。国内对藿香品种的研究不多，在江苏一带它也被称为苏藿香、苏薄荷，叶子为漂亮的心形；还有一种藿香味道偏辣，叶片偏圆形，花朵色彩更浓郁些，更适合花园栽培。在国外的香草园中，藿香已经被培育成观花香草，有了很多花色鲜艳的园艺品种，被冠以"朝鲜薄荷"（Korean Mint）、"蓝甘草"（Blue Licorice）或"紫海索草"（Purple Giant Hyssop）之名。它蓝紫色的穗状花序堪与薰衣草相媲美，而且更加适合我国气候特征，易于种植。

我在花园里种了两种藿香，叶片略不同，味道也不同，一种是从江苏老家带回来的，一种是从上海的上房园艺公司买的，它们都开着淡淡的紫色花穗，但具体种类我也不知道，应该就是最传统的原生种，而非栽培的园艺种。每年它们都能在花园里自播很多，我通常会拔掉很多，只保留三四棵足够自己用就行了。藿香喜欢生长在温暖的环境，我好奇地将它从江苏带到北京，没想到它竟然也耐北方的严寒，完全可以在北京的花园里越冬，而且常常自播，在我的花园中生生不息！它对土壤要求不严，耐贫瘠，我几乎从不管它，甚至连浇水也不曾特别关照过它，因为它真的具备野草般的皮实习性。

藿香一般可以用扦插或者播种、分株来繁殖。如果盆栽，最好控制高度和长势，因为藿香在花园中能长到半人多高呢。记得不时掐掉一些嫩梢，让它整体株型更加丰满。霜降后，藿香的叶片都陆续掉光，只有果穗留在枝头；可将枯枝全部剪掉，任其度过冬日休眠，到次年春天再浇灌，很快就会有藿香发出新芽。

前几年见过藿香的人不多，但最近几年北京的公园里已经开始运用一种金叶品种的藿香"金色庆典"（Golden Jubilee），通常配植在花境中。望京的望湖公园就有一片，我观察过两年，越冬的表现都很不错！

之所以市政绿化也会使用藿香，是因为它不仅耐寒，可以在北京露天越冬，还是很耐旱的多年生植物，在北京这样缺水、干旱的城市，是低维护、集约型园林值得拥有的花草素材！

所以藿香既适合花园，也适合容器盆栽，它们通常是很高大的植物，所以适合在多年生植物花境中搭配其他花草，或者也适合在围栏、墙边等不起眼的地方种几棵，它们的花朵还是挺漂亮的，花期也长，所以也适合做切花。因为招蜂惹蝶，所以在很多蝴蝶花园中，园丁会种植藿香，来吸引美丽的昆虫。

藿香属有30种不同的植物，每种植物具有不同的花色、高度、叶子、香气和耐寒性。你去任何一座香草花园，都会看到藿香。尤其是近年来，园艺学家培育出很多新品种，有的散发甘草香气，有的具有泡泡糖香味，这些栽培品种一定会改变你对藿香的固有印象。它们的花朵不再只有紫色，还有粉色、橙色、玫红色等。

现在国内引进了不少藿香的园艺品种，比如"蓝运""夏之爱恋""荣誉珊瑚""夏日覆盆子"等，听到这些名字你就可以想象到，这些藿香已经不再是貌不惊人的药草，而是美貌的花园植物了！

花园设计师们通常用它来搭配花境，或者打底作为花园背景。其中"金色庆典"在第一波花开之后修剪掉残花，可以从6月初一直开到9月。它们的适应性非常好，尤其是夏季耐热耐涝，金色的叶片使得植株在非花期也有很好的观赏效果！

"夏日覆盆子"这个品种的花有覆盆子的颜色，"荣誉珊瑚"的花是珊瑚色，还有一款叫作"荣誉柑橘"的藿香花是亮橙色的，"仲夏天空"则保留了淡淡的蓝紫色……每一款都很好看，适合成为花园中夏天的主

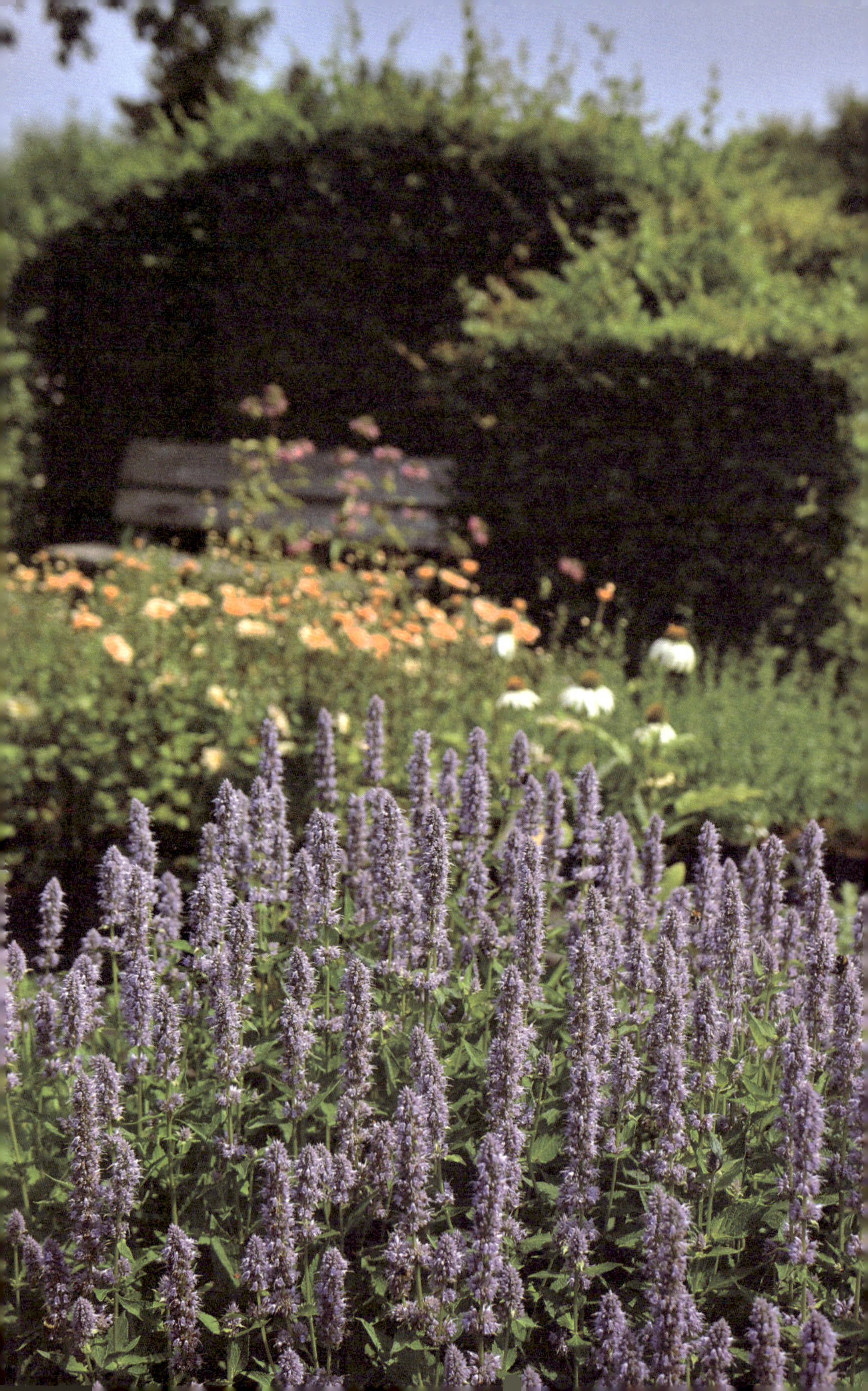

角。建议一次多栽培几株，成丛成簇，这样可以凸显它们美丽的色彩。

我们应该感谢那些了不起的育种学家，他们培育出缤纷多彩的新品种，让藿香突破了原本的平凡模样。感谢园艺公司不遗余力地引进各国最新的花园植物，让我们的景观与这个世界同步。

紫苏茶和紫苏染

紫苏茶

日本餐厅中垫着寿司和刺身的叶子常会用到紫苏，因为它有抗菌和抗氧化作用。也因为它有特殊的香味，所以韩国烤肉店也会为顾客准备一盘紫苏叶用来包裹肉片，这样可以减少烤肉油腻的口感。中秋前后，螃蟹店家会贴心地为螃蟹配上几包紫苏茶，因为紫苏茶是一种有药用价值的茶，可以帮助去腥并且中和螃蟹的寒性。此外它还可以发散风寒，味道是微微的紫苏味，很容易入口。紫苏茶也适用于感冒风寒初期，能缓解鼻塞流涕、畏寒、关节酸痛等症状。

如果花园里种着紫苏，那么可以用新鲜叶子煮水喝，与干叶相比又是一番别样的滋味。更神奇的是，紫苏的茶汤其实有点褐色，并不好看，但如果挤几滴柠檬汁进去，紫苏茶就会瞬间变成好看的玫红色，因为茶汤中产生了很神奇的酸碱反应（和蝶豆花茶很像）。如果不喜

欢紫苏的味道，可以加一两勺蜂蜜或几颗冰糖调味，这样就能得到很好喝的紫苏饮。

接下来和大家分享紫苏染，其中分为紫苏染食物和紫苏染织物。

我国壮族传统美食五色糯米饭因有黑色、红色、黄色、白色和紫色五种色彩而得名，被看作吉祥如意、五谷丰登的象征，其中紫色部分一般会用紫苏来染。除了漂亮的颜色，紫苏浸泡过的糯米也会保留淡淡的清香。

紫苏染色的食物在日餐中经常遇到，青紫苏的叶子和花穗可以用于面条、调味汁和生鱼片的调香；赤紫苏叶会用来染梅干，还有薄薄的姜片。大家在日料店里吃到的姜片就是用赤紫苏染出来的。

紫苏姜

1. 仔姜切片后，用盐略腌渍下，挤干水分后放入洁净的、无水无油的玻璃瓶中；
2. 准备好紫苏、适量冰糖和适量白米醋（具体比例以自己的口味为准，喜欢甜一点就多放冰糖，喜欢酸一点就多放醋），一起放进锅中熬煮，冰糖融化后关火——紫苏在这里起到的作用是提香并增添好看的色彩；
3. 放凉之后的醋倒进装着姜片的瓶子里，腌渍几天后就可以吃啦；
4. 一次做得多的话可以分装成小瓶，放入冰箱保存，随吃随用。

姜片用盐腌渍后放入瓶中

紫苏+冰糖+白醋，熬煮

醋放凉后倒入姜片瓶，腌渍几天

◧ 紫苏姜的做法

紫苏卷心菜泡菜

实际上紫苏姜也是一种泡菜,韩国人同样很喜欢用紫苏来做各种泡菜,有一种清爽的韩式紫苏泡菜超级简单,适合炎热的苦夏。

配料:半棵卷心菜,20片紫苏叶,5杯水,1杯冰糖和1杯白米醋,4勺海盐。

步骤:

煮制糖醋汁

一将泡菜水倒出再次煮沸,冷却后倒回,漫渍腌黄,冷藏

一片紫苏,一片圆白菜,整齐码好,控干水分 倒入泡菜水淹没 放置1天

辣椒+大蒜→增香 / 紫甘蓝丰富色彩

紫苏泡菜的做法

1. 取冰糖、白米醋和海盐，兑清水煮沸（酸甜的口感可以自己调节，不用熬太久），煮好后的糖醋汁放凉；
2. 卷心菜切成与紫苏叶大小相仿的大片，一片紫苏一片圆白菜，整齐码好，保证不留水分，拍干（这次用到的是青紫苏，当然也可以用紫叶品种）；
3. 将糖醋汁倒入罐子，淹没紫苏和卷心菜，用一个小碗稍微压一下，在室温下放置1天；
4. 将隔日制作的泡菜汁倒出，再次煮沸，冷却后倒回罐子（这一步是为了去除泡菜汁中新鲜蔬菜析出的水分，从而让泡菜汁不易腐坏）；
5. 之后冷藏，基本上再腌渍一两天就可以吃了，佐餐、配粥都很好；
6. 为了丰富口感，还可以加入辣椒和大蒜片增香，也可以添加紫甘蓝来丰富泡菜色彩。

紫苏染织物

植物染是近年来很流行的一种手作方式，我们也叫它草木染，是利用各种植物中含有的天然色素来对被染物进行染色的一种方法。

一般在染色过程中不使用或少量使用化学助剂，所用染料包括植物性染料（如蓝靛）、动物性染料（如紫胶）及矿物性染料（如朱砂），其中以植物性染料的使用最为普遍，且可用的材料种类也最丰富。当你了解到植物染之后，就会关注身边每一棵树、每一棵花草，想知道它们能染色吗？染出来会是什么颜色呢？

我们平时吃的一些水果若是不小心蹭在衣服上，就不容易洗掉，比如山竹、葡萄这类，可见它们都是很容易留下色彩的植物。这些色彩可能来自花瓣，或者树皮、果实、叶片等。天然染料最大的问题是色牢度不够，经日晒会褪色，所以适合染小件的纺织物，如围巾和手帕这类。

紫苏染的操作很简单，只需要用到新鲜的赤紫苏叶、明矾、柠檬酸这三种原料，具体做法是这样的：

1. 将200克紫苏叶和25～50克柠檬酸一起放入5升清水中熬煮，此时染液是梅红色的，即相当鲜艳的那种红紫色。染液会随着熬煮变得更浓。
2. 经过30分钟左右的熬煮，染液就准备妥了。将紫苏叶捞出。
3. 将事先用清水浸泡好的手帕或棉质围巾展开，放入锅中，再次开火熬煮，需要煮10～20分钟。
4. 在煮手帕或围巾的时候准备好媒染剂，我们用明矾就可以。将1克左右的明矾用热水化开，得到明矾水。
5. 将织物从锅中取出，把明矾水倒进染液。
6. 再次将织物放回染液中，为了防止染出的颜色不均匀，可以慢慢搅拌染液中的手帕，直到染液逐渐冷却，之后不用管它，浸泡几个小时。
7. 捞出织物，晒干后漂洗，就完成了。

1 & 2
200克紫苏叶 + 20~50克柠檬酸 + 5升水
熬煮30分钟后将紫苏叶捞出

3
将清水浸泡好的手帕放入锅中
熬煮10~20分钟

4 & 5
捞出手帕,将热水化开的1克明矾加入锅中

6 & 7
再次将手帕放入锅中,搅拌,冷却
浸泡几小时后捞出晒干

🌱 紫苏染的做法

当然,你也可以将织物事先在明矾水中浸泡,或者在染色后浸泡明矾水固色,对应的专业术语分别是先媒后染法和先染后媒法。

最后我们的紫苏染会是什么颜色呢?50克柠檬酸和25克柠檬酸会出现不一样的色彩,我喜欢前者,效果是淡淡的紫色。当然你还可以测试其他染色样本,因为采用不同的媒染剂也会得到不同的色彩。它们能够帮助天然染料附着到织物上。天然的草

木灰、石灰、明矾石、铁锈水、醋等都可以成为固色的媒染剂呢!

草木染中通常明矾用得多。比如我们小时候常见的指甲花,睡觉前用它的花瓣加上明矾捣烂,敷在指甲上,再裹上一片丝瓜叶,包扎好,第二天醒来,指甲就染成了鲜艳的橙色。

花园里那些植物染原料,比如藿香、无花果叶、紫叶李、石榴皮、洋葱皮等,都是很容易获得的。当你关注到这个领域,就会发现:我们身边有很多天然的素材,它们都能为生活增加一点小情趣,也能为我们带来实际的美好。

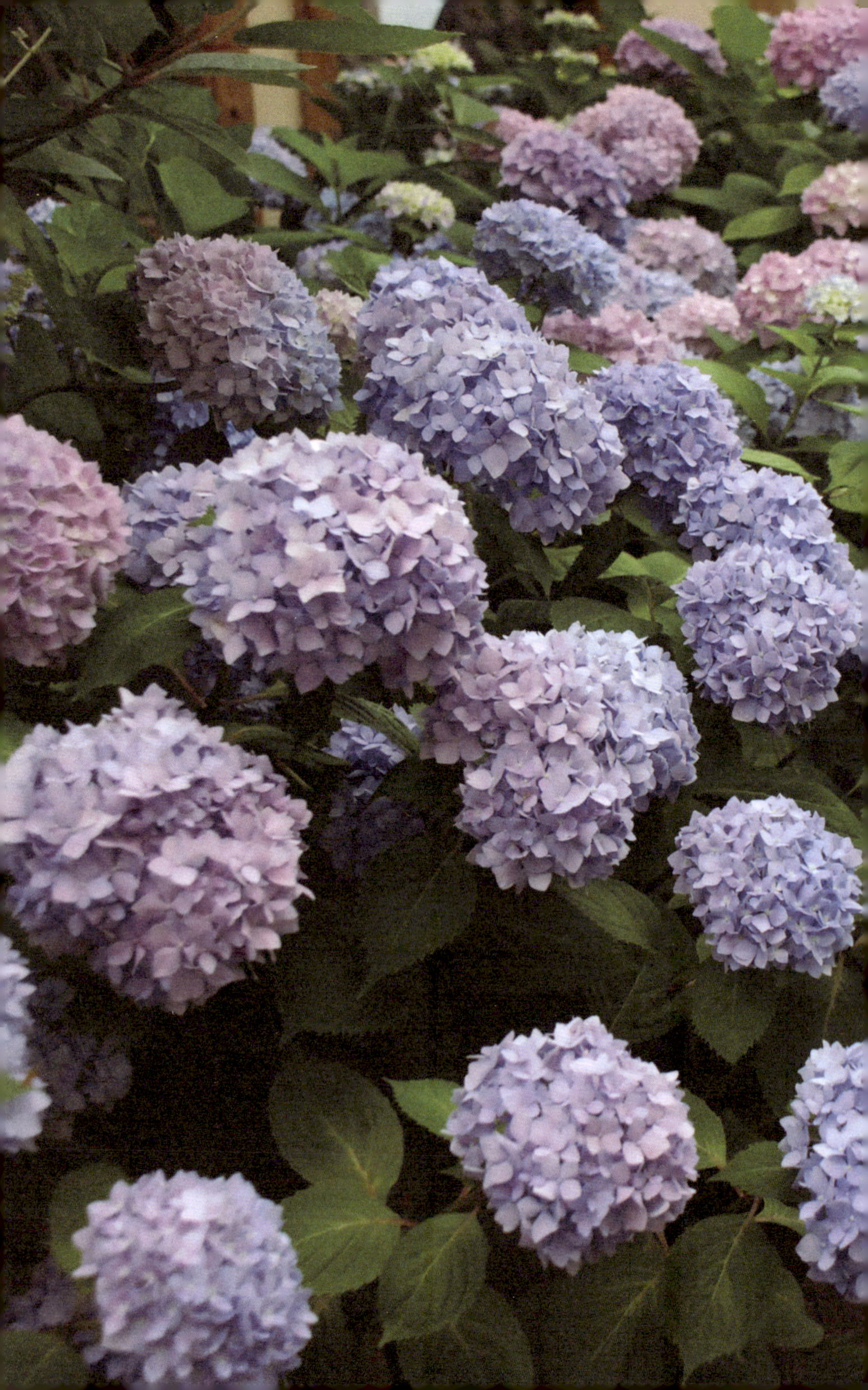

8 月

绣球色彩变幻多

新棉与玫瑰

实话实说,8月花园的景观效果要差一些。因为难熬的暑热,植物们的状态都不太好,花园里蚊子还多。尽管8月初就开始立秋了,可是"秋老虎"有可能更厉害。这个月的节气还有处暑。处暑即为"出暑",是炎热离开的意思。处暑节气意味着即将进入气象意义的秋天。诗人们说:"处暑无三日,新凉直万金。"农夫们说:"处暑好晴天,家家摘新棉。"

新棉旧市花

提到新棉,我想世界上最有价值的花应该就是"棉花"啦!谁又能离得开棉花带来的产品呢?不知道你见过棉花的花吗?很漂亮的,而且一株上会出现两种颜色!

棉花,是锦葵科棉属植物的种子纤维,原产于亚热带。植株灌木状,一般有半人高,据说在热带地区栽培可长到6米高。棉花的花朵初开是乳白色,开花后不久转成深红色,凋谢后留下绿色的小蒴果,称为棉铃。棉铃内有棉籽,茸毛从棉籽表面长出,塞满棉铃内部,棉铃成熟时裂开，露出柔软的纤维。纤维白色或白中带黄，长约 2～4 厘米。

棉花产量最高的国家有中国、美国、印度等。棉花一般是按照其纤维长短来分类的：纤维细长、有光泽的适合做成高级纱布和针织品，比如长绒棉（也叫海岛棉），我国新疆种植的基本属于这类；纤维长度中等的叫作细绒棉，比如美国陆地棉，这个品种适应性广、产量高，我国种植的棉花大多属于此类；还有粗绒棉，原产印度，因为产量低纤维粗短，不适合机器纺织，已趋淘汰。

棉花的原产地是印度和阿拉伯。在棉花传入中国之前，中国只有可供充填枕褥的木棉，没有可以织布的棉花。宋朝以前，中国只有绞丝旁的"绵"字，没有木字旁的"棉"字。"棉"字是从《宋书》起才开始出现的。如今，中国已经成为棉花产量最高的国家之一。棉花不仅是重要的纤维作物，也是重要的油料作物，其实也是很好的蜜源植物。

但大家可能不会想到，棉花还曾经当过上海的市花。1929 年上海曾以莲花、月季、天竹等作为市花的候选对象，后来又增加了棉花、牡丹和桂花。最后棉花得票最高，名列榜首，当选为上海市花！当年的《申报》后来阐述了市民们选棉花作市花的理由："棉为农产中主要品，花类美观，结实结絮，为工业界制造原料，衣被民生，利赖莫大，上海土壤，宜于植棉，棉花贸易，尤为进出口之大宗，本市正在改良植棉事业，扩大纺织经营，用为市花，以示提倡，俾冀农工商业，日趋发展……希望无穷焉。"

七夕玫瑰清单

8月有一个特别重要的节日,那就是七夕。这个节日被称作中国的情人节,自然也就离不开玫瑰的身影。虽然以鲜切花为主角的"花艺"和以花园景观为主题的"园艺"实际上是两个不同的领域,但它们有着共同的基石,那就是开花的植物。

唐代高骈的《山亭夏日》中描述了这样一个清爽的夏日:

> 绿树阴浓夏日长,楼台倒影入池塘。
> 水晶帘动微风起,满架蔷薇一院香。

如果你的花园里有一架蔷薇,那夏天的日子该多美好!无论是蔷薇还是月季,或者是玫瑰,在这么热的季节里,只要还能持续开放的 rose 都值得推荐。七八月对中国大部分地区来说是非常炎热的时间,同时"七下八上"还是北方的雨季和汛期。在这个又湿又热的季节里,复花性较好的月季也会时不时"玫开二度",但前提是要在6月开完花后及时为它们修剪残花,并且追肥,各方面都要做到位。

耐热、勤花、花期久的月季品种有很多值得推荐,其中藤本类有:"弗洛伦蒂娜"(Florentina)、"安吉拉"(Angela)、国产月季"藤甜梦"(Sweet Dream cl.)、"粉天鹅"(Pink Swany)等。

灌木类月季则首推来自法国玫昂公司的"绝代佳人"(Knock Out)月季,这个系列的月季简直就是开花机器,一波一波从不间断。另外还

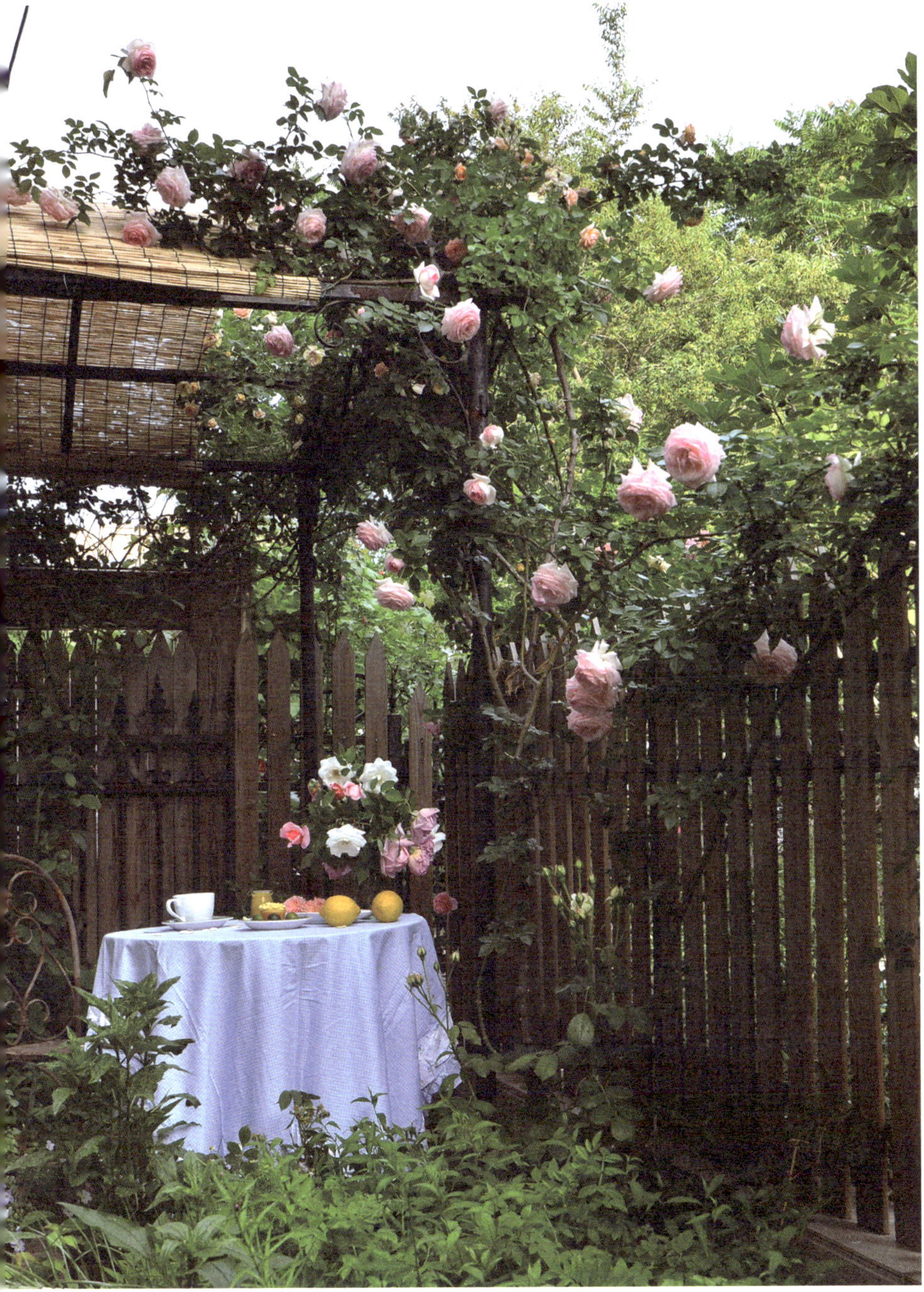

有"爱弗的玫瑰"（Ivor's Rose）、"罗宾汉"（Robin Hood）、"艾拉绒球"（Pomponella）、"绒球门廊"（Pompon Flower Circus）、"红色达芬奇"（Red Leonardo Da Vinci）、"男爵夫人"（Baronesse）、"玛丽安"（Mary Ann）、"灰姑娘"（Cinderella）、"甜蜜生活"（Dolce Vita）等。

如果你想留给月季的位置相对比较明亮，但不暴晒，那么最佳位置是房屋的东侧，那些勤花但是花朵不耐晒的品种是不错的选择。你可以选择主要来自英国大卫·奥斯汀公司的月季和法国戴尔巴德公司的月季，这些月季花形优美，并且分枝性和勤花性都非常出众。大花浓香的品种也是这两家公司的拳头产品，有很多种类可选择，甚至在明亮的北侧都能表现出优秀的开花性。

8月还有一款薰衣草色的月季品种"蓝花诗人"（Novalis）值得一提，该品种来自德国。一般蓝紫色的月季品种都相对不耐晒，但是该品种却非常勤花，只要种植在东侧环境，即便在夏天也仍然有蓝色的花朵开放。

如果是阳台盆栽，适合选择那些浓香且具有生长可控性，不至于太过茂盛的藤本月季，比如法国戴尔巴德公司的"娜希玛"（Nahema）、"欢迎"（Bienvenue）、"纽曼姐妹"（Soeur Emmanuelle）等品种。

8月

花园之蓝

所有颜色中，我最偏爱蓝色。花园里的花也不例外。自然界中蓝色花并不少，但是比起红色黄色这类还是显得珍贵。在炎热的夏季中，蓝紫色系偏冷色调的花朵可以给花园带来清凉的视觉效果。这个季节蓝色的花朵有很多：牵牛、桔梗、鼠尾草、薰衣草、鸭跖草……这节我们就来重点介绍那些漂亮的蓝花花和蓝果果吧！

分药花

分药花（*Perovskia*）在欧洲的花园很常见，它原产于包括中国西藏、阿富汗在内的中亚和西南亚的一些地区，分布范围很广泛，充分说明它适应性很强。分药花有着挺拔的花穗和银色的叶片，特别纯粹的蓝色小花让人过目不忘。

分药花还有一个通俗的名字叫作"俄罗斯鼠尾草"，听这名字就可想而知：它肯定能耐俄罗斯的低温呢！分药花是多年生宿根植物，喜欢光照充足的环境，最低可耐-30℃的低温，株高40～90cm，冠幅30～90cm，花朵芳香。夏季群开的蓝紫色花序点缀在银绿色的叶片和

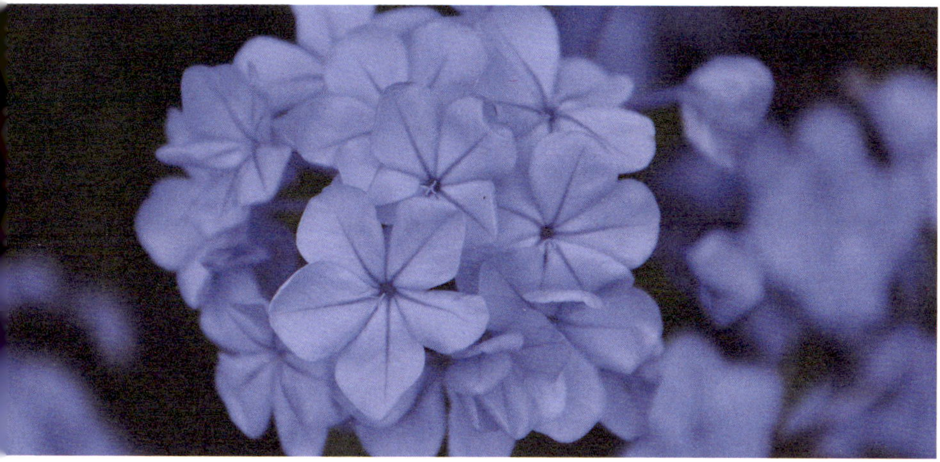

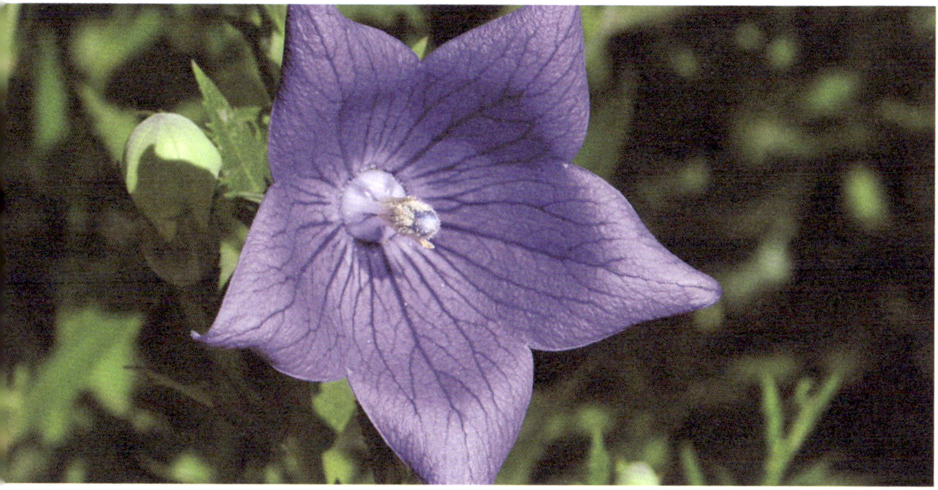

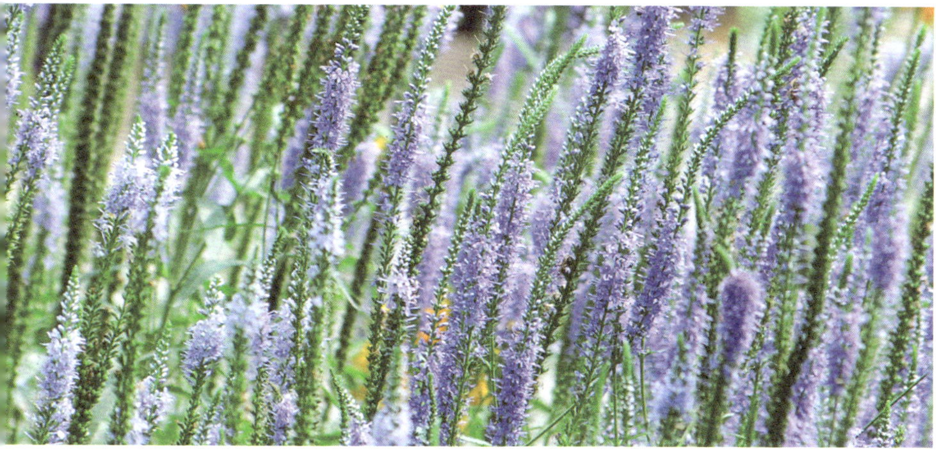

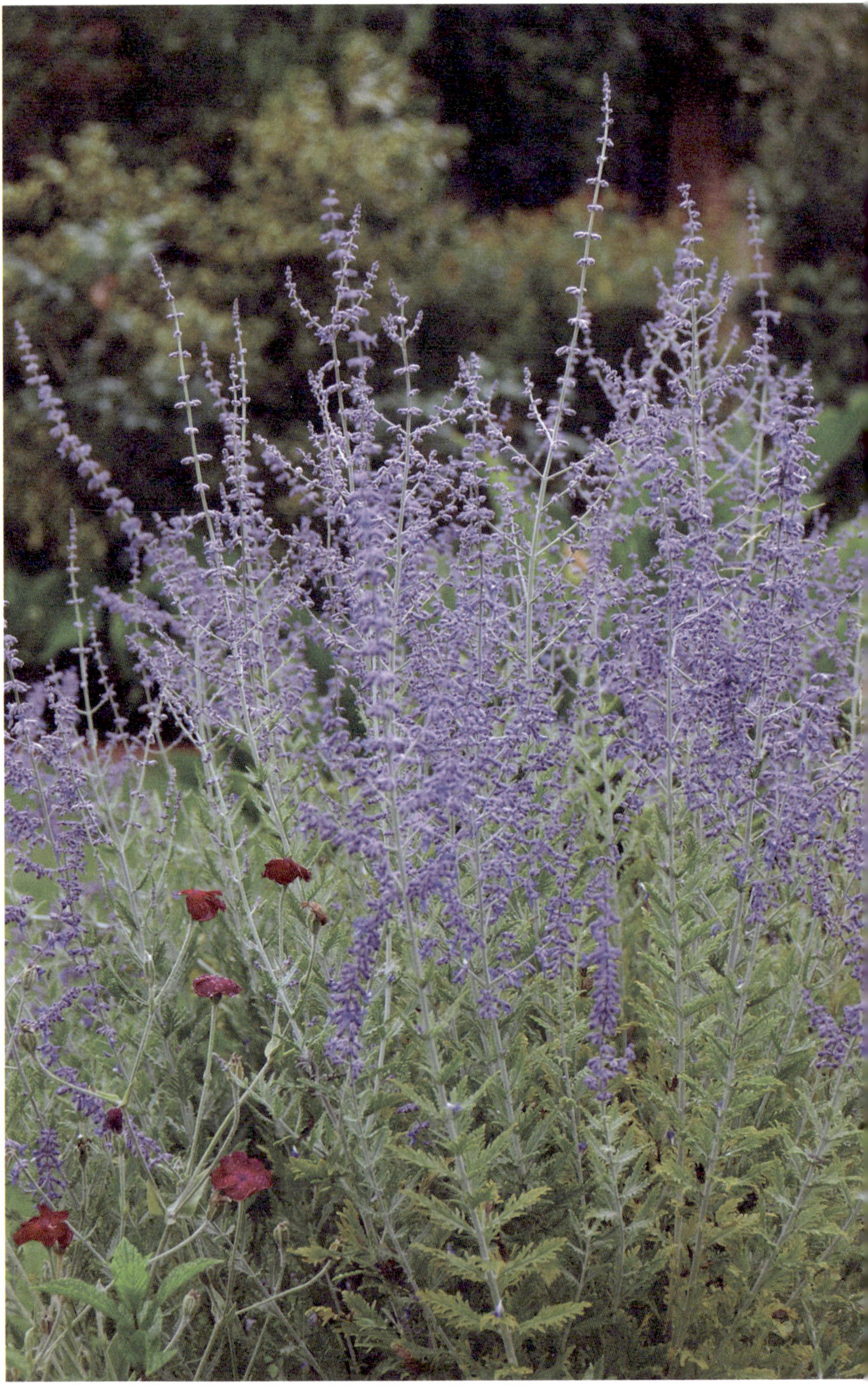

花茎上，浪漫又雅逸，是夏秋庭院中一抹淡色的风景。

分药花很皮实，野外一般分布在干旱的河床或者戈壁上，抗旱能力不容小觑，适应各类环境，只是在夏季湿热的地方表现有些不尽如人意。分药花 1995 年就当选了美国年度宿根植物，足见它在花园中的表现是非常不错的。说起来分药花也是一种香草呢，捻一下它的叶子，就会闻到一种药草的香味，病虫害也少见，夏秋的欧洲花园中很容易看到它的身影。

各类鼠尾草

上个月介绍过的鼠尾草也是蓝色家族的主角。不同种类的鼠尾草有不同的种植方法。人们常常将适合观花的鼠尾草配植在花境之中，而将多为药用、更适合观叶的药鼠尾草配植于香草花园中。

如果你听说某种植物原产于地中海地区，那么基本可以判断它会更喜欢干燥、日光充沛的气候，鼠尾草就是如此。它喜欢日照充足、通风良好、排水性较好的沙质壤土；不同品种的鼠尾草需要的阳光强度不一样，观赏用的鼠尾草通常更需要太阳的普照，而药鼠尾草略耐阴。

其实，植物的种植技术本身都很简单，大同小异而已；但不简单的是将它们种在花园的何处，与谁一起配植。植物的色彩、株型、冠幅等都是考量的因素。鼠尾草的配植也是一样，药鼠尾草胜在叶片的观赏，它的叶片纹理和质感颇为特别，所以在花境中常常配合一些鲜艳的花草。它的冠幅随着岁月而增加，每隔几年就需要适当分株。观花的各类蓝紫色鼠尾草都很适合花园，也可以盆栽。

蓝色的果实

提到蓝色果子，你最先想到的肯定是蓝莓。这几年，这种杜鹃花科越橘属的蓝色小浆果已经风靡全国了。它其实不仅适合花园种植，也适合阳台盆栽，只要有足够的阳光就行。

蓝莓有很多品种，栽培种类有三大类，即高丛蓝莓、矮丛蓝莓和兔眼蓝莓。其中高丛蓝莓又分为北高丛蓝莓、南高丛蓝莓和半高丛蓝莓三类。矮丛蓝莓和半高丛蓝莓适宜在温带寒冷地区种植，如东北地区；北高丛蓝莓和一些半高丛蓝莓适宜在暖温带地区种植，如山东地区；兔眼蓝莓和南高丛蓝莓适宜在亚热带地区种植，如江浙地区。在长三角地区，果实成熟顺序依次为南高丛、北高丛、半高丛和兔眼蓝莓。每个品种果实采摘期大致为一个月左右。除兔眼蓝莓的个别品种外，大部分蓝莓品种皆能自花授粉，也就是单株能挂果。同花期的不同品种间相互授粉，可以提高果实的产量和品质。家庭种植蓝莓，推荐每种类型选择2～3个品种，既能异花授粉，同时也能延长果实收获期，并能品尝更多风味的蓝莓果实。

由于蓝莓品种来源地广泛，不同品种的需冷量不一样，所以每个品种都有自己的适宜栽培区域。每个地区，都只能种植适宜该地区气候的蓝莓品种。南方的读者需要考虑当地是否有足够的冷温期，北方的读者需要考虑花期的霜害和冬季冻害。蓝莓在一个生长季节内可有多次生长，以二次生长较为普遍。在我国南方，蓝莓一年有两次生长高峰，第一次是在5～6月，第二次是在7月中旬至8月中旬。

通常蓝莓是每年4月到5月开花，一朵朵钟形花挂满枝头。满树洁白，淡淡的芳香吸引着蜜蜂前来采蜜。每朵花底部都藏有不少花蜜，等待着犒劳辛勤的小蜜蜂们。洁白的花朵，热闹的蜜蜂，朗朗的阳光，散发着春天的气息。

5月至8月，是蓝莓收获的季节。每个品种的蓝莓成熟期有差异，有的早熟，有的晚熟。采摘期在1个月到1个半月之间。

如何在阳台上盆栽蓝莓呢？首先选大小适合植株的容器，陶盆或木盆均可。蓝莓须根，属于浅根系，尽量选用浅盆、小盆；切忌小苗用大盆。一般营养钵苗上盆，可选用口径20厘米左右的盆，以后逐年换盆。成熟植株则选用口径35厘米左右的盆，以后不再换盆，每年修整根系，添加新土即可。

其次是选土。鉴于蓝莓喜酸性、疏松透气、富含有机质的土壤，土壤pH值要求为4.5～5.0，兔眼蓝莓对土壤酸性的要求不那么严格。家庭盆栽蓝莓可买花市常见的腐殖土，视自己条件加入腐苔藓或草炭、腐烂的松树碎皮（或发酵松鳞）等有机质。通常情况下，发酵松鳞、腐殖土（或园土、泥炭）、火山渣（或细砂）的体积比例为5∶3∶2。另外添加总体积5%的有机肥和1.5克/升左右的硫黄粉。以后随着蓝莓的生长，每年秋季添加总体积2%的有机肥和1.5克/升左右的硫黄粉。蓝莓是嫌钙植物，因此土壤中尽量不要含有石灰、珍珠岩、炉渣等含钙材料。

最后是光照条件。蓝莓喜光照，也稍耐阴，家庭养护应摆放在全光照的通风透光处。夏季高温期，中午应适当遮阴或将盆栽蓝莓摆放在阳光直射不到的地方，从而避免叶片灼伤。

翩翩蝶豆开

如果这个世界有为蓝色而生的花朵，那一定非蝶豆花莫属。蝶豆花在热带地区很常见，我国台湾、广东、福建都有生长，很多海岛如泰国普吉岛、马尔代夫，也种有蝶豆花，它们很随意地攀援在花架之上。在泰国蝶豆花的运用特别广泛，最常见的就是用它来染色。因为花中含有天然花青素，所以蝶豆花经常用作食品染色剂或者调鸡尾酒用。泰国人用它染出好看的甜品果子、啫喱冻、小点心，还会用它染芒果糯米饭。

世界上蓝色的花朵可不少，但蝶豆花的蓝色最为惊艳！你还可以直接买来蝶豆花粉，添加到任何你想使用的食物中去。它是天然的染色剂，假如你是一位烘焙高手，那么绝对不能错过蝶豆花！要是能自己种上一棵就更好了。

前年春天我在花园里扔了一些蝶豆种子，并没有刻意管理，它们自己就长出来了一些。当时我不认识小苗，当作杂草拔掉了一些，仅漏网存余了一棵。起初它长得有点慢，但厚积薄发，到了夏天，天气越热它长得越快，很快就缠绕着藤本月季爬上了花架，并且开出了朵朵深蓝色的花。现在电商网站也可以买到很多蝶豆苗的盆栽，而且有很多种颜色：白色、粉色、紫色、浅蓝色；还有重瓣和单瓣品种。如果觉得育种麻

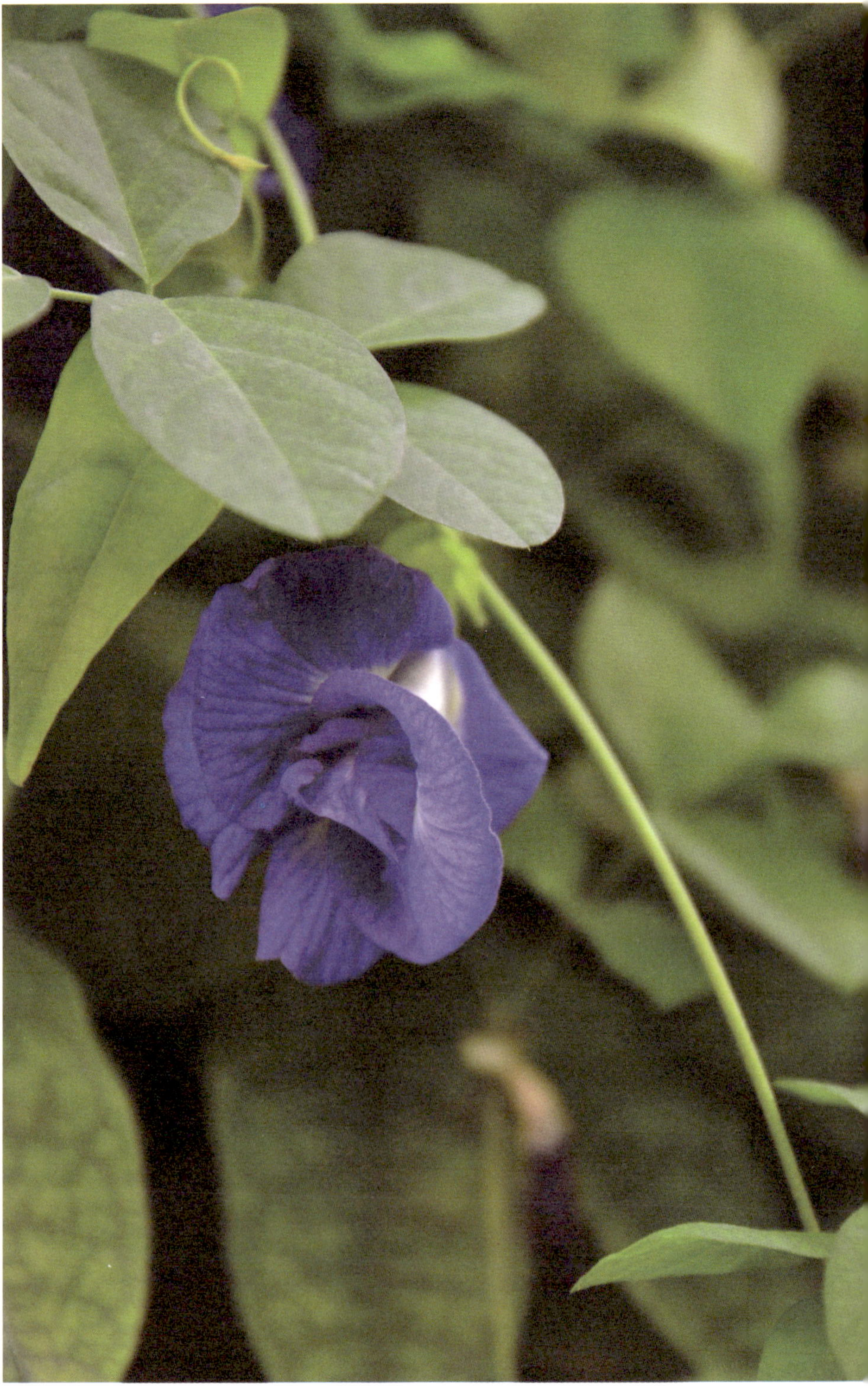

烦，不如直接买成品苗，天气一热它们很快就会开花了。

蝶豆花草茶

蝶豆花本身并无特殊的味道，它最大的亮点就是浓郁变幻的蓝紫色。好奇的人们还会用它来调制各种冰饮，非常梦幻。这种蓝色来自蝶豆花富含的水溶性花青素。花青素类物质的颜色随 pH 值变化而变化，花青素遇碱性物质会变成绿色，遇到酸就会变成紫色，如果再多加些酸，就会变成玫红色。

两三朵新鲜的蝶豆花冲入热水，很快就变成了深邃的蓝紫色茶汤。这时挤几滴柠檬汁进去，蝶豆花茶立刻变成梦幻的粉色。干蝶豆花效果也是一样的。当然，蝶豆花茶本身并没有特别的味道，还需要调入糖浆或蜂蜜才好喝呢。或者直接加入雪碧这类气泡水，会出现星空般的效果！

我在北京郊外的童话树屋喝过店主调制的薰衣草星空气泡水，其中的蓝紫色就来自蝶豆花，特别好喝，于是要来配方分享给大家：

1. 取 8 朵干蝶豆花，加少许开水泡 5 分钟；
2. 取 20 粒薰衣草花，加少许热水浸泡 5 分钟；
3. 准备一个 500 毫升的玻璃杯，用一勺凤梨酱打底，挤入半个鲜柠檬的汁，加入半杯雪碧搅拌，再加入适量的冰块，倒入雪碧至 7 分满；
4. 再将过滤后的蝶豆花茶与薰衣草茶慢慢注入杯中至满杯，最后加入 1 片柠檬，点缀新鲜的薄荷叶即可。

8朵干蝶豆花和20粒薰衣草花,分别泡5分钟

将蝶豆花茶和薰衣草茶注入杯中至满杯

一勺凤梨酱+柠檬汁+冰块+雪碧至7分满

星空气泡水的做法

蝶豆玫瑰卷

蝶豆花还可以为我们的面点染色。我用它做过花卷,蒸出来是漂亮的藕荷色,看着就很好吃!做法其实也非常简单,通常我们会用胡萝卜、菠菜、紫甘蓝这类蔬菜的汁来调色面点,下次你可以试一试用蝶豆花

来染色，可深可浅，使用起来更为简单便捷，是立等可取的天然食用色彩。

材料：自发粉、蝶豆花、果酱、葡萄干或蔓越莓等果料

步骤：

1. 用热水冲泡蝶豆花，得到蓝紫色的花水，根据自己的喜好来调整花朵的多少，晾凉备用；
2. 在自发粉中加入蝶豆花水，揉成光滑的面团，醒好后备用；
3. 取出已经发好的面团，揪成小剂子，再压成大小一样的圆形面皮；
4. 将5片彩色面皮依次叠放，稍微错开一点；面皮之间可以涂上一层薄薄的果酱，也可以用葡萄干、蔓越莓干这类果料代替；
5. 用筷子在叠好的面皮中间压一下，然后卷起，中间切一刀，玫瑰花形就自然出现了；
6. 整理好花瓣形状后，冷水上屉；
7. 水开后10～15分钟，就可以看到花形饱满的玫瑰花卷已经熟了；
8. 关火，焖5分钟即可出锅。

蝶豆欧包

蝶豆欧包的做法和普通欧包是一样的，只不过是揉面的时候加入不同浓度的蝶豆花水，调成自己喜欢的颜色就可以了。烤出来的效果会很惊艳：藕荷色、浅紫色、蓝色……每一款都很出彩。

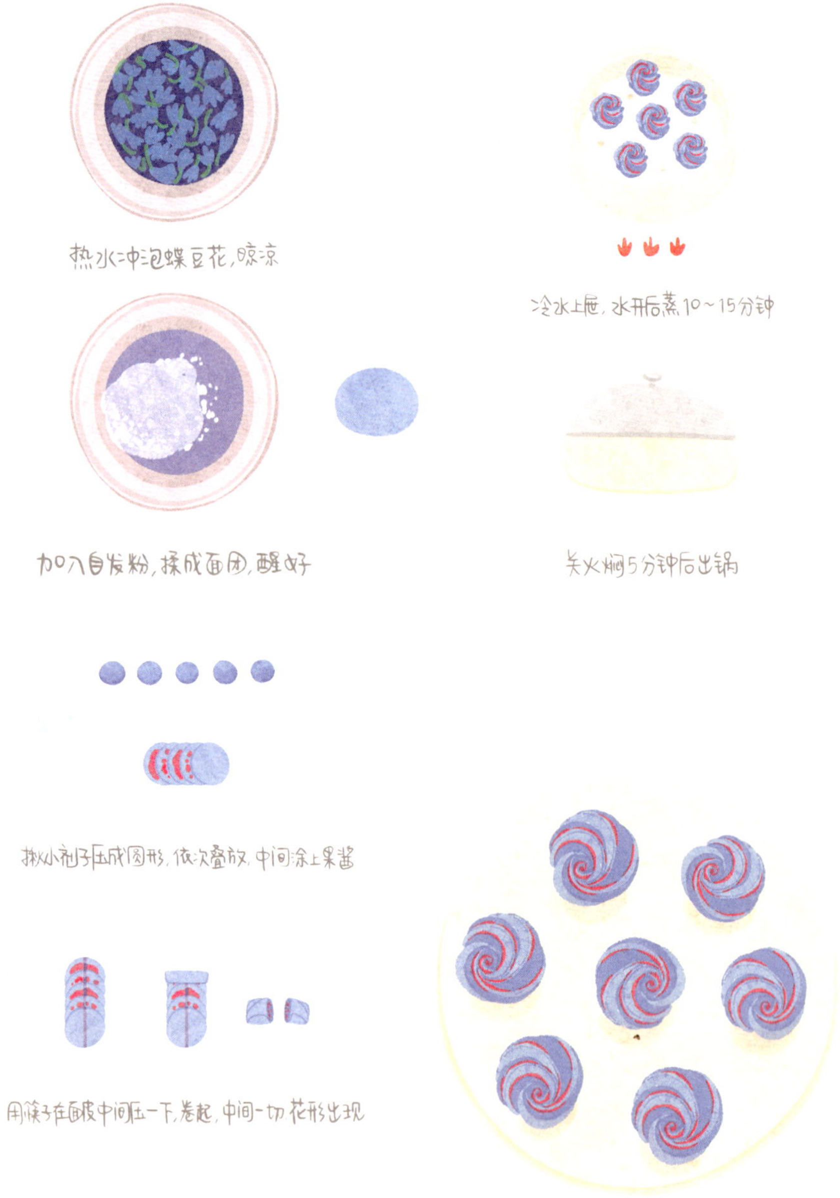

热水冲泡蝶豆花，晾凉

冷水上屉，水开后蒸10~15分钟

加入自发粉，揉成面团，醒好

关火焖5分钟后出锅

揪小剂子压成圆形，依次叠放，中间余上果酱

用筷子在面皮中间压一下，卷起，中间一切花形出现

⊞ 蝶豆玫瑰卷的做法

椰汁蝶豆冰粉

这两年随着各类茶饮的风靡,冰粉类的产品也随之推陈出新,蝶豆花又开始大放异彩啦!白凉粉很容易买到,用蝶豆花泡出喜欢的颜色后捞出,在花水中加入白砂糖或冰糖,以1:30的比例加入白凉粉,完全融化后倒入模具,冷却后自然凝固成透明的蓝色冰块状。取出切成条,之后倒入椰汁即可享用,也可以调入蜂蜜或玫瑰酱等,让口感更加丰富。如果想做成粉蓝色那种效果,那么可以加入牛奶,直接就能凝固成果冻状。

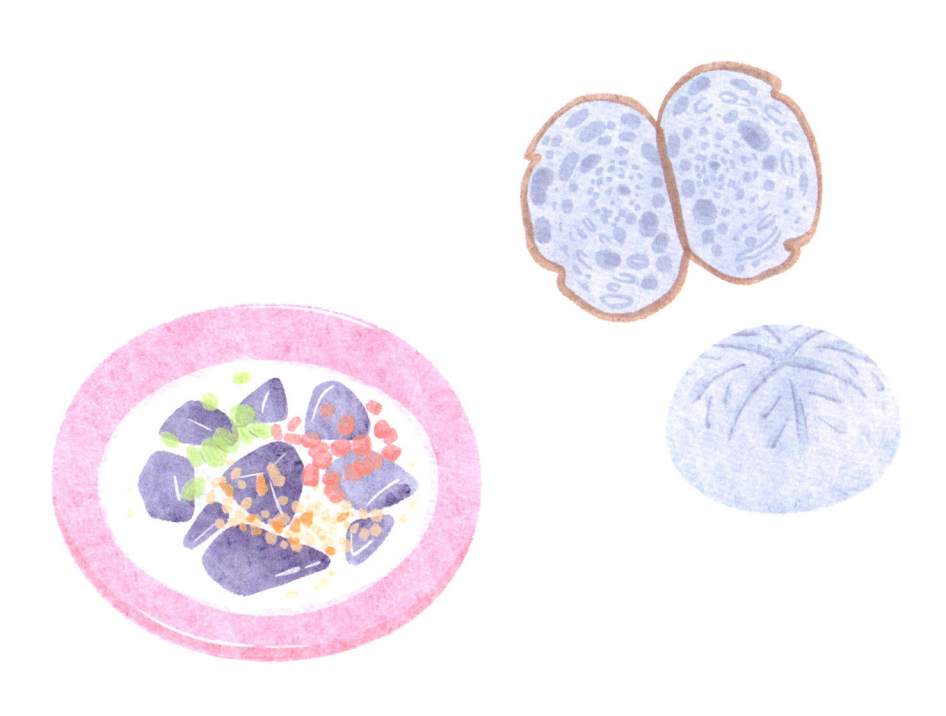

蝶豆欧包和蝶豆冰粉

蝶豆染

我喜欢蓝色,但更爱那种明媚轻柔的蓝色。那种老式的蓝色植物染暗淡深沉,不是我的那杯茶,我偏爱淡淡的水果色。7月篇里,我教过大家用紫苏来染色,这个月来分享蝶豆染。蝶豆染出的颜色是淡淡的薰衣草紫,很好看。

材料:干蝶豆花、柠檬酸、明矾、白色手绢或围巾

方法:

1. 取一把蝶豆花,为了方便捞出可以装进一个棉布或无纺布的袋子中,加入清水,上锅熬煮,很快就出现蓝绿色的染液。花朵越多颜色越浓。
2. 加入一点柠檬酸,蝶豆花染液立刻变成漂亮的玫红色。
3. 捞出已经煮变色的花包,投入事先已经在清水中浸泡过的白色织物。
4. 根据织物的材质,略煮十分钟,取出织物放在一边。
5. 在染液中加入少许明矾,染液的颜色于是变得更深了。再次投入织物,在染液中固色,可以继续熬煮十几分钟。
6. 关火后浸泡一晚,第二天取出来拧干晾晒,此时蝶豆染的颜色就已经很好看了。不过等织物晾干后还需要再过一遍清水,去除浮色,再次晾干就完成了。

以上就是非常简单的蝶豆染。不过植物染多多少少都会变浅，这也是很自然的现象，如果需要，过段时间再复染也很容易。而且不同的媒染剂会染出不同的颜色，我还用蝶豆花染出了绿色的围巾呢！大家可以多测试几种不同的手法，相信蝶豆花染会带给你神奇的体验。

接住这颗绣球

七八月的欧洲，正是绣球怒放的季节，它们鲜艳的色彩、硕大的花球一定会令你在旅行中过目不忘。充沛的雨水是成就欧洲绣球美景的重要条件。这个季节，国内也是同样的花期，它们正越来越受到关注。

如果要评选中国私家花园最流行的花灌木，这几年非绣球莫属。近年来，我国的园艺公司纷纷从国外引进各类绣球，它的热潮已经席卷大江南北。就连之前因为干旱和寒冷而不太适合种绣球的北京地区，也都种上了最新的品种。

通常，狭义的绣球特指绣球科绣球属植物，是一种落叶花灌木，目前国内能买到的常见品种包括乔木绣球、大花绣球、圆锥绣球、栎叶绣球、粗齿绣球这五类。

但园丁们心中有着更广泛的绣球定义：只要是圆圆的球状花朵，都算"绣球"，比如花形相似的荚蒾科荚蒾属的木绣球和欧洲荚蒾也算绣球！因为它们无一例外都有着饱满丰硕的花序、吸睛的花形和变幻多彩的花色。

粉团荚蒾（又名麻叶绣球）

绣球的品种

绣球属多是灌木，但荚蒾属的木绣球一般更具有乔木特性，春天在欧洲乡村花园中看到的高大花树很多就是木绣球。木绣球是全年最早自然开花的荚蒾属绣球，无论在南方还是北方，都可以觅到它的芳踪。木绣球有着大型聚伞花序，呈球形，几乎全为白色不育花（不结种子的花朵），花初开时为玉色或绿色，后变成纯白色。

欧洲荚蒾是复伞形聚伞花序，花径约 6～12 厘米，边缘为白色不育花，部分品种花后期会变淡粉色，白色不育花似蝴蝶，故有"蝴蝶绣球"之称，花期3～4月（北方地区4～5月开花），花量大，开花时整个枝头都覆满洁白的花朵，非常壮观。对于北方的园丁们而言，木绣球最令人动心的就是它非常耐寒耐旱，可以弥补花园中不能露地种植绣球科大花绣球的缺憾。

大花绣球是绣球科绣球属中品种最多的一个门类，通常我们还叫它紫阳花、八仙花，多为落叶灌木，具有适应性强、较耐寒、耐阴、喜凉爽气候、忌高温、病虫害少等特点，在我国花期主要在五六月份，在欧洲花季通常在六七月份。全世界绣球属大约有73个种，中国有47个种和11个变种。但日本、欧美国家绣球育种非常厉害，拥有绣球新品种数百个之多，这两年国内也开始陆续引入。大部分这类绣球不太适合在寒冷的北方地区种植，最大的原因是温度和湿度。

欧洲荚蒾"玫瑰"

冬天地上部分会被冻死，而夏天太干旱会渴死，只有少部分当年新枝能够开花的品种可以在北方花园种植。绣球耐阴，适合相对湿度高的环境，而它的植物学名 *Hydrangea* 是"水生灌木"的意思，正是暗示了它的这一特点，是一种需水量很大的植物。这也是北京这样干旱的地区不适合种植绣球的原因。

大花绣球中最著名的品种莫过于近年流行的"无尽夏"，它拥有超长的花期，开花无须低温春化，新枝老枝都可开花，在中性土壤中会同时存在蓝色和粉色花球，颜色柔和雅致，而且耐得了北京的干旱，特别适合我们的私家花园。

乔木绣球和木绣球仅有一字之差，但它仍然是绣球科成员，其实叫光滑绣球更合适，不容易搞混。这种绣球高可达 2 米，叶片质感非常特殊，像薄薄的绿色纸张。球形花序为大型白色不育花和可育花共同组成，花朵纯白浪漫、清新可人，气候干燥的区域，白色花球会逐渐变成绿色，可做干花，花期 5～10 月，代表品种是"安娜贝拉"。随着育种家的努力，目前已有升级版品种"无敌安娜贝拉"和"粉色安娜贝拉"（花瓣有点暗红色），它们拥有硕大的花球，花径可达 30 厘米呢！"安娜贝拉"在江浙沪的花季是 6 月，但它们在欧洲盛开的时节是七八月，是欧洲花园中常见

❀ 大花绣球

8月

⊞ 大花绣球(平瓣型)

的植物,而且通常占据主导位置。因为它们的花朵硕大、开花密集,所以开放的时候实在太有视觉冲击力了,真正是开到爆的感觉!

绣球的栽培

大多数绣球对环境适应性非常强。乔木绣球、木绣球和圆锥绣球可耐-30℃低温,大花绣球可耐低温是-10℃,粗齿绣球可耐-23℃,栎叶绣球可耐-15℃低温。大花绣球多喜散射光充足的半阴环境,光线较好的环境开花量会大大优于光线较差的环境(乔木绣球、栎叶绣球、粗齿绣球、荚蒾类都有这个属性）。圆锥绣球则喜全光、阳光直射环境，稍耐晒。多数绣球喜肥沃、湿润但排水良好的土壤，圆锥绣球更偏好石灰质土壤（难怪圆锥绣球中最著名的品种叫作"石灰灯"）。

很多大花绣球在北京的花园中露地过冬后，地上部分枝条会冻死或干死，导致第二年不开花。"无尽夏""佳澄""水天一色""雪舞"等品种可以在新枝开花，则改善了这个缺点。而"安娜贝拉"更耐寒，所以无惧严冬。绣球开花后要及时追肥，补充开花消耗的营养。入冬前或者春季用控释肥做基肥。它们的病虫害少，所以也不用担心除虫的问题啦。

适合盆栽的品种中，大花绣球当属第一名，乔木绣球和圆锥绣球也是不错的选择。

绣球的修剪

除了水肥的供给，绣球的修剪也很重要。因为这将影响其开花的多少。决定绣球如何修剪的关键因素，就是看花是开在今年新发出的枝条上还是开在去年的老枝条上。

第一类修剪：大花绣球、粗齿绣球、栎叶绣球和木绣球的花朵开放在老枝之上，需在花后尽快修剪整形。因为它们的花芽在每年的 8 ~ 10 月分化出来，第二年夏天绽放，如果这些枝条在秋天、冬天或第二年春天被修剪掉，那也就意味着花芽被修剪掉了，这样会造成夏季开花很少或者基本开不出花来。

第二类修剪：乔木绣球、圆锥绣球和持续多季开花的大花绣球能在新枝上绽放，这些绣球花的花蕾在当季开始形成，在开花前1~2个月分化出来。因此，这类绣球花可以在花后随时进行修剪。大花绣球"无尽夏"也是新枝开花而且不需要低温春化处理，所以修剪没有特别的时间限制。除了花后修剪，休眠期修剪也很重要，去掉老化枝、病枝、弱枝，留壮年枝，从而确保来年的开花质量。

绣球的庭院配植

庭院应用中，绣球常与其他耐阴植物搭配，在南方通常和山茶、杜鹃、大叶吴风草、洒金桃叶珊瑚、南天竹甚至蕨类一起种植在落叶小乔木或灌木的边缘。虽然绣球是耐阴的植物，但为了让它开出更多的花朵，建议种植在阳光充足的环境，夏季做适当遮阴，可以在春天获得非常惊艳的开花效果。充足的光照也减轻了绣球倒伏的问题。

在北方则可以考虑花期恰好错开的木槿、紫

8月

薇等。由于很多绣球花朵较大，花期枝条容易倒伏，故绣球边缘常需要种植一些起到固定支撑作用的矮生植物，如黄杨、冬青、女贞等。也可以种植草花或宿根植物，如福禄考、麦冬、玉簪、百子莲等，以便掩盖部分品种绣球裸脚的现象。

绣球的庭院设计

花园的台阶旁适宜片植大花绣球，南方地区需在半光照区域种植，大花绣球花朵大，边缘花朵易下垂，台阶旁种植，可近距离欣赏艳丽可爱的花朵。

房屋的边角适宜单植木绣球，因为木绣球单独一株花树的模样就非常醒目，也适合群植大花绣球，以量取胜。房屋墙边适宜片植大花绣球、粗齿绣球、乔木绣球等。如在窗边栽植，植株高度不宜超过窗台。

庭院草坪边缘适宜片植或孤植大花绣球、乔木绣球和圆锥绣球，南方地区需在半光照区域种植，其中植株较高的绣球品种应该种植在后面。

绣球群植的搭配技巧

绣球花朵大、花量充沛、花色艳丽，特别适合群植。庭院、花园大量群植时，应该选择一种主色调，然后少量搭配种植几种其他颜色的品种。如最常见的蓝色绣球搭配白色绣球看起来会特别清爽怡人，红色和粉色的绣球一起开放时则让花园显得热情洋溢。

绣球的调色

绣球的色彩变幻是它有别于其他花朵的一个重要特点。

大花绣球调色的秘诀是什么呢？传统的大花绣球多为粉色、铁锈色，纯正的蓝色相对少见，人们后来发现，绣球的花色变化受土壤 pH 值的影响，一般遵循"酸蓝碱红"的原则。蓝色绣球栽培基质的 pH 值需要维持在 4 左右。我们业余爱好者种植，如果也喜欢蓝色的话，那么直接购买绣球调色的肥料就可以了，它们尤其适合盆栽绣球。

当然，并非每款绣球品种的花色都能变成蓝色，因为不是每个品种的植株体内都含有与变色密切相关的飞燕草色素苷。只有某些粉色绣球品种可以通过调控变成蓝色。白色品种也不会因为基质 pH 值的改变而变色。

这么多绣球，你能接住哪几颗（棵）？是不是眼花缭乱了呢？

其实能开成球状的花朵有很多，早年连天竺葵都被称作阳绣球呢。而我在澳大利亚塔斯马尼亚旅行时，发现那里的百子莲开成片的时候也不输绣球的气势。还有北京常见的海州常山，也是开成绣球状的。

不管什么样的绣球，选择最适合自己所在城市气候的那几种就好了！

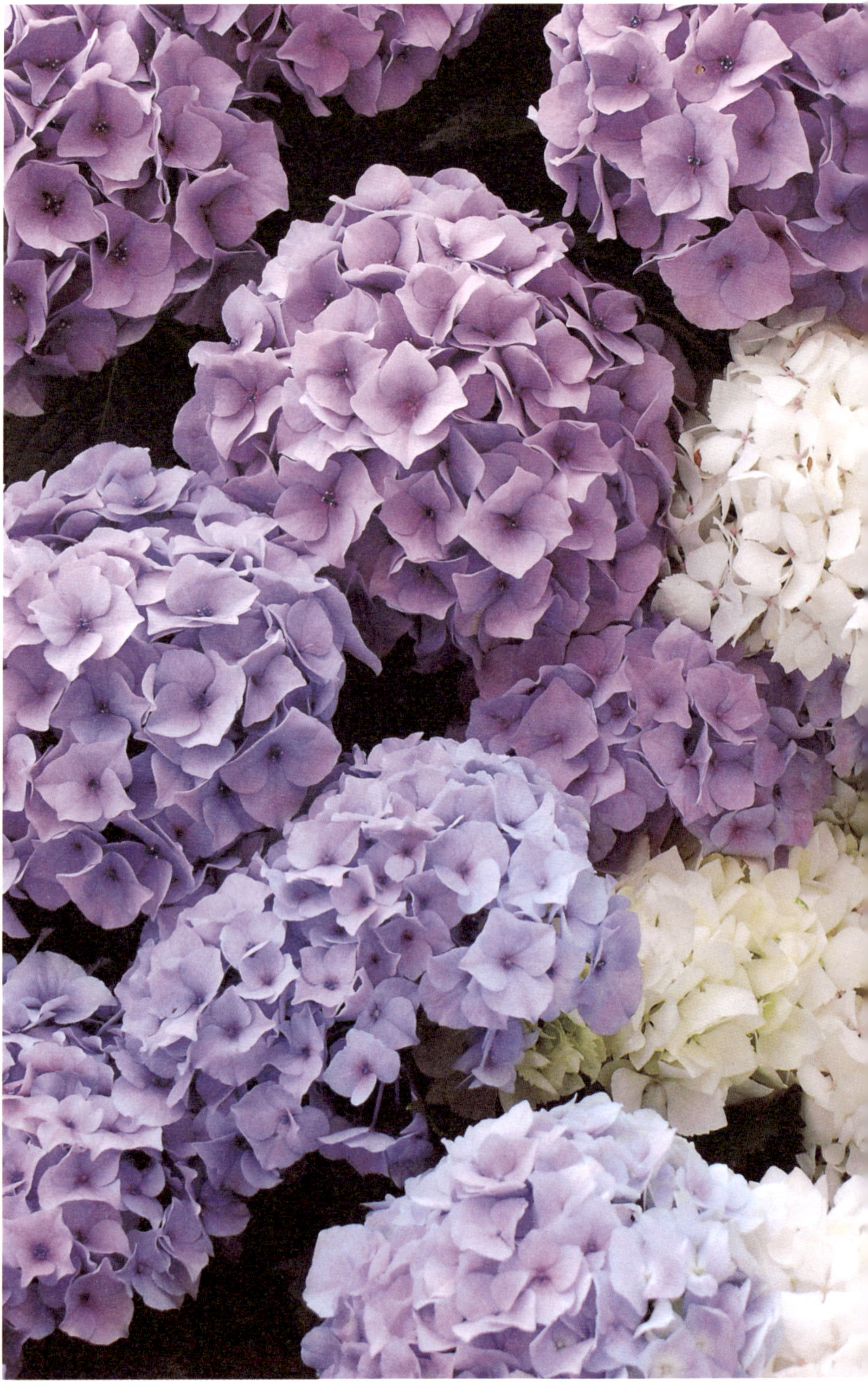

绣球的压花与插花

绣球不仅是庭园高频出镜的植物，也是花店中很常见的一种鲜切花。这一节就来分享下怎么压绣球以及如何插绣球。

绣球压花

压花是一个很受欢迎的艺术门类，也属于花园生活美学的一部分。压花，也可以写作"押花"，日语中用提手旁的"押"字，我个人也喜欢这个字，涵义较"压"更多一层。但在英文中，压花就是很直白的"pressed flower art"。具体做法是利用现代干燥技术保留花朵的原色，并结合艺术的创意，用植物的花瓣和叶片呈现出一幅独特的艺术作品。小时候我们肯定都试过把花朵或叶片夹在书里，过一段时间就干了，但是颜色也变了，这就是最原始的压花方法。现在我们可以用干燥剂或其他物理方法压制，让植物本身漂亮的色彩保留下来。

压花这个过程并不复杂，需要准备的最重要的工具就是压花板，在网上很容易买到。通常一块压花板包括干燥板、海绵、硬板和固定用的强力橡皮筋，再准备一个自封口的塑料袋就可以开始制作了。日本有很多种压花板，其中微波压花板很受欢迎，比较简单。不过我觉得对于新手来说，先买一块简单的便携式压花板就好。其他要用到的工具比如镊子、剪刀和树脂胶水等，网上也都可以买到。细节大家可以参考林业出版社《压花艺术》这套教材，讲解得非常详细。

实际上，将花材压好属于最基础的操作，步骤是很简单的，可是想要设计并创作出精彩的作品是不容易的：这些灵感、创意的获得和审美水准的提升需要长期的修炼。各行各业又何尝不是如

一般来说，绣球花怕热烫，花瓣上不能有水分，否则压干后会变褐色，所以一般用干燥板压花器，老绣球（就是开久变色，而且纤维变粗的花朵）则可以用微波压花器。

以北京的气候特点，绣球花朵一天就可以干燥完成；南方天气潮湿，干得要慢一些，但是两天也能完全干了。前提是干燥板要烤得够干才可以，板子不够干也会使花变成褐色或者得不到最佳颜色。

花园生活美学
314

此呢？

压花作品的创作千变万化，就绣球而言更是独具特点。常用方法是将花一朵朵拼贴后还原绣球本来的样貌，或者用来表达天空和大海的蓝色。更高级的用法就是运用各色绣球调色，创作出各种风格的画作，人物、服饰、器皿、建筑、动物等都可以表达得惟妙惟肖。

绣球花其实是由很多朵小花组成的，每一小朵都很美，资深的压花老师特别提示：压单朵花时要把后面的茎完全剪干净，但是也不能让花瓣裂开，特别是老绣球的茎一点都不能留，不然压干后会有硬硬的茎凸起，制作作品时会不平整，不利于后期摆放花材的操作。当然还有带枝侧压的方法，要把大点的花朵先剪下来，小的留一些和枝一起压，老绣球保色较长久，做作品时要用不含水分和酸性的速干胶水，而且胶要涂抹在花心部位。

绣球插花技巧

这个季节的绣球正当令，所以绣球的鲜切花价格比冬春两季都要便宜很多。如果你在花园里种着绣球的话，会发现雨季中它们容易倒伏，此时也可以剪下来做切花。

绣球花是夏秋最常见的花材，居室里很适合摆放绣球的鲜切花，比如作为玄关的装饰花。用绣球花搭配一些绿叶，错落有序地插入玻璃花器中，注意不要让每朵花紧紧地挤在一起，而是让人能感觉到它们是舒展的，是可以呼吸的。用一种颜色的绣球或多种颜色的绣球插作均可，单色显得淡雅清新，多色显得热闹、层次丰富。它们是很好的待客之花。

其次，如果我们放在书房、小茶几上，可以试试寻常所见的容器，不一定要去专门买花瓶花器。把用过的蛋糕小盒、小酸奶瓶清洗干净，作为花器也是可以的。将一枝绣球分成3～4小枝，插在花器口处，再选一些线条型花材（如铁线莲、翠雀等），穿过绣球花瓣高插于花器之中，这个时候的绣球既可起到装饰作用，又可起到固定其他花材的作用，让高线条的花不会倒塌。因为花器小，可以放在书桌上或卧室的小几上，虽然只是一两枝花，但能让空间瞬间变得灵动起来。

如果是客厅用花呢？在炎热的夏季，选一个大的水盘放在茶几上，将一朵绣球分成大小不等的几束，让它们漂浮在水面之上，注意一定要留出一些水平空间，这样才会带来清凉的感觉。大家如果去日本旅行的话，会在很多寺庙中看到这种浮花的运用。

餐桌也很适合用绣球来装点。比如可以将一根竹子锯成高低不同的小筒，利用竹子中的隔来盛水，将这些高低不同的小竹筒，三五一组放在长条桌的中间一条，在每个小竹筒中放入一朵绣球即可。如果没有竹子，也可利用家中大大小小的器皿来插作，注意要有层次，器皿的质地也要统一。

如果有朋友来家里做客，一起用餐的话，那么拿绣球来装饰餐盘是最雅致不过的了！将绣球花一小朵一小朵摘下，洗净后铺在餐盘上，将食物放在花上或放在旁边，立刻就让食物变得精致起来。

插花是很简单随性的，只用十来枝绣球花，就能让居住空间大变样，大家也不妨试试，利用家中特别的器皿，创作出更多更有特色的花艺作品吧！

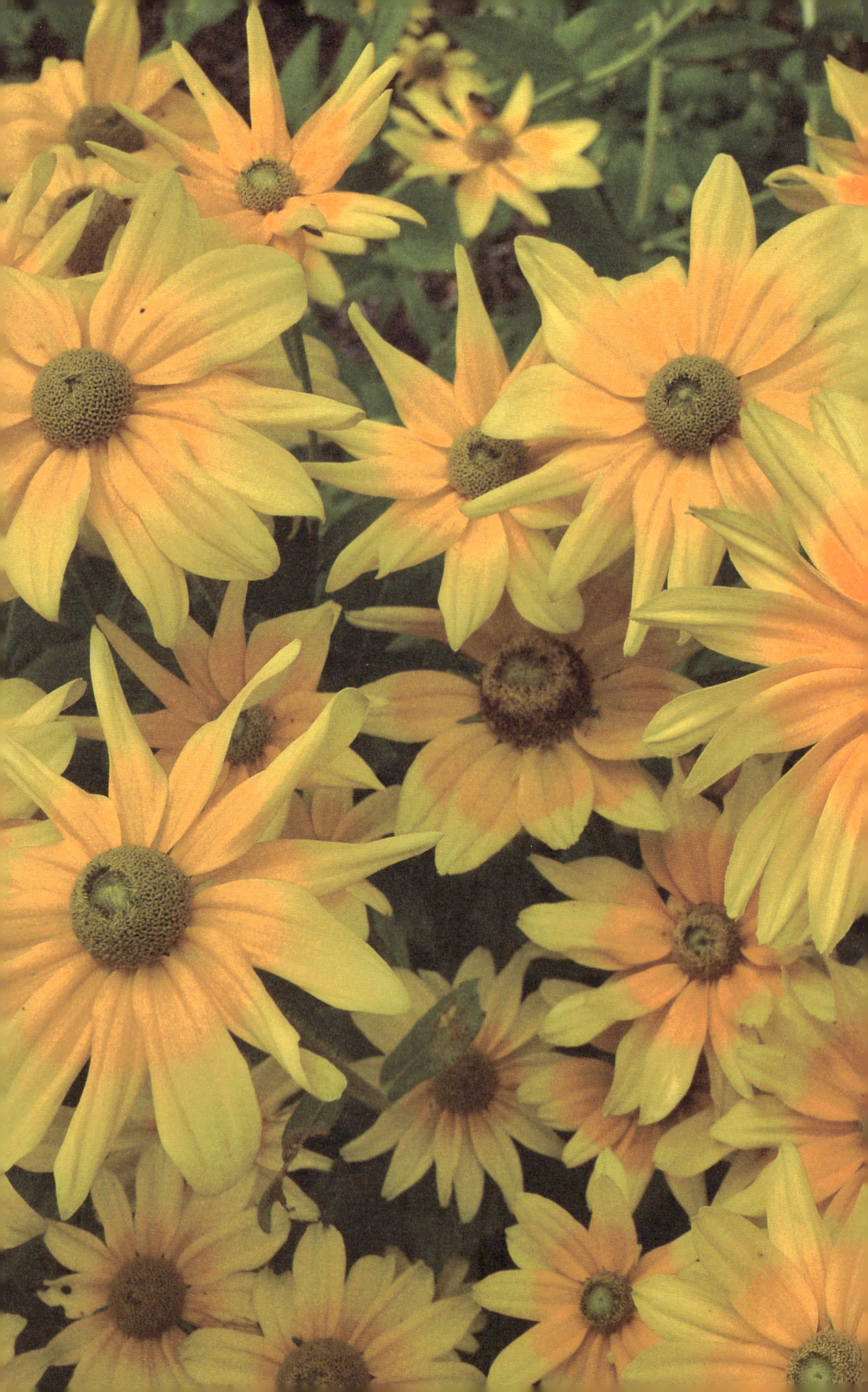

9 月

菊科
日不落

白露朝颜，仲秋月见

9月，秋高气爽的季节终于到来。这个月的节气有白露和秋分，其间还有一个重要的节日是中秋。每年的9月7日或8日会是白露时节，白露——"露凝而白也"——是反映自然界气温变化的节令，此时水土湿气凝而为露，说明气温已经低到可以让水汽在地面上凝结成水珠了！白露时节我国大部分地区作物成熟，无论是乡村还是花园，都到了收割的季节，到了丰收的日子。是时候检验一年的收成了。

不仅农田，9月的花园也完全进入了秋天的状态。我的花园在这个季节曾经盛放过一种"朝颜"，其实就是一种有着纯真蓝色的牵牛花，叫作"天堂蓝"（Heavenly Blue）。这个品种来自美国，表现非常棒，在春天发芽，之后的日子里它只是不断地缠绕、攀爬，不断地长叶打苞，就是不开花，9月是它终于闪亮登场的季节，此后便一直可以开花，持续到霜降。

"朝颜"这个词来源于日本，听起来好像要比"牵牛花""喇叭花"雅致一些，不过这三个名字各自说明了这种花的一种特点。"朝颜"说明它最美的花颜出现在早上；"牵牛花"这个名字据说是因为每日清晨，农夫牵着牛去田里耕作的时候会在路边遇到它，确实它们属于很常见的农田杂草；而"喇叭花"就更直白啦，意思就是花形好像喇叭！它的英文名是 morning glory，也是清晨闪耀的意思。对了，中国乡村还有一个俗名来称呼喇叭花："勤娘子"。因为它一大早就开了，像极了勤快的持家娘子！

有一年国庆期间我和家人去日本轻井泽旅行，注意到那边即使是一个小小的车站，都有特意盆栽的牵牛花，花朵缠绕在竹竿或栏杆上，并且挂着标牌，告诉路人它具体的品种名字。可见其实牵牛花不拘容器、不拘场地，能够随遇而安地生长开放。

提到牵牛花，我还会想起 20 世纪 20 年代的日本童谣诗人金子美铃，她是我特别喜欢的一位作家。金子美铃被称作"童谣诗的彗星"，她的作品烂漫纯真，其一生也恰如朝颜般短暂。她写过好几篇有关牵牛花的童谣诗歌，比如把天蓝色的小牵牛花比喻成"望着天空的眼睛"。有一篇童谣是我最喜欢的，题目就叫《牵牛花》：

蓝牵牛朝着那边开，
白牵牛朝着这边开。

一只蜜蜂飞过，
两朵花。
一个太阳照着，
两朵花。

蓝牵牛朝着那边谢，
白牵牛朝着这边谢。

就到这里，结束啦，
那好吧，再见啦。

金子美铃有着水晶般的心灵，她的诗歌里面有很多关于花草的内容，比如蓝色的鸭跖草、只开半天的紫露草、粉红色的紫云英、散落在草地上星星般的蒲公英……都是我们身边寻常可见却又熟视无睹的花花草草。看过之后，你的心情也会变得纯净起来。

诗歌也是一座花园，诗人们不仅描绘花草花园，也将自己的心意用文字的形式种植耕耘在诗句之中。首先我们需要心中有花园，这样一来，平时散步时遇到的每一处自然风景都会是你的花园。如果心中没有花园，那么即使你被鲜花环绕，也无法闻到芳香、感受到美好。

继续9月的节气花园之旅吧。白露之后，很快就到了中秋节。小时候我们家会在中秋的月圆之夜，专门在庭院中摆上圆桌，供上菱角、柿子、石榴这些秋天的果实，当然还有专属中秋的月饼，用来拜祭月亮。月光下，秋风渐凉，秋虫的嘤咛还在继续。

有一种和月光有关的香花值得推荐，那就是月见草，它的花期是6~8月。月见草是柳叶菜科月见草属植物，很耐旱耐瘠薄，经常生长于旷野路旁。在北京山野徒步时会偶尔遇到它，它也是欧洲药草花园中常见的植物。它的花瓣是如仲秋月光般的金黄色，而且只在月华之下才开放花朵，因此得名。

大多数人不一定见过月见草本身，但可能都听说过月见草油。和朝颜一样，它也有一个直白通俗的名字，叫作"山芝麻"，因为它的种子和芝麻一样可以榨油，而且据说有着功能强大的保健作用，比如调节女性内分泌等。它的英文名字也很浪漫，叫作evening primrose，有人翻译

成晚樱草。

据说月见草的药用功效最早是由印第安人发现的,数百年来成为传统草药之一。早在七万年前,在墨西哥和中美洲地区就已经有月见草生长,经过四次冰河期后,月见草随着退却的冰河逐渐往北美洲迁移并且成功繁衍至今。

到了18世纪,美洲与欧洲开始出现贸易往来,许多货船载运棉花开往英国。因为棉花太轻,必须使用泥土作为压舱物,当船到达英国之后,这些泥土便被倾倒在港口附近。由于泥土中夹带着月见草种子,月见草就这样漂洋过海地散播到了欧洲,至今在利物浦等许多大型港口附近都还可以看到茂盛生长的月见草。

月见草是怕阳光喜欢月光的植物,在晚上或阴影下才会开放。黄昏时,它那将要绽放的黄色花朵与月光遥相呼应。因为花的颜色和报春花(primrose)的淡黄色相似,同时因为它在傍晚开花,至天亮后即凋谢,所以在欧美它被称为"夜之星"(Evening Star),德国称它为"处女烛光"(Virgin Night Candle),法国则称它为"夜美人"(Beauty of the

Night）。在这个季节依然能看到零星开放的月见草，不过大多数花朵已经长成了饱满的种荚。

在月夜开放的不止月见草，这个季节的玉簪花也是在夜里开放的，北京的很多小区都有种植，我家附近的林荫道下也有一片，每次傍晚经过的时候，都会飘来馥郁的香气。"秋入一簪凉，满庭风露香。"在北京，传统品种的玉簪可以从7月一直开到9月，园艺品种的玉簪则有更早的花期，更特别的叶色。它是比较适合勾勒花园边界的"花边植物"，人们喜欢将它种在小径旁，夹道生长；因为叶片宽大茂密，如果是蜿蜒的小径，很容易形成"玉簪溪流"的景观。无论是观叶还是赏花，玉簪都不会让主人失望，它还有着馥郁的香气，在清晨和黄昏更沁人心脾。人们很少能在花店买到作为鲜切花的玉簪，这是因为玉簪的每一朵花只绽放一晚，只有在自己的花园里种植玉簪的人才能享有这样的待遇："风露一庭清夜。"

和月亮相关的花还有夕颜。相对于朝颜，它其实是一种葫芦花，白色花朵形似满月，大而美丽，且在夜间开放。一千年前的《源氏物语》中，有一位女主角就名叫夕颜。此外还有昙花类，它们开得更晚，越夜越美丽！不过我从来没有见过呢。

秋分之后，天黑得一天比一天早，但这样的短日照也同样有植物青睐。秋天的舞台上，很多菊科的花朵正盛，像是紫菀、大丽花、万寿菊等，它们的精彩才刚刚拉开序幕呢！

槿记：扶桑 & 木槿

2024 年我们家搬到洛杉矶，加州的阳光明媚而充沛，地中海型气候下的植被和温带的北京差别很大，虽然略干旱，但四季都有花朵盛开。即便是我这样的资深植物爱好者，路边的花花草草很多也不认识，尤其是各类绿篱灌木。

小区门前难得有一棵熟悉的花灌木，那是一丛红色花朵的扶桑，修长纤细的黄色花蕊热情地伸出花冠。从我们搬来后就见它一直勤勉地开着，每天进出都看到它摇曳生姿。作为常绿的灌木，扶桑叶片如桑，终年开花，夏秋最盛。洛杉矶的气候很适合扶桑花生长，很多时候人们称它为"朱槿"。其实在古代中国，只有红色花朵的扶桑才被称作朱槿，现代则随意了很多。

凭借着格外鲜艳的色彩和多姿的花形，扶桑获得了人们的喜爱。美国有一个面对全世界花友的在线协会——国际木槿协会（International Hibiscus Society），目的就是为了将世界各地的木槿花爱好者聚集在一起（会员数量已超过 15 万），并负责这类植物的杂交品种注册。网站里有各种奇异色彩的花朵，我看了看，这里的"Hibiscus"更多还是指我们中文里的"扶桑"。这个词源自古埃及的神祇——美神赫比斯（Hibis），后被用于植物分类学，作为锦葵科木槿属的属名。这个属下有数百种植物，包括常见的木槿、扶桑、木芙蓉、大花秋葵以及洛神花等。在园艺学中，hibiscus 常指木槿（*H. syriacus*）或扶桑（*H. rosa-sinensis*）。在植物学中，这个词可以指代任何锦葵属植物。

人们喜欢扶桑花热情的姿态和丰富的色彩。很多地方都用它来作为自己的市花或州花。比如夏威夷的州花就是一种当地原产的黄色扶桑花（*H. brackenridgei*），不仅具有很高的观赏价值，也在夏威夷文化中占据着一席之地，会用于婚礼和节日等喜庆的场合。黄色扶桑花是夏威夷旅游的重要名片。夏威夷人常常将黄色的扶桑花串起来编织成花环，送给游客和贵宾表达祝福和情谊。每年的五一节是夏威夷的花环节（Lei Day），人们会用鲜花、树叶、羽毛和贝壳等材料编成花环，其中扶桑花是当仁不让的主角。有趣的是，正如园丁在制作花环之前会精心照料他们的花园、独木舟船员在出航前会规划航线一样，夏威夷的欧胡岛会提前宣布未来四年花环节的庆祝活动主题和特色植物，而不是仅仅宣布当年的内容。每年五月的花环节庆典都会结合环太平洋之旅开展，有着特定的主题和相应的花卉植物，比如 2025 年是花环节的第 97 周年，主题是"一起挥舞桨（一起工作）"，相应的主题植物则是一种黄槿（*H. tiliaceus*），当地人称之为 hau。

原产太平洋群岛的扶桑花色艳丽、热情奔放，是典型的热带之花，它在温带的北京无法熬过干旱的寒冬，所以在我国北方这类植物通常以盆栽为主。原产我国南方的木槿如今则在全国各地非常常见，这个季节正在绽放，粉色居多。我喜欢它的乡野气质。同为锦葵科的木槿是落叶

灌木，可以用作绿篱，也可以独立种植出花树的姿态。我曾经种过木槿，因为它生长迅速，而我之前的花园面积较小，于是把它挪到外面，任其自由发展。虽然红颜易老、朝开暮落（每一朵木槿花只开一天），但胜在花量巨大，而且此起彼伏。可能韩国将它定为国花，称它为"无穷花"，也正是因为这生生不息的能量。最近几年木槿的园艺品种也有所增多，但最常见的还是那几种：白色、粉色、浅紫色、蓝紫色等。无论重瓣还是单瓣，木槿的花朵看起来都很美丽！

虽然扶桑和木槿的花朵都没有什么香气，但花朵本身都是很有用的。美国人喜欢用扶桑花配上甜蜜的干果粒来制作花草茶，茶饮区能买到扶桑花袋包茶以及含有扶桑花成分、颜色漂亮的果汁。其实，除了姣好的颜值，扶桑花更多被运用的是其色彩——花朵含有大量花青素，可以为饮料或蜜饯染上诱人的颜色。本身它们并没有特殊的味道。

至于木槿，在我国南方，白色重瓣的传统品种被用来做汤羹。多年前我曾经想写一本题为《庭院花馔》的书，查过很多可以食用或泡茶的花草资料，其中木槿花令我印象深刻。中国一直有烹饪木槿花的传统，除了泡茶或添加到菜品中作为点缀，有些地方甚至把它直接叫作"鸡肉花"。在广东福建一带，人们食用木槿花由来已久，锦葵科植物大多天然拥有胶质，比如秋葵属的秋葵就是典型代表。木槿花也有类似的润滑口感，会让汤汁变成透明胶状，尝起来非常顺滑，所以经常搭配山药、丝瓜、蛋清这类清淡食材一起做汤。浙江丽水就有一道地方名菜叫作木槿花豆腐羹，也有用来做甜品的，花羹的名字听起来就美妙。

但是我种的木槿花总是生有腻腻的蚜虫，只能及时打药，要不然这些黑色的蚜虫密密麻麻看起来很讨厌。因为木槿单朵花期短暂，所以用它来插花的并不多见，可它的叶子在过去是大有用处的！在没有护发素的旧时光中，人们采撷它的新鲜叶子，装进布袋中，泡在水里反复揉搓出胶质，然后用这盆特别的木槿水洗发，头发会变得非常顺滑，完全不输现代的护发素呢！有一次我好奇地尝试了一下，果然，这些貌不惊人的叶片在水中经过揉搓会产生黏滑的胶质，洗过后头发柔顺光滑，当时感觉好神奇呀！

扶桑和木槿，仿佛是一席北方与南方的交响乐，两者同属锦葵科木槿属，却有着截然不同的生长环境和文化内涵。在自然界中，万物皆有自己的独特魅力。扶桑花，热情奔放，绽放在热带的阳光下；木槿花，气韵淡雅，温柔着北方的庭院。它们以不同的姿态，点缀出不同的风景，为我们带来美好的感受。

芸豆月饼 & 茉莉花茶

这个月已经步入秋天,到了各类豆子收获的季节,所以红豆、绿豆、黑豆、白芸豆都是最新鲜的一批。用它们来做糕点其实不难,试一试用花草来为普通的点心增色吧。

中秋节的美食,首先当然是各种月饼,现在已经有各种改良版本,基本上制作方法都很简单。只不过,作为花园爱好者,我们可以大胆加入一些花草的元素,自制一款特别的花园月饼。像是玫瑰豆沙、桂花莲蓉、茉莉冰沙……这些馅料听起来就美好浪漫,口感自然也不会错!

从芸豆卷到桃山皮:茉莉芸豆月饼

老北京的小吃里,相比豌豆黄和驴打滚,我比较爱吃芸豆卷,白色的芸豆包裹着香甜的豆沙,口感不甜也不腻。这个季节桂花、玉簪、白兰、茉莉都在开放,不妨用芸豆加上鲜花的元素来做芸豆糕,或者用芸豆加上澄(dèng)粉或糯米粉做成漂亮的月饼。

日本也有用芸豆沙做饼皮的创意,叫作桃山皮,起源于日本桃山,是用白芸豆沙配以蛋黄、牛奶、奶油等材料调配而成,以口感细腻而闻名于世。将桃山皮运用到月饼上，改变了一直以小麦粉做月饼饼皮的传统。这个月，就让我们来制作花园版的芸豆月饼吧。

材料：白芸豆、白糖、黄油、奶粉、炒熟的糯米粉（或低筋面粉）、干蝶豆花几朵、自己喜欢的馅料。还有一个工具很重要，那就是一套有着漂亮花纹的月饼模具（这个同样也能用来做绿豆糕，原理是一样的）。此外，还可以准备新鲜的茉莉花若干朵。

步骤：

1. 白芸豆浸泡一晚，去皮后加水焖煮至软烂。
2. 捞出后加适量白糖，用搅拌机高速搅打，芸豆干是成为细腻的泥状。
3. 炒制芸豆泥，将水分还很多的芸豆泥加入黄油或橄榄油，用不粘锅翻炒，中火就可以。反复炒制后芸豆泥变得黏稠，也更加滋润顺滑。取出分成两部分，一部分用作饼皮，一部分作为馅料。
4. 芸豆泥中加入部分奶粉，奶粉是为了提香，可根据自己的口味添加，没有也没关系。再加入适量炒熟的糯米粉，这一步主要是为了增加黏性，让它可以碾成饼皮的效果。（也可以用低筋面粉，不过那样就需要用烤箱来烤熟。）同时用几朵蝶豆花泡出漂亮的蓝色花水，混合进去，揉成漂亮的薰衣草色芸豆面团，柔软不粘手就可以了。当然也可以把蝶豆花水换成抹茶粉、紫薯粉，做出绿色和紫色的饼皮，都是很美的色彩！
5. 另一部分白芸豆馅可以加入自己喜欢的馅料，揉成丸状，比如茉莉花酿、蜜豆、蔓越莓，或者肉松、咸蛋黄等。甜咸都可以，

白芸豆浸泡一晚，去皮加水焖煮至软烂

(馅)加喜欢的馅料混匀

捞出加糖，用搅拌机打成泥状

将面团揪成小剂子,压成饼状,包裹馅料

加黄油反复炒制后取出，分为两部分

放入月饼模具压制成形

蝶豆花水　紫薯粉
抹茶粉　草莓粉
(皮)加奶粉和炒熟的糯米粉

🟩 茉莉芸豆月饼的做法

9月

手边有什么材料就用什么。

6. 把芸豆面团揪成小剂子，压成饼状，裹上丸状的馅料，包住封口，再放入月饼模具中，压制一下就成形了。

7. 之后的工作则属于锦上添花了！准备微开的新鲜茉莉花朵若干，将做好的月饼放到盒子中，茉莉花可以轻轻倒扣在月饼之上，或者簇拥在月饼周围。在常温下，茉莉会在夜里吐出香气，我们需要做的就是静待这个窨（音同熏）制的过程。

四季花朵的 12 个时辰

自然界中，有益健康、气味清香的花，都可用于窨制茶叶。常见的有茉莉、白兰、珠兰、玳玳（一种柑橘）、柚子、桂花、玫瑰等商品花茶。

花茶窨制是将鲜花与茶叶拌和，在静止状态下让茶叶缓慢吸收花香，然后除去花朵，将茶叶烘干；反复几次后，绿茶吸足香气而成为花茶。花茶加工是利用鲜花吐香和茶叶吸香两个特性，一吐一吸，茶味花香水乳交融，这是窨制工艺的基本原理。

茶用香花都必须待花朵成熟，开放吐香，才能窨茶。花朵生长在枝上，到生理成熟后，开花才香。不开不香，这是茶用香花的共性。不同的花，开放吐香的过程有所不同。有的生理仅接近成熟，但达到了工艺成熟期，便可提前采收，在一定环境条件下养护，即可达到生理成熟，开花吐香。如茉莉花，当花蕾已饱满且转为洁白，花冠筒伸长、花萼离开时，即可于下午采收，晚上就会开放。

有的必须在枝条上完全成熟，初开吐香，才能采收，如白兰花、珠兰花。桂花呈花苞时，并没有香气，待花朵完全打开，才会吐香，之后花粉成熟，吐香达到高峰，随后花谢花落。

春茶与夏花的浪漫相遇

为撰写有关茉莉的内容，我查阅了很多资料，但是网上信息芜杂，为确保准确科学，我特意找到了四川乐山的茉莉花茶专家吴泽利老师。他告诉我：茉莉花茶起源于明代，目前国内茉莉花的产区以广西横州为最大，这里被称为"世界茉莉花都"。还有福建福州一带，四川乐山也是茉莉花的重要产区，尤其以乐山犍（qián）为县为胜。

关于茉莉花茶的具体窨制方法，整个流程比较复杂，我们自己在家是无法完成的。

吴老师首先介绍了采花。茉莉花香气清雅，通常是6月至9月开花，在四川，3月底就有茉莉的春花开放了！根据开花先后有春花、伏花和秋花之分，伏花的产量最高，质量也最好。枝头上的茉莉花在花农眼里分为三种：昨天的花、今天的花和明天的花。昨天的花已经开了，这是不能用的；明天开的花属于生花，里面的芳香油含量还很低，所以也不能用；一般采当天要开放的花朵。花农们都很有经验。

之后则是选花，择出残缺的、有虫害的花朵是其一，最关键的步骤是去掉绿色的花蒂，这是为了去除花朵的青草味，减少水分含量。这个步骤非常重要，必须手工完成，机器无法代替。所以茉莉花茶的人工劳动量还是很大的。

茉莉花的吐香特性是花蕾开放才吐香，不开不香，因此必须在茉莉花开放时使茶叶充分吸收它的香气。通常做法是，待茉莉花在晚上即将开放时，与茶叶拌和在一起，茶叶和花朵的比例是1：1。第二天上午第一次窨制完成，第一次窨制的时间由师傅来决定，通常6~8个小时完成第一窨。

吐完香气的茉莉不再能用，筛分出花朵丢弃作为堆肥，烘干茶叶后再进行第二次窨花，如此重复进行第三次、第四次。

但高端的茉莉花茶中间还有一道很重要很关键的工序,叫"冻香",是指茶和花分开后,茶坯会拿到冻库里,因为窨制的过程高温高湿,如果不迅速降温,茶叶容易被捂;此外低温还有助于芳香凝固于茶叶之中。(普通茉莉花茶一般不会放入冻库,只是摊开自然降温并晾干。)冻香的时间最低要求是24小时。

作为茉莉花从业专家,吴老师说,高品质的茉莉花茶一定会选用晴花、伏花;淋过雨的"雨花"水分含量太高,是不能用的。所以每年的茉莉花茶品质和天气有很大关系,为了保持茉莉花茶的品质稳定,一定是春茶配夏花,不能用秋天的花来窨制。所以一般五窨六窨的茉莉花茶就已经非常不错了!关键是茶叶的吸香度是有限的,真正业内的专家,不会去片面追求窨制的次数。所谓八窨九窨是没有必要的。

高档的茉莉花茶会做更多道窨制的工序,其他香花窨制花茶的方法基本与茉莉花茶一样,只是珠兰、桂花窨制时,窨好后不必出花,可连花烘干。但四川峨眉山的碧潭飘雪最后一个工序,恰好是加入品相极佳的茉莉花,低温烘干炒制,形成飘雪的效果。所以碧潭飘雪实际上是一种茉莉花茶的制作手法,但现在因为被注册成商业品牌了,所以这类茶叶不能再叫这个名字。吴老师认为,茉莉花茶最动人的地方是:春茶和夏花的浪漫相遇。

除了茉莉、桂花、玫瑰等花,金银花、栀子花、玉簪花也都是香花,而且也都可以食用。但我好奇的是,为什么不用它们来窨茶呢?

吴老师回答说,这几种花香味太烈,会完全夺去茶叶本身的茶香。真正好的花茶闻到的是一种结合了茶香与花香的混合香，那几种花用来做花茶只会闻到浓烈的花香味。同时因为芳香精油的作用，长时间吸入还会导致头晕胸闷的不适感，所以不会用它们来做花茶。

以上分享了这么多茉莉花茶的知识，是因为我的茉莉芸豆月饼也是受到窨茶的启发。古人还用这种方法来窨制花膏。春天用橙花窨制香膏，夏天用荷花来熏茶，秋天用茉莉来窨制月饼，冬天就轮到梅花了……是不是听起来就很风雅呢？

至于茉莉芸豆月饼，饼皮的豆沙结构疏松，所以吸附香气要比面粉做的饼皮容易很多，但最好是茉莉鲜花，干花其实香气已经很弱了。当然，月饼吸附香气的程度远不及干燥的茶叶，但这个意象是绝美的！更何况我们还直接用了茉莉花酿来做馅料呢！总之茉莉在这里面的用途是名副其实的，它不仅仅是用来点缀。

用新鲜的茉莉花窨制芸豆月饼的第二天，去掉窨制后的花朵，你就会得到一枚带着茉莉香气的芸豆月饼，如果将这款自制的月饼送给朋友，那么每一枚可以再点缀一朵鲜茉莉花，收到礼物的朋友一定会觉得很惊艳吧！

我国制作月饼的素材是多种多样的，常见的苏式月饼、广式月饼都是用面粉作为饼皮，但也有用稻米粉作为饼皮的，芸豆饼皮配上新鲜茉莉的点缀也算是改良版。这几天不妨试一试，非常简单的。

日不落的菊科花园

这个月月底,如果你在北京,就会看到许多单位已经在准备国庆节的门前花坛了。用得最多的就是万寿菊、菊花、大丽菊、百日菊这类菊科花草,就连天安门广场的花坛也不例外。

花园里的菊科家族

一位台湾园艺专家曾这样形容菊科植物:"菊科家族是高等植物界里的'日不落'家族,它拥有两万种以上的成员,分布在地球上的各个角落,包括最热的赤道与最冷的极地。"从野外随处可见的蒲公英、向日葵,到花园里的金盏菊、木茼蒿,更不用说被誉为花中四君子之一的传统名花秋菊……据说学植物的学生最怕菊科植物了,因为种类太多太复杂,记不住呀!

菊科植物最主要的特征是"头状花序"。头状花序是指其花朵的排列方式,形容所有的花朵集中在一个平面的样子,而这些花常被称为"小花"。小花有"舌状花"和"管状花"两种,舌状花的花瓣为长条形,通常生长在头状花序的外围,管状花的花瓣合生成管状,通常生长在头

花园生活美学

9月

状花序的中央。

我们熟悉的菊科植物并不少，比如向日葵就是经典的菊科花朵：中间黑色部分为花心，是管状花所在；外圈黄色花瓣部分就是"舌状花"。不过不是所有菊科植物都有两种花，蒲公英就只有舌状花，而藿香蓟则只有管状花。我们平时食用的很多蔬菜也是菊科植物，比如茼蒿、菊花脑、菊苣等，它们也开着挺漂亮的花朵呢。药用的菊花、各种茶菊、金盏菊等自然更是菊科的经典花草。

你可以试着设计一座以菊科植物为主的花园或花境。这是一个明智的选择，你可以骄傲地告诉来访的客人：这是一座菊科主题的花园，同时，这也将是一座节约型

花园生活美学

花园，因为同种属的花草植物多半具有接近的习性，养护起来会很方便。

选择花期不同的菊科植物对花园来说挺重要的，因为我们总归是希望自己的花园有花盛开的！菊科观赏植物中有太多可以选择，比如春天的金鸡菊、玛格丽特、金盏菊、雏菊，夏天的滨菊、松果菊、黑心菊、堆心菊、百日草，秋天的天人菊、蛇鞭菊、日光菊、万寿菊、菊芋、菊花脑、紫菀……菊科植物的绽放贯穿着春夏秋整个花季。所有的花园主人都希望自己的花园三季有花、四季常青，菊科家族中大把的芳邻足够你眼花缭乱的了。通常在各地的花卉市场和苗圃都可以看到各类菊科观赏植物。

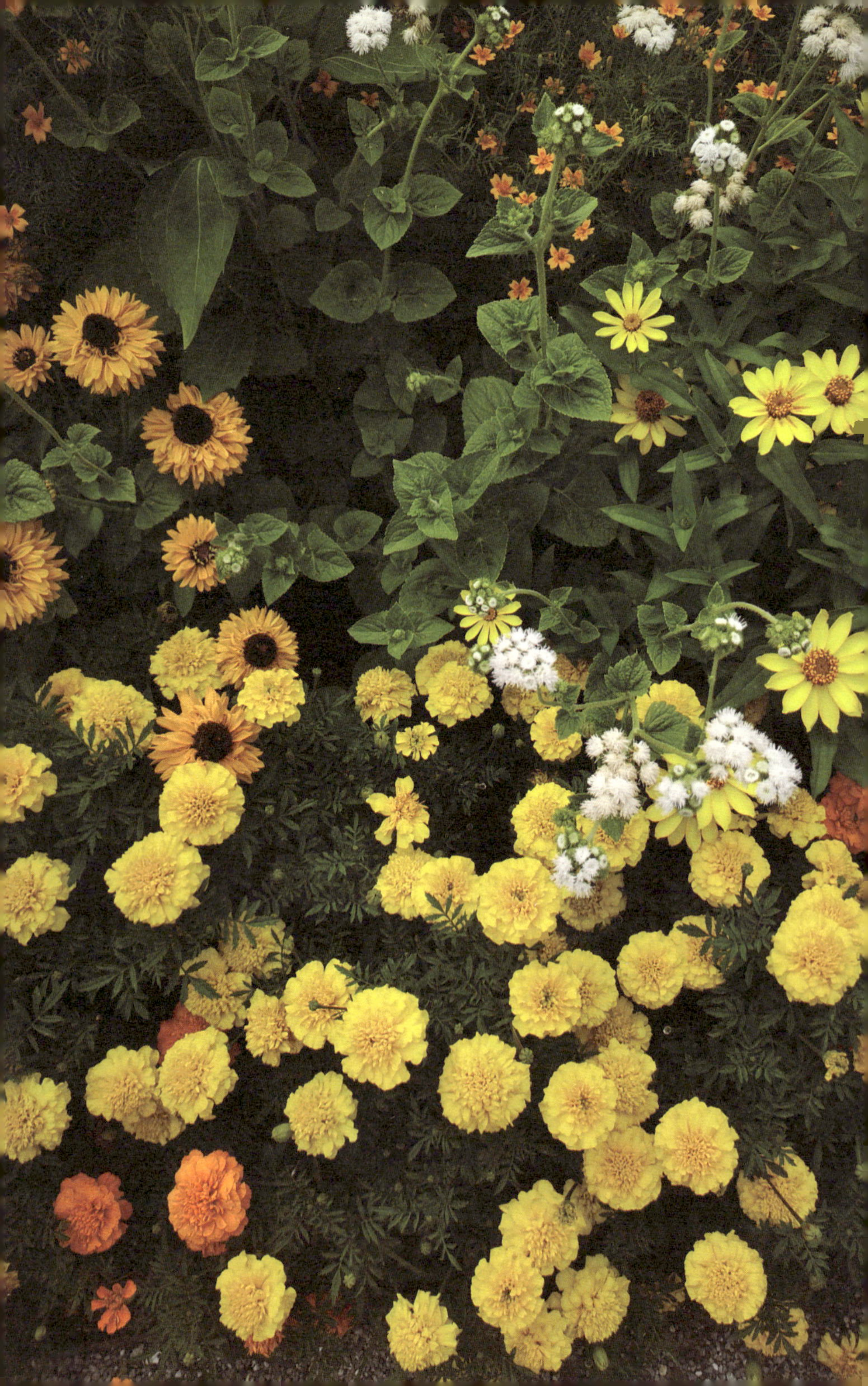

菊科植物的色彩搭配

选择哪些菊科植物作为你花园的主打植物并非难事，难的是如何让这些植物之间搭配和谐。色彩是其中一个切入口。你可以选择同色系的菊科观赏植物，比如经典的黄色系、纯洁的白色系、神秘的紫色系、热情的红色系等；也可以选择对比显著的多色系，比如金色和蓝色，白色和粉色。它们在一起营造出不一样的色彩效果，产生活泼生动、内容丰富的花园情境。

植物之间的株型错落

花境中植物的安排可以遵循普遍适用的原则，前低后高，不要互相遮挡。花朵的大小也是需要考虑的部分，不要全是大花头的菊科植物，也不能都是小花型的；要做到大小搭配和谐，互为补充，让花境彰显平衡感——既不霸气，也不过于低调。从矮小的白晶菊、丛生的荷兰菊，到高大的葵花、大丽菊，它们各有各的身形，于是也各有各的表现效果。春天的白晶菊适合种在花境的最外侧，仿佛花境的花边一般；也适合用盆栽形式来凸显它纯洁的花朵。这个季节是荷兰菊的舞台，所以用它紫得令人心碎的花朵点缀你的花坛吧！

配植其他花卉

也许你能买到的菊科植物不足以表现花园的美好，那么还可以运用其他植物作为配饰或陪衬。那些花灌木、小乔木、观赏草、草坪等都是不错的选择。所谓红花尚需绿叶配，就是这个道理。不过，配合菊科植物的时候要注意它们的习性是否相近，喜欢温暖潮湿的花草不太适合陪伴菊科植物，因为很多菊科耐寒却不耐湿热。

菊科花园养护要点

1. 充足的阳光和适度的浇灌 ———— 很多菊科植物都喜欢充足的阳光，所以记得给它们留出南向的好位置。它们好多还都很耐旱，比如松果菊、黑心菊、蛇鞭菊等，所以非常省心。将它们以组团形式种植在花园中可以方便主人集中管理。浇灌它们的原则是见干见湿，即土壤表层干透后再浇一次透水，而无需每日点滴浇灌。

2. 种植留白 ———— 菊科植物生长通常强健有力，于是为菊科植物留出生长的空间很重要。这样不仅可以让它们得以自由生长，而且可以让株型自然丰满。主人可以在它长到一定高度后做摘心或打顶处理，尤其是那些希望可以开更多花朵的小型菊类。这不仅适用于菊科花园，其他花卉的栽培也是同理。

3. 倒伏处理 ———— 很多菊科植物有半人高甚至更高，比如松果菊、黑心菊、波斯菊等。它们身姿高挑，但在风大或是雨水较多的位置会经常被刮倒，影响景观效果。

9月

解决的方案有两种：一种是控制株型，适时摘除嫩梢，让它分枝更多，这样会萌发出更多花苞，同时保证株型丰满，是一举两得的做法；二是保持顶端优势，运用园艺支架或竹竿辅助支持，借助外力支撑，这些菊科植物可以生长得更为高挑出色，花头更大——比如大丽菊就很需要外界的支撑。但要注意的是：无论是竹竿还是其他材质的杆状支撑物，在最顶端一定要套上塑胶的圆头，从而起到防护的作用，以免戳到园丁的眼睛。

4. 病虫害 ━━━ 很多菊科植物有着特别的气味，而且它们有天生的杀灭土壤线虫的本领，所以很多蔬菜花园中会辅以菊科植物来帮助蔬菜抗虫抗病，比如万寿菊、金盏菊等。有些菊花本身很容易招惹黑色的蚜虫，它们密密麻麻地吸附在菊花的嫩梢上，通常喷施去除蚜虫的药剂就可以解决。此外有些菊科植物会引来潜叶蝇光顾，只要不严重都没关系，摘除被侵食的叶片即可。

9月菊科植物推荐

大丽菊 ━━━ 大丽菊一年有两次登上花园舞台的机会，一次是春夏之交，一次就是现在的季节。它的块根很像发育不良的红薯，所以也被称作番薯花、苕牡丹。在荷兰的花市里，它可是相当耀眼的明星商品。它有四种花型：领饰型、绒球型、仙人掌型、重瓣装饰型。其中仙人掌型国内较少见。

◨ 大丽菊　　　　　　◨ 万寿菊

万寿菊　　万寿菊有多么绵长的花期呢？从它的名字就可以看出来了。常见的万寿菊有金黄色、橙色、米色等。它对花园的贡献从初夏开始一直到初霜来临，最终"牺牲"在寒冬的萧瑟之中。然而第二年的春天，你仍然可以看到它的新生，因为它虽不能挺过寒冬，但却很容易自播。

荷兰菊　　荷兰菊其实是一种紫菀，此时正当令。它是多年生的草本植物，株高50～100厘米，花朵精巧繁密，是典型的头状花序。荷兰菊的花色以蓝紫色和粉色居多。它几乎适合任何花境的点缀，喜欢疏松透气的沙壤土。为了让株型更加丰满，也可以通过摘心和修剪来达到繁花效果。

翠菊 翠菊是一年生草本浅根性植物。茎直立，上部多分枝，约有半人多高。翠菊的花瓣丰富，而且花色多样、花型精彩，有松针型、菊花型、彗星型，亦有重瓣、半重瓣、单瓣之分。是9月和10月常见的花草。它虽然不耐寒，又是一年生草花，但却很容易自播，所以可以等到霜降之后自然枯萎，此时翠菊的果实也已经成熟，可以随意撒在花园中，等待明年的春日萌发新芽。

荷兰菊

花园生活美学

9月
349

成为一名"土豪"

这一节来分享土壤的知识。为什么在秋天的开始介绍土壤呢？这是因为这个季节特别适合为花园或盆栽更新或改善土壤！

不知道大家是否了解我们脚下的土壤？你是不是和曾经的我一样，认为土壤不值钱呢？但其实土壤的知识、学问，还有它的价值（当然也包括价格）都是巨大的！国家林业科学数据中心曾经发布过一篇《官方制作的吃土指南》，写得特别有趣生动。

这篇文章首先介绍了地带性酸性土壤。酸性土壤是pH值小于7的土壤总称，包括砖红壤、赤红壤、红壤、黄壤和燥红土等土类，pH值一般在4.5~6。世界酸性土壤主要分布于热带、亚热带和部分温带地区，水热资源丰富，气候条件适宜农业生产。中国的酸性土壤主要分布于南方高温多雨的红壤地区，遍及14个省（自治区、直辖市），约占全国土地总面积的22.7%。

那么南方土壤为何呈现酸性呢？文中介绍说，南方大都处于高温多雨的环境，在这种条件下，土壤矿物质高度风化，强烈淋溶，土壤酸缓冲体系能力显著下降，导致土壤中硅和盐基离子大量淋失而铁铝氧化物富集，形成了酸瘠土壤。一方水土养一方植物，酸性土壤很适合杜鹃、茶树、越橘等植物生长。这也是为什么茶花、杜鹃、柑橘即使盆栽，到了北方也不开花不容易成活的原因，就是因为我们所提供的水土中酸性不够。

我国西北的盐碱地土壤含盐较多，也是因为干旱少雨的恶劣气候，直接影响了土壤水热变化，导致地下水浅埋区溶解的盐分，沿着土壤毛细管连续不断随着水分上渗，造成土表盐分大量堆积。能适应这类盐碱地的植物有柽柳、沙枣、枸杞、沙棘等。这些植物光听名字都能感受到满满的风沙扑面而来！

东北的黑土听起来最肥沃！黑土地有机物质平均含量在3%至10%之间，是特别有利于水稻、小麦、大豆、玉米等农作物生长的一种特殊土壤。地质专家指出，每形成一厘米厚的黑土需要200年至400年，而北大荒的黑土厚度则达到了1米。这里的土壤结构良好，土层疏松软绵，呈中性或微酸性，有机质含量高，腐殖质较多，肥力较高，理化性能好，素有"土中之王"的美称。

十几年前，大家种花种草还不会考虑去购买土壤（栽培介质），因为我们认为土还不是哪儿都有吗，外面随便挖一盆就好。但其实想要种好花花草草，需先从了解土壤开始。如果你有一座大花园，只要你想种上花草，那么首先就要改善土壤，营建一处肥沃的土地。经过园丁们多年的宣传推广，如今资深的园艺爱好者已经开始购买各类土壤或者自己制作堆肥、配比栽培介质了。

那么，什么样的人才是"土豪"？了解丰富的土壤知识、博学多才的是土豪；善于运用这些知识并组合各类土壤为自己的花花草草所用，也是土豪；当然有卓越远见，重视花园土质、慷慨赋予自己花园肥沃丰厚土壤的主人，也是土豪！

这里简单介绍几种常见的栽培介质。栽培介质不一定是土壤，也可能是珍珠岩、蛭石、椰糠、泥炭，种类繁多。能让植物在其中生长的都有可能是合适的栽培介质。

首先介绍我们花园常见的、脚底下的土，我们叫它园土、田园土、普通栽培土。因为经常施肥耕作，团粒结构好，是配制其他营养土的主要原料之一。缺点是干的时候表层容易板结，湿的时候通气透水性又差，当然各地有不同性质的土壤，上面已经介绍了主要的性质。

接下来介绍白色的珍珠岩。园艺珍珠岩是我们使用最普遍的材料，通常用来改善土壤。珍珠岩最大的特点是质地非常轻、多孔、疏松，而且特别透气透水。通常我们能买到颗粒不同、各种大小规格的珍珠岩。在我看来规格大些、颗粒粗些的会更好，要不然会非常细碎，种的时候风一吹都会飞起来形成灰尘。但是我们不会全部使用珍珠岩来种花草，一般是将其掺入其他介质，作为一部分。通常会加入泥炭土或者普通的田园土中增加透气性。

蛭石是我特别喜欢的一种栽培介质。小的时候，我爷爷就经常买这种金光闪闪的东西来种花，掺杂在普通土里面，每次浇完水之后，它都浮现在盆栽的土表面，看起来亮闪闪的。实际上它特别适合扦插时用，因为它是具有层状结构的矿物，所以有着特别好的储水能力。扦插最需要保持水分了，但又不能积水。蛭石和其他土壤组合起来，就很适合扦插生根。

前几年流行种多肉，于是市场上出现很多相关介质，如鹿沼土、赤玉土、火山石、陶粒等。它们共同的特质就是排水性非常好。

其中鹿沼土实际是一种浮石，因出产于日本鹿沼市而得名。这种淡黄色的介质非常轻，圆润多气孔，透气又保水。不仅适合多肉用，因为质地酸性，也用于杜鹃花、兰花这类的盆栽和盆景。当然我们不会全部使用鹿沼土来种植，一般都是要与其他介质混合起来，它有很好的改良土壤作用，尤其是在土壤很黏很湿，容易积水的情况下。也可以单独和泥炭、腐叶土、赤玉土等介质配比起来用于盆栽，配比土壤并没有一个固定必须遵守的比例，完全可以自己掌握，比如球根花草50%，兰花这类60%，草花20%，等等。

赤玉土也是日本园艺栽培介质中比较有代表性的一种，日本火山资源丰富，很多火山岩、浮石堆积在火山附近。赤玉土在日本运用广泛也是因为它的高通透性，非常有利于蓄水和排水。但也不是直接就用，需要和泥炭、园土混合在一起才行。它们最重要的作用就是帮助排水。

现在大家在花卉市场可以买到各种针对不同植物的配方营养土，价格也不贵，拿回来直接种就好。不过不管是哪种营养土，我自己一般都会去花园里挖些园土掺杂进去。这样既可以节约成本，也有助于花草适应当地的水土呢！

千万别认为花园里的土壤是一成不变的，实际上花园里也存在水土流失现象。每年到这个季节，我都会买大量的园艺土补充到花园里。我的花园里最初都是一些建筑渣土，土质倒是疏松，可是完全没有养分，多少桶水倒下去立刻就不见了踪影，而且里面充满了各种建筑垃圾，之后的很多年我都在慢慢改良土壤，购买成品的园艺土，也不断施加有机肥，让土壤中逐渐增加有养分的腐殖质。

泥炭土是花园主人需要重点了解的。我们花友之间常常开玩笑说，真正的"土豪"，是花园里用得起大汉土的。"大汉土"是指德国大汉牌泥炭土。因为是进口的，所以价格很贵，而花园里那么大面积，要用很多，确实是真正的土豪了！它最大的优势是保水保肥、特别疏松透气，而且质地较普通土壤轻便很多，但不能全部都用它，因为时间长了很容易板结，水分都不容易渗透进去，所以用的时候还得掺入一些园土或其他介质才好。

泥炭是一种经过几千年所形成的天然沼泽地产物（又称为草炭或泥煤，荷兰羊角村的运河就是挖泥煤形成的），是煤化程度最低的煤，同时也是煤最原始的状态，透气性特别好。此外，泥炭的质地轻，持水保肥、有利于微生物活动，营养丰富，既是栽培基质，又是良好的土壤调节剂，并含有很高的有机质、腐殖酸及营养成分。当然不同品质的泥炭还是有差别的。

泥炭可单独用于盆栽，也可以和珍珠岩、蛭石、河沙、椰糠等配合使用。国外园艺事业发达国家，在花卉栽培，尤其是在育苗和盆栽花卉中，多以泥炭作为主要盆栽基质，不再像过去那样用腐叶土、腐殖土。

但是泥炭属于不可再生资源。现在也有很多新的对环境友好的栽培介质，比如椰糠，就是由椰子外壳的纤维加工制作而成的有机介质，还有利用破碎腐熟发酵过的松树皮（也称松鳞）、稻壳炭、中草药加工后剩下的残渣做成的园艺栽培介质。

为了了解最新最流行的介质，我还特意采访了虹越的介质专家雪球老师，她向我提到一点，我觉得很有意思：目前中国和欧美的介质都是按照能让植物快速生长的方式来配比的，但日本的介质很多是以颗粒为主，为的是让植物缓慢生长、保持状态，原因是日本喜欢盆景和多肉植物的人很多，这两类植物不需要那么迅速地生长，反倒是保持眼下的形态更重要！

种花种草是我们花园生活的一部分，种植是最基础的环节，土壤是立足之本。了解一点土壤和介质的知识，有助于提高你的园艺水准，也能让花草得到更好的照料。

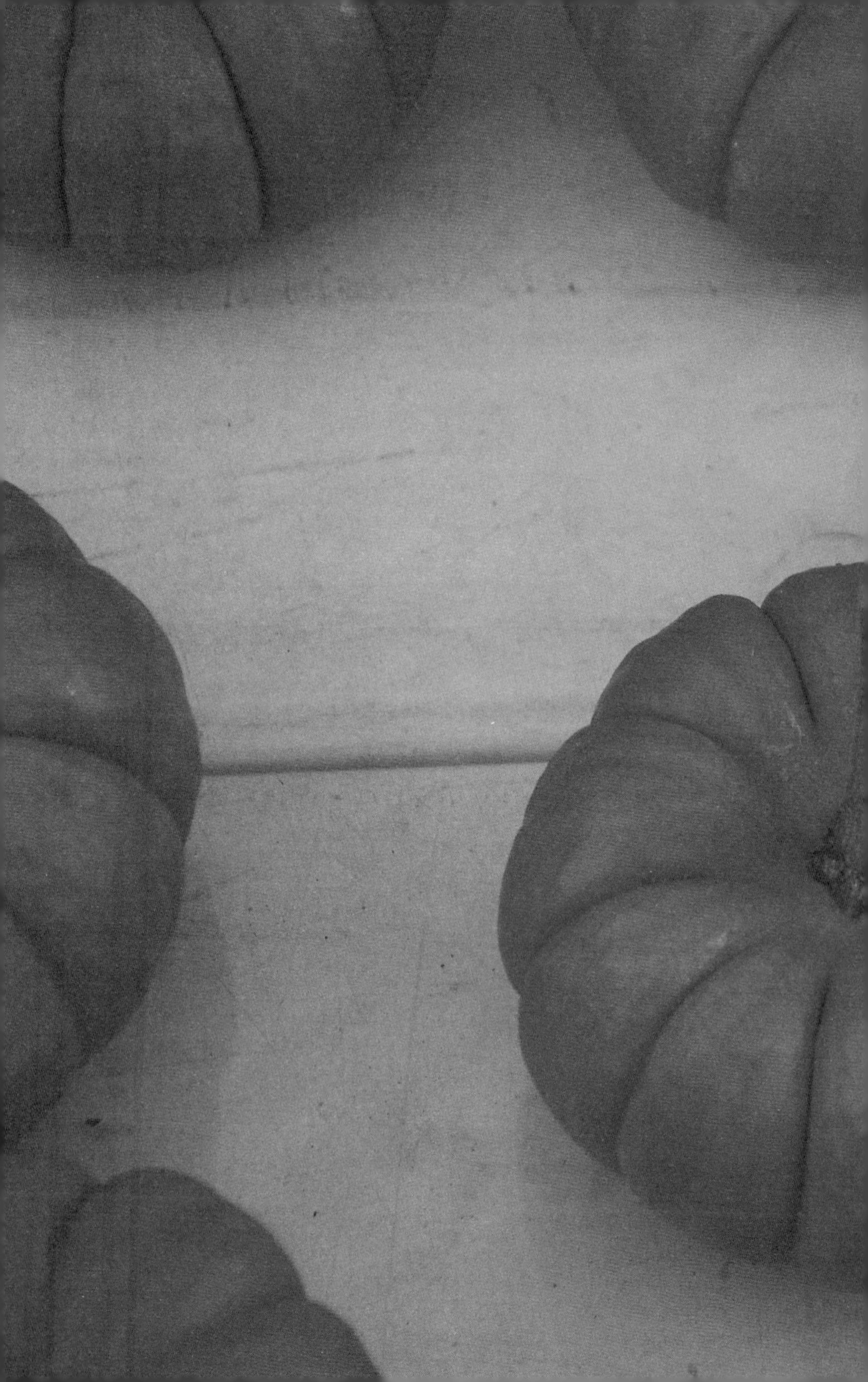

10月

"瓜"分天下

晚秋花事

十月最开心的事莫过于有一个金色的国庆节假期，一般到这样的长假我们都会去旅行。因为天气渐凉，花园的水分蒸发渐弱，所以这个月也不用担心花园的浇水问题，可以放心出门了。很多植物到了这个季节已经偃旗息鼓，有土地的人们很快就要进入秋收冬藏的生活了。这个月的节气有寒露和霜降。

关于寒露，白居易说："袅袅凉风动，凄凄寒露零。"寒露的意思是气温比白露时更低——仲秋的白露节气"露凝而白"，至寒露时已是"露气寒冷，将凝结为霜"了，气温逐渐下降。（白露、寒露、霜降三个节气，都得名于水汽凝结现象。）而寒露是气候从凉爽到寒冷的过渡。

天气真的开始冷起来了，花园里那些不耐寒的植物们会逐渐枯萎凋零："空庭得秋长漫漫，寒露入幕愁衣单。"（王安石《八月十九日试院梦冲卿》）然而这个季节正是培育地力的好时机，可以在阳光晴好天气，翻种花园菜园，暴晒、风化土壤，施用有机肥，喷施土壤消毒剂，杀菌灭虫，提高土壤的肥力。

"草木摇落露为霜。"霜降是很多植物的终点，不过霜降节气并不意味着这天开始就要下霜，而是表示气温骤降，霜冻即将开始。霜降之后，植物渐渐失去了生机，但花园的缤纷还没有结束，晚秋花园舞台的主角非各类开花的草本植物莫属。这也是下一节"秋之七草"的主要内容。

这个季节该收拾花园残局了，修剪藤蔓、枝条，收获瓜果、种子，晚秋花事有很多，园丁且得忙活一阵子呢。

古典种子包装

梭罗说："只要有一颗种子，我就准备看到奇迹。"收集并保存种子，是这个季节需要做的事。

每年春天我们播下的种子，很多直接来自种子公司，但也可以来源于自己的花园、散步途经的路边、郊游的乡野。自己收集种子，或者和朋友们之间互相分享交换种子，是一件很有趣的事情。这个季节只要你留意，就会看到路边很多种子都成熟了，比如波斯菊、菊花脑、指甲花、牵牛花、百日草、松果菊等。

有些种子比较细小，采集的时候可以先拿纸巾包好或用塑料袋装上，回去再筛选；有些颗粒较大，回去得搓掉外面的种壳或外皮再保存。自己采集的种子，如果是还带有水分的，那么需要进行干燥处理，摊开放在纸上风干就好。

有一次徒步山野时，我意外发现了一片月见草，因为还有零星的花朵开着，所以我辨认出来它们是干枯之后的月见草花穗。此时我才明白为什么它们也被称作"山芝麻"，因为花穗是一串一串挺拔向上的，而且它们的种荚和种子真的很像芝麻,当然月见草的种子比芝麻还要细小很多倍。月见草基本属于乡野花草,城市里很难看到它,似乎也没有人把它专门种在花园里,但我却如获至宝,开心地摘了好几枝带回家,打算把种子撒在花园外围,看看明年会不会发芽。

待种子或种荚干燥后,再分门别类存放在纸信封、罐子、空瓶子中,及时贴上标签,注明花草的名字和采集的时间、地点,会有助于来年的播种。我一般用纸包上种子再放进一个透明的瓶子里。如果你注意下,国外花园中心或大型超市都有花卉和蔬菜种子的小包装销售,而且包装封面都很有设计感,有些是手绘的植物图片,有些是实景图片。还有人专门收集种子的包装袋呢,就像集邮那样!

美国有一位摄影师兼花园主人金德拉(Kindra),她酷爱收集各种植物种子的包装,尤其是那些古典种子包装。那些经典的老式种子包装不仅有着明亮的色彩,还有着那个时代独有的版面设计。它们可以让你回想起古老花园的过往时光。将种子放入小包装销售的做法起源于19世纪,包装袋上的图案见证了人类印刷技术和各国种子公司个性化包装的历史进程。从这些包装的演变能看出,最初人们不过是用牛皮纸信封来装下种子,到后面则出现了各种更加美观且标注种植说明的种子包装袋。

在美国,将种子放入小包装袋中销售起源于1812年的谢克尔(Shaker)家族,在此之前种子都是顾客直接从散粒的储存箱中按重量购买。从1780年开始做种子经营生意的谢克尔家族想到,如果能将种子包成方便的信封装可能会更利于销售。于是他们开始分装成精致的小包装,陈列在木盒子中,在一些村庄的店铺中寄售。销售者能取得25%的佣金，卖剩下的种子可以退还。基于朴实无华的理念，谢克尔家族的包装是很朴素的，上面是手写的种子名称。他们的销售重点是香草和蔬菜种子，华而不实的花草种子在当时是被禁止销售的，但他们找到了变通的办法，将金盏菊、万寿菊等植物也列入了有用种子的目录。其他种子销售商很快复制了谢克尔家族的包装理念，全面使用种子小包装。

20世纪早期，种子出现在专售廉价物品的商店中，就像现在那种十元店，这是销售的战略定位。很快，种子商发现彩色的包装能够加快种子的销售，石板套色印刷术的发展让彩色图案得以很好地展现在种子包装纸上；种子公司也正式在上面印上自己的名称。现在你可以看到五彩缤纷、各式各样的花草种子包装了。在长不过12厘米、宽8厘米左右（有时比明信片还小）的纸质袋子上花心思，让消费者一眼发现并对这种植物产生兴趣，这就是设计师们一直在努力的事。

其实我也特别喜欢收藏设计美观大方的种子包装袋。一方面上面有很多植物的品种介绍和种植信息，另一方面上面的图案也真是让人爱不释手！美国的伯比（Burpee）、英国的汤普森和摩根（Thompson & Morgan）是全球著名的种子公司，它们的包装是针对私家花园主人的，所以种子包装袋设计得都特别漂亮。一包种子，背后也许就藏着一个故事。

豆子百宝盒

每年中秋我都收到朋友们送来的很多盒月饼，每一盒包装都非常精美，扔掉总觉得可惜，我一直都在想，怎么才能更好地利用它们呢？直到有

一年我收到一份木质盒子包装的月饼，里面是一格一格的，共有九格，我立刻想到了自己收集的各类豆子，这里是它们最好的展示空间呢！

于是，我把厨房里熬粥用的豆子、做绿豆糕芸豆糕的豆子，还有收集的园艺品种的豆角种子都装进去，一下子装满了六格；当晚我又在网上买了几种好看的豆子作为补充，其中还有斑马豆、荷包豆等好吃的豆子。

装好九种豆子后,这个月饼盒子马上变身了,俨然成了一个豆子的百宝盒!把它放在茶几上作为装饰,很有一番特别的效果呢!

制作干花

制作干花也适合这个季节。即使你没有一座花园,说不定也会在心情好的时候或者节假日,偶尔买束鲜花装点下自己的心情,这时不妨试试干花的制作。

有些鲜切花天然就是干花,比如勿忘我、情人草这类;还有干枝梅、麦秆菊、蜡菊,叶片革质的尤加利、迷迭香等;有些鲜花风干后也能成为干花,比如花瓣厚实的月季、霸气的帝王花等。很多谷物也适合做成"干花",虽然它们是果实,但效果是一样的。有一次在布鲁塞尔的街头,我看到一家面包店,门前就挂满了各种丰硕的麦子、黍米等,看起来特别温暖,也很有田园之感。

秋之七草

在日本，人们把这个季节开放的七种花草叫作"秋之七草"：萩花、尾花、葛花、瞿麦花、女郎花、藤袴、桔梗。这些来自文学世界的野花野草如今听起来还是那么浪漫！

这里所说的"草"，其实泛指草本植物，而不仅仅是禾草或芒草这类。8世纪后半期的《万叶集》是日本最早的诗歌总集，在日本相当于《诗经》在中国的地位，其中记录了许多4～8世纪的长短和歌，"秋之七草"一词的记录最早就见于《万叶集》的和歌之中。

萩，在日语中是豆科胡枝子属植物的总称，可以直接理解为胡枝子花——如果你这个季节去北京的香山，山路两边就能见到粉色的胡枝子灌丛。尾花就是芒草类，它们有着尾巴般摇曳生姿的花序或果序。葛花（*Pueraria lobata*）则是豆科藤本植物，根可以提取淀粉做成"葛粉"，在北京郊外的山野能见到它们的藤蔓。瞿麦花也称作抚子花，是一种野生的粉色石竹花。女郎花据说是一种败酱。这种植物生在山野，开黄色的花，给人凉爽之感，人们用此花在秋风中静静摇曳的样子形容身份高贵的女郎。藤袴则是泽兰属植物佩兰。

秋之七草的说法流传了一千多年，直到今天仍然盛放着浪漫的美学意象。

我国幅员辽阔，各地域盛开的秋花则更为丰富多姿。本篇，请允许我为你们推荐中国北方的秋之七草：福禄考、桔梗、紫菀、蓝莸、华北香薷、翠菊、秋牡丹。它们是北方秋天开着美丽花朵的代表植物，飞扬着秋日飘逸且沉静的气质之美。

福禄考 ━━━━ 这么吉利的花名来自其学名 *Phlox* 的音译，在很多乡村花园中都能看到它鲜艳的花朵。那些是流浪在时光中的老式品种，曾经的被称作"雁来红"。20年前北京天卉苑花卉研究所从荷兰引进的新优抗病品种"荷兰小姐"和"辣椒小姐"已逐渐成为秋季花园中的明星植物，它们耐旱、耐寒、抗灰霉病，而且花期很长，可以从七八月一直坚持到霜降来临。这两年则流行新的网红品种爱诗系列，特点是色彩柔和、株型适度、花形优美。

桔梗 ━━━━ 桔梗不仅属于日本的秋之七草，在北京的秋之七草中，也占有一席之地，它在《万叶集》和歌中被称作"早晨的花"。最初它是山野的秋之花，但越来越得到城市的认可。这几年它频频出现在北京的市政绿化中，就连颐和园中也能看到片植。原生的桔梗高挑靓丽，蓝色的星形花朵低调而闪耀。未开之时，它的花苞鼓胀如气球，因而得名气球花（balloon flower）。气球花打开后又如铃铛，因此在英文中，它也被称作 Chinese bellflower（中国风铃花）。花园中的桔梗其实从夏天就开始开花，如果能及时剪去残花，它们会继续绽放在秋季。现在国内能买到很多矮化的盆栽品种，花朵有重瓣和单瓣，花色除了经典的蓝紫色，还有白色、粉色。

福禄考"荷兰小姐"

紫菀 ━━━ 北京秋天最美的草花桂冠似乎应该属于紫菀,它是9月最闪耀的花草。或许是路边黄色、红色花过于司空见惯,所以紫菀蓝色、紫色、藕荷色会特别吸引我们的视线。"菀"的意思是草木茂盛的样子。它适合干旱贫瘠的土壤,所以成为这几年特别受欢迎的花园植物。北京的很多公园都种着紫菀,高山紫菀、粉花紫菀、蓝花紫菀、柳叶白菀等是近年来最常见的品种。特别值得一提的是,柳叶白菀的表现更优雅些,花期更晚,能开到11月。万物即将凋零之际,而它正盛开,柳叶白菀的花朵精致细密,株型运用得当的话,会显得飘逸潇洒,值得园丁们垂青。

蓝莸 ━━━ 曾经被评选为北京秋天最美的花灌木,它的花朵是明亮的蓝紫色,仿佛专为秋高气爽的秋天而生!聚伞花序顶生或腋生,小花管状,雄蕊显著突出于花朵,看起来很像是胡子——所以蓝莸的英文俗称叫"蓝胡子"(bluebeard)!它们是马鞭草科莸属的落叶灌木,花蜜香甜,是优秀的蜜源植物;叶片揉碎有香气,因此野生的蓝莸又叫"蓝香草",北京郊外就能见到早年引进的品种叫作"邱园蓝",此外还有以叶片取胜的金叶莸。北京的天地秀色公司近年引进了两种特别漂亮的园艺品种,分别是"大蓝克兰多莸"和"海蓝阳光莸",它们的株型比传统蓝莸品种要紧凑很多。蓝莸共同的特点是耐旱耐盐碱、不耐水湿,所以很适合北方的气候水土。

华北香薷 ━━━ 这种英文名为 mint shrub 的清凉植物是近年北京的花园新秀。它是一种半木质化的草本植物,从山野植物驯化而来。它的株型高大,紫色的穗状花序毛茸茸的,看起来很像藿香,但色彩更鲜艳

曲 柳叶白菀

10月

而且花期更晚。唇形科的香薷有浓烈的香气，可以治疗感冒发热，最初是作为一种药用植物，这几年才被引入花园和庭院。

翠菊 翠菊是传统的秋花。它原产中国，有个别名叫作"江西腊"，还有个英文名字叫作 China aster，喜欢凉爽的气候。翠菊有很多品种，花型则从雏菊状花序到绒球状、蓬松的礼花状都有，最经典的颜色则是紫罗兰色。它很容易吸引蜜蜂和其他授粉昆虫，虽然不耐寒，但可以自播的品质帮助它们年复一年出现在你的花园里。

秋牡丹 这种毛茛科银莲花属的多年生草本植物，既是朴实无华的"野棉花"、接地气的"打破碗碗花"，也是微风中轻曳的"风之花"（windflower）。每一款名字都代表着它的一个特点。在园艺界秋牡丹也被称作"日本银莲花"（Japanese anemone），其实这种秋花原产于中国，只不过是野花，后来是日本的园丁将它引入庭园，已有数百年的栽培历史，且培育出很多美丽的园艺品种。从紧实的花蕾到整齐的球形果序，每个阶段的秋牡丹都很美。秋牡丹的花梗从

大花银莲花

叶丛中拔地而起，非常突出，常见粉色、白色，有单瓣和重瓣。重瓣的品种被称作"秋牡丹"是当之无愧的。目前国内园丁们青睐的品种有"野天鹅"等。

如何增肥你的土壤

作为一名业余的园丁，我经常喜欢翻弄花园里的土壤，挪移植物。在花园上冻之前，我会为来年的春天做一些准备，比如清理植物，以及翻土混合一些肥料，以保持土壤肥力等。

你可能会问：为什么花园和农田需要肥料？没有任何肥料，植物不能在野外生长吗？

这个问题的答案在于，我们想在自己的花园或农场中种植特定的植物花草。事实上，野外的土壤本身就含有营养物质，不过是不同地方的矿物比例不同，土地中的营养成分也不一样。另外，野外的植物也会结出果实，但并没有人取走这些果实，它们最终会掉落在土地里成为滋养土壤的有机质，这样就形成了一个良好的循环。如果你不打算控制植物的生长，无所谓它们是否开花或结果，无所谓它们长成什么样，那么给不给肥料确实没关系。

如果想种自己喜欢的植物，那么根据土壤的种类增加营养物质，还是有助于花朵盛开果实丰收的。

不过，我们要做的是给土壤营养，而不是直接喂给植物。植物会依靠其庞大的根系来吸收土壤中的养分。花园或农场中的植物吸收土壤中的养分而成长，但当它们凋敝的时候，往往并没能化作春泥更护花，因为主人将它们收割了。如此一来，土壤营养得不到补充，就需要新的肥料补给，提高后期植物的生产力。盆栽也是一样。

植物所需的主要营养元素无非就是氮（N）、磷（P）和钾（K），人们经常直接将它们缩写为NPK。氮是植物营养生长所必需的，它让叶子呈现出健康的深绿色；植物根系的健康靠的是足量的磷肥，鲜艳的花朵和丰硕的果实也需要磷；钾能增加植物对霜冻伤害和真菌病害的抵抗力，通过促进植物内营养物质的循环使植物健康生长。

肥料的用法

什么叫基肥、种肥、追肥？

基肥，顾名思义，是给予植物基部的肥料，又叫底肥，也就是农民们施在垄底的肥料。通常在秋天一次性施入，要先翻松土层，然后再埋基肥。不同植物的基肥深度不同，果树可以埋在30～40厘米深的土层，蔬菜深度为15～20厘米，粮食作物10～15厘米即可。基肥是最重要的肥料，它可以给植物提供整个生长期所需要的养分，基肥足够的话，后面都不需要施肥了。

还有一种肥料，农业中叫作种肥，是播种时施于种子附近的肥料，又叫口肥。用作种肥的肥料包括氮、磷、钾等复合肥。施肥的时候可以和种子混拌在一起，或施于 3～5 厘米深的地方。种肥是为了让种子根系能快速吸收到养分。

追肥，通常是指在植物某个时期需要大量养分的时候给予的肥料，比如开花期、结果期补充的肥料。很多能进行叶面喷施的肥料就是追肥。

肥料的分类

我的花园中的植物多数靠天吃饭，但对于重点呵护的植物，我也会给它们施肥，以有机肥为主。

有机肥简单地说就是常见的农家肥，比如过去人畜粪便、饲料残渣等混合后堆积而成的肥料。它们含有大量有机物质，可以改良土壤、肥沃地力，能为花草生长创造良好的土壤条件，还可以增加作物的产量，比如花开得更多、更鲜艳，品质更好。通常有机肥属于缓慢释放的类型，就是缓释肥。关于施用有机肥的注意事项，一是施入土层不宜过深，以免影响生物肥活性，二是最好单独使用。

无机肥主要指化学肥料，通常属于速效性肥料。如常见的氮肥有尿素、硫酸铵；磷肥有过磷酸钙、磷矿粉；钾肥有氯化钾、硫酸钾；还有复合肥，如磷酸二氢钾、磷酸二铵等。

堆肥则是国内外都普遍运用的，利用植物的茎干、枯枝落叶等有机残体，堆积在一起，在微生物作用下发酵腐熟而成的一种肥料。实际上，任何有机物只要堆放的时间足够久，最后都会降解成富含矿物质的土壤。

> 有机肥为完全性肥料，不仅含有植物所需的氮、磷、钾等大量元素，也含有植物所需的锌、铁、铜等其他微量元素。有机肥来源广泛，如常用的蹄片、饼渣、动物内脏、畜禽粪等。中国有一种传统的天然复合肥是"骨粉"，西方有一款类似的肥料叫作"Blood, Fish & Bone"。这是一种廉价的缓释配方，对植物作用温和，对土壤也有着长效的益处。

欧洲的花园中，主人一般会在花园的偏僻处、无碍观瞻的地方建一个堆肥箱，修剪下来的枝叶、草坪推出来的草屑就是最好的堆肥材料。一层枝叶一层土，中间不时翻动，几个月的时间下来，这些绿色的垃圾就会变成黑色的沃土，回归花园。

随着西方的堆肥法越来越受到国内花园主人的喜欢，商家也推出了很多高级的堆肥箱，辅以一些菌种，还能促进堆肥熟成。我的花园很小，实在没有地方再放置堆肥箱，所以我采取的办法是在秋天地面已经没有太多植物的时候挖一个坑，然后把修剪下来的枯枝叶统统埋进去，表层再盖上土壤，之后就不再管它们。遇到喜欢大肥的月季，那么在根系附近埋入些鱼肠之类的东西就很好。有必要提示的是，不能离根系太近，要让根系去够营养，而不是把未经腐熟的肥料放到根系旁，以免造成损害、烧伤根系。

堆肥是一个大话题，足足可以讲一本书，北方堆肥最容易遇到的失败案例是因为太干，没有水分帮助植物降解。在大家都很关注用堆肥箱来"堆肥"的当下，我想特别向大家推荐适合花园种植的"绿肥"。

绿肥是中国传统的重要有机肥料之一。过去，在没有化学肥料的年代，人们常常把紫云英、苜蓿草等豆科植物直接翻耕到土里，作为绿色肥料。这种做法很独特,现在我国台湾还有一些果园采用种植绿肥来为土壤补充有机质。不仅如此,种植绿肥还可以减少果园土壤的侵蚀,冬季提高土壤温度,夏季降低土壤温度,调整果园的微环境。这样做看似低效,但其实从长远来看,对土地、环境、植物、空气的改善都是很高效的!

绿肥能为土壤提供丰富的养分。各种绿肥的幼嫩茎叶含有丰富的养分,一旦在土壤中腐解,能大量增加土壤中的有机质和氮、磷、钾、钙、镁和各种微量元素。绿肥作物的根系发达,翻入土壤之后在微生物的作用下不断地分解,释放出大量有效养分,还形成了腐殖质,使得土壤胶结形成团粒结构。有团粒结构的土壤疏松透气,保水保肥能力强,有利于植物生长。

值得推荐给花园主人的首先是豆科绿肥植物紫云英、金花菜(就是南方人爱吃的草头)。十字花科的油菜也可以,菊科也有绿肥植物,比如金光菊,作为夏季绿肥也是可以的。通常紫云英在盛花期后的4~5天,金花菜在初荚期,都是它们最适合腐解和利用的时期,这个时候把它们翻压在土壤深处是很合适的,翻压的时候要做到埋严压实,让绿肥和土壤密合无孔隙,这样可以加速绿肥腐解。

沤肥又称草塘泥、窖肥等,过去农村常用。其实这也是一种"堆肥",是指以植物性材料为主、添加促进有机物分解的物质在淹水的嫌气条件(无氧条件)下沤制而成的有机肥料。

通常现在花园中或者盆栽使用的都是经过处理、已经腐熟而没有异味的

> 缓释肥中最著名的大概是奥绿肥的各类产品了。这种肥料最初是专业苗圃使用的包膜复合肥，专门用于容器苗木栽培（盆栽绿植的生产）。

肥料，在各类电商网站都可以买到。我采访过一些零售商，他们都说通用的营养液（营养液就是液体状态的NPK）和花卉的复合颗粒肥很受欢迎。后者属于缓释肥，是一颗一颗的球状颗粒，外面是一层半透水的薄膜，被施入土壤后，肥料能够透过薄膜缓慢释放出来，土壤的温度和含水量会影响其释放速度。现在家庭园艺中尤其是盆栽常常会用这样的肥料，但注意施加的时候要埋进土壤里面，不能直接撒在土表。这能让阳台盆栽花草更茁壮，施肥也简单方便。

确实，我并不推荐在阳台来做一些腐熟的工作，也不推荐用淘米水、茶叶渣等在家里沤肥。如果在阳台盆栽，那么更鼓励使用各类复合肥，因为又清洁又方便，而且见效快，观花的有花肥，坐果的有果肥，可选的种类很多。如果是种植蔬菜，或在花园里种植，那么有机肥是首选。如果场地足够大，那么学会堆肥也很有意思，这样还可以减少垃圾的排放，更加绿色环保。

花树 & 果树：海棠

作为园丁，我希望在有限的花园中种植多种用途的植物，比如它们不仅要漂亮，最好还很实用（食用）。所以这里想和大家分享下海棠树。

不知道你印象中的海棠是春天的花树，还是秋天的蜜饯果脯？海棠树是春天可以观花、夏天提供绿荫、秋日挂满果实一直到冬日降雪的树木！海棠树经过了环境的选择和演化，加上园艺家们的育种，已经具有各种美丽的姿态，从小乔木、柱形到垂直形，而叶色从绿色到紫色，再过渡到棕色。花型也不再局限于野生种那样的单瓣浅色，现在我们可以看到更多花叶颜色艳丽、花瓣重叠的品种，统称为"现代海棠"。18世纪时，中国海棠传入北美，然后传到欧洲，备受西方园丁的重视，他们经过200多年的搜集和杂交选育培育了一系列观花、观果的海棠品种。而被用作亲本次数最多的是中国东北和远东原产的山荆子，其次是楸子和扁棱海棠。

蔷薇科苹果属的海棠一年有两次高光时刻。一次是4月花开时节，春光中开满着希望的花朵；一次是10月结果之际，每一颗果实都满心甜蜜地挂在枝头。大自然是公平的，美丽与实用（食用）不太容易兼得，花好看的果实不一定漂亮，果子甜蜜的花颜可能一般。所以可根据需要来选择不同品种。

苹果属的植物全世界共有 35 种，我国独占 25 种。国际上通常习惯将这个属的栽培品种按果实分为苹果和海棠两大类，果实大于 5 厘米的为苹果，小于 5 厘米的为海棠。明清时，王象晋在《群芳谱》中介绍海棠有四品：贴梗海棠、垂丝海棠、西府海棠、木瓜海棠，其中贴梗海棠和木瓜海棠虽然叫作"海棠"，但其实为木瓜属植物。这一节我们聊的是苹果属的海棠（*Malus spectabilis*）。

古诗称春天的海棠花树是："秾丽最宜新著雨，娇娆全在欲开时。"其实，大多数花树的欣赏效果都是如此：最美莫过于花朵将开未开之际，倘若那时候再下一阵蒙蒙细雨，尚未达到全盛的花苞则更是迷人，让人充满无限憧憬和遐想。难怪苏东坡吟咏海棠的名句流传得这么广："只恐夜深花睡去，故烧高烛照红妆。"

海棠树的庭院运用和品种推荐

江南园林中，垂丝海棠很多，它很适合小庭院空间，这和南方温婉的气质也搭。西府海棠则更大气，而且洋溢着淡淡的粉色香气，恰似北方人的气质。在现存清代皇家园林中运用最多的就是垂丝海棠、西府海棠和湖北海棠这三种。中国园林栽培的海棠品种一般树形矮小，花朵多为粉色或白色，深红色的极少。每年 4 月正是它们"高低临曲槛，红白间纤条"的季节。

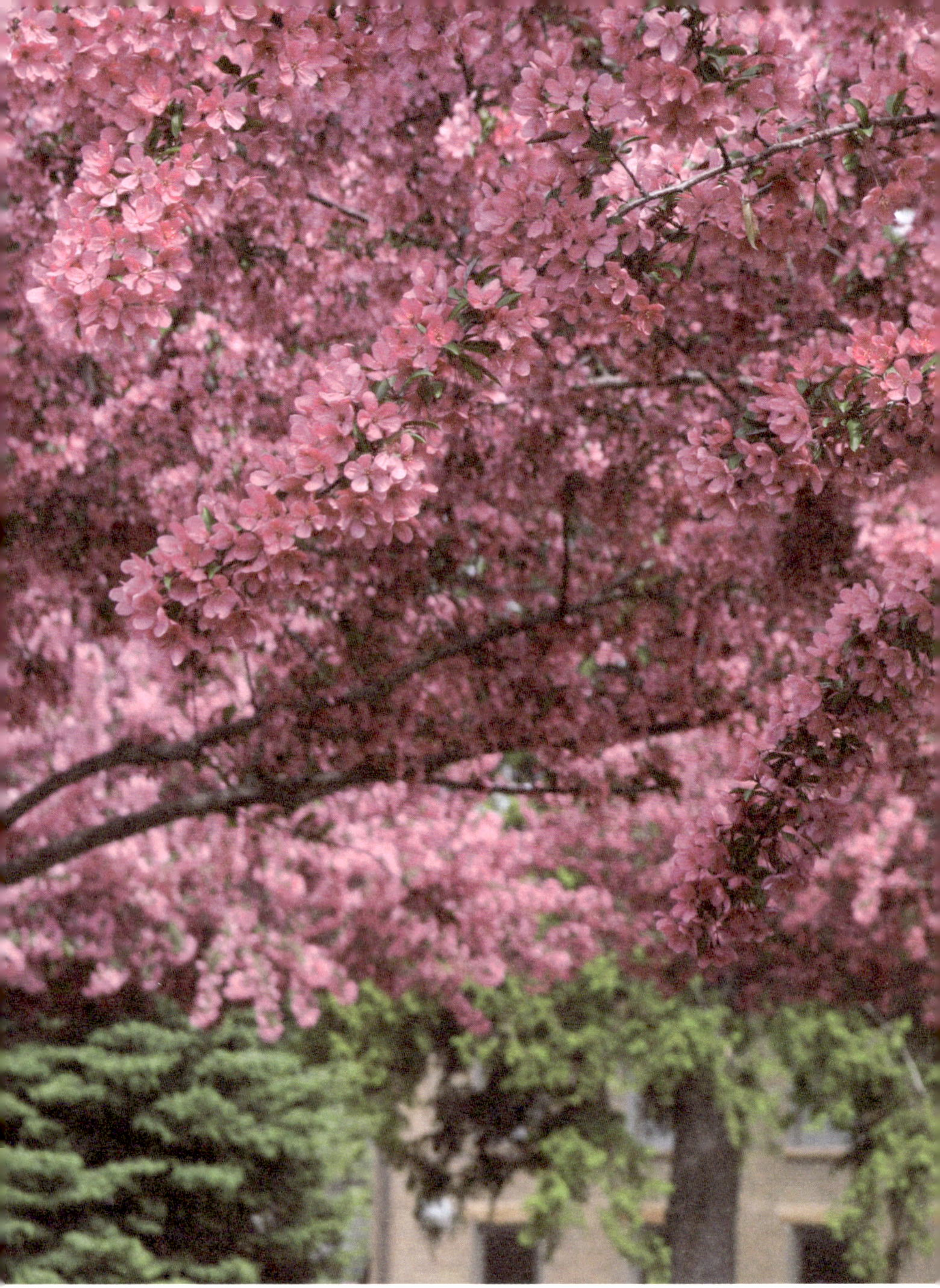

10月

垂丝海棠是灌木，花梗紫红色，花下垂，树形则为倒三角形；西府海棠是乔木，花梗不下垂，最容易辨识的特点就是它收拢向上的树势，树枝分杈非常窄，整体株型显得瘦高。所以行道树多会采用西府海棠。中国海棠中常见的八棱海棠是落叶乔木，株型丰满圆整，花朵为白色略带粉色。开花后繁花满树，花谢后红果满树，所以多用来孤植于庭院点睛或与其他品种的海棠丛植、列植、片植，从而在花期和树形方面起到互补的效果。

而我们现在常说的北美海棠，是很多种杂交而来的品种，很多以观果取胜。现在你可以在北京的国家植物园海棠园观赏到各种北美海棠，春秋两季是那里最美的时节。

"草莓果冻"（Strawberry Parfait）是其中优秀的花树品种，它的株型为杯型，据说最高可达 8 米，冠幅则有 9 ~ 10 米。新叶红色，后转为暗绿色。花朵深粉色，逐步变幻为浅粉色。果实不大，但以量取胜，而且宿存于枝头，经冬不凋。它是花果兼赏的优秀品种，再加上株型舒展，特别适合孤植或种于开阔场地。现在，它已经在中国很流行了，很多花园都会选用这个品种来观花观果。

另一个北美海棠的品种"道格"（Dolgo）则要特别推荐给喜欢果树的园丁们，因为它的果实非常诱人，每到秋天成熟之际，满树好似缀着亮闪闪的红宝石。它是观食两用树种，不仅适合种植在观光果园，也可以作为庭院的孤植点缀，成为花园的焦点。道格的果实和枇杷差不多大，可以直接吃，也可以做成果酱或者酿酒。

绿肥红瘦 海棠依旧

春天的花瓣飘落了一地,即使春风远去,人们餐英的雅致也从来没有被拂淡过。大多数花朵的料理无外乎腌渍、酿酒、烘干泡茶,或是裹上面粉油炸,也可以蒸食。

海棠的花瓣还能用来作为餐桌的点缀。因为花瓣轻薄,而且开放时间短暂,收集不易,所以不适合酿酒或做成天妇罗之类,最简单的当数在沙拉菜中加入粉色的花朵,既增添了风雅,也让菜肴活色生香。此外,还

可参考类似日式樱花茶的做法，将海棠花全朵摘下，用海盐腌渍后阴干保存。使用前先将盐分去除并调整好花朵的姿态，再用热水冲泡，调入蜂蜜即可饮用。

海棠果不仅可以直接当小苹果吃，还能做成蜜渍的海棠干果脯，作为面包中的果料。北京秋天常见的沙果其实就是一种适合鲜食的海棠。不过，收获的季节中，满树的鲜果一时如果吃不完，不妨做成海棠果酱，加上好看的包装后，还可以作为家制的礼物送给朋友。

海棠果酱的做法

海棠果酱的制作方法：

1. 将海棠果用清水洗净，去掉中间的核，对半切开；
2. 拌入适量白糖，腌渍半小时；
3. 将拌过糖的海棠果倒入锅中，加清水没过果实；
4. 加入适量冰糖熬煮，煮开后改小火继续，中间要不停搅拌；
5. 煮到水分蒸发得差不多，果酱呈浓稠状时，趁热装入瓶中，盖盖封存。

10月

南瓜开大会

可能你对南瓜、笋瓜、倭瓜、瓠瓜分得不是那么清楚，但这没什么，挑你喜欢的那款来种就行了！十月是南瓜成熟的季节。这个月如果去北美，会看到人们用南瓜来装饰各处，非常热闹。超市里有硕大饱满的大块头南瓜，精致奇怪的各类玩具南瓜，还有蔬菜区不同口味的食用南瓜。南瓜，它不仅是这个季节花园的收获焦点，还带来了众人钟爱的当令美食。

南瓜是葫芦科南瓜属藤蔓植物，一年生草本。除了我们最常见的食用价值外，还有着令人惊叹的观赏价值。全世界的园艺爱好者中，有不少是南瓜爱好者。其中玩具南瓜受到更多西方人的喜爱。国内外普遍栽培的有中国南瓜（俗称倭瓜）、印度南瓜（又称笋瓜）、美洲南瓜（也称西葫芦）三个种类。

国家植物园科普馆的王康老师写过一篇关于南瓜的科普文章，他说万圣节中既美味又极具装饰效果的南瓜（pumpkin）是广义的，在植物学上，有可能包括南瓜（*Cucurbita moschata*）、西葫芦（*C. pepo*）、笋瓜（*C. maxima*）及其栽培品种。文章中，王康老师特别强调，北美超市里销售的南瓜其实是一种西葫芦，各类南瓜大赛比拼的那个则是笋瓜。

● 各类玩具南瓜

10月

北美的南瓜和我们国内的不一样，有一种叫花生南瓜，长相真是难看，瓜皮上坑坑洼洼，真的好像粘着一堆堆花生壳，可是据说吃起来很棒。著名的美味南瓜是奶油南瓜。此外还有一种橡子南瓜，这是美国最常见的南瓜，果肉湿润甜美，非常适合烘焙，也能用来烤、蒸和炒，堪称全能型南瓜。较小的则非常适合做馅料，成就感恩节等特殊场合的绝佳素食主菜——南瓜派。

🌰 头巾南瓜

我曾经在花园里种过一种双层南瓜，北美叫它头巾南瓜，看起来挺特别的，整体是不规则的头巾形状，身上有各种斑驳的绿色、橙色和黄色。它的表皮凹凸不平，并被广泛用作装饰。与装饰葫芦不同，它们可以被烘烤和食用。但就口感而言，它的果肉较嫩，不是那种面南瓜。北京这边的老百姓似乎更青睐那种面面的南瓜，比如前几年流行的贝贝南瓜。贝贝南瓜是一种日本南瓜的改良品种，水分含量少，果肉深黄色，有栗子般的甘甜口感。它的流行原因我觉得除了口感还有大小，贝贝南瓜不大，一拳大小，正好够一顿吃的。

实际上咱们国内老式的南瓜很多都太大，一家人一次吃不完还挺发愁！南瓜只要没有打开，其实保存的时间很长，能放好几个月呢！国内超市里常见的还有一种橘红色的小金瓜，经常用来做南瓜盅。此外还有绿色的贝贝南瓜、银色的新疆银栗南瓜和墨绿色的栗子南瓜，它们都具备"粉、糯、面、甜"的特点，尤其是栗子南瓜，连皮都是糯糯的口感，特别适合给婴幼儿做辅食，我经常用它来做南瓜面包！

南瓜的耐储存性很实用，如果长得好看些，还适用于装点家居。西方园艺爱好者中有很多南瓜爱好者，他们以培育出奇形怪状的南瓜为乐趣。这些装饰性的玩具南瓜有的看起来像飞碟，有的像鹅，有的完全是怪异离奇，真的就是为装饰而生。

如何种植南瓜

对于热爱田园生活的花园主人来说，在花园中种一些南瓜是相当不错的主意。前提是有足够的地方，选择合适的品种。

南瓜是个贪婪的家伙，到处爬蔓儿，需要足够的地盘，此外还需要肥沃的土壤和充足的阳光。所以在种南瓜之前，给足基肥比较省事，后面基本只需要引导它攀爬的方向，再浇浇水就可以了。南瓜攀援的速度和力量会让你感到吃惊，夏天是它生长的旺季，能让你随时就地取材：清炒南瓜尖、南瓜花煎鸡蛋都是非常棒的花园美食。

南瓜在后期会越长越大、越来越重，所以需要帮助这些果实做些固定工作。通常人们会用绳子系好，我在花园里种的时候，用了漂亮的丝带来托住它们，这样看起来很可爱也更加美观。毕竟花园不同于菜园，如果主人能讲究一些艺术性，会更好。

一般在霜冻来临之前采收南瓜。当叶子开始枯黄凋零，南瓜本身表皮变坚硬，颜色变深，就是成熟的时节了。采收的时候要保留瓜柄，这样可以保存得更久些。

雕刻南瓜

说到雕刻南瓜，可能你第一时间会想到万圣节的南瓜雕刻：将南瓜掏空，刻出妖魔鬼怪的模样，再放进去蜡烛灯，在夜里看起来很有趣。每年我都会组织小朋友们雕刻南瓜，他们都有很好的创意。但是这种雕刻因为破坏了南瓜的内部空间，保存时间不会太久，过后就只能被扔掉或者作为花园堆肥处理了。

而中国传统的雕刻南瓜则能保存很久。小时候我的爷爷就经常做这种雕刻南瓜：选择色彩鲜艳、造型美观的南瓜，在它成熟前一个月左右，用竹签子或者尖头的树枝，直接在南瓜皮上刻下美丽的图案或诗文，最简单的莫过于"吉祥如意"这类祝辞。之后，随着南瓜逐渐成熟，先前篆刻的字迹在表皮生长愈合，本来是疤痕的地方就形成了自然的图纹。等到深秋到来，人们将它摘下搁置在案头，甚至可以一直摆放到过年呢！这种雕刻南瓜增添了生活的乐趣，可以成为一只饶有情趣的案头小品。

世界各地的南瓜节

在北美，各地都有自己的南瓜市集或南瓜秀。世界上最早的南瓜节来自爱尔兰、苏格兰和威尔士的古西欧人，也叫德鲁伊特人。德鲁伊特人的新年在 11 月 1 日，每逢新年前夜，德鲁伊特人会让年轻人集队，戴着各种怪异面具，拎着刻好的萝卜灯 (南瓜灯是后期习俗，古西欧最早没有南瓜) 游走于村落间。这在当时实为一种秋收的庆典。据说灵魂会在这个时候造访人世，要看到圆满的收成并受到盛宴款待才愿意离开。

万圣节是西方的传统节日，而万圣节前夜则是最热闹的时刻。美国每年大约要举办1300个南瓜节，大小城市都有过南瓜节的习俗。各地普遍把南瓜节定在10月，少数会选在9月末。各类南瓜节活动都很热闹，人们可以探索玉米田迷宫，乘坐拉干草的大车，以及亲手摘南瓜等。

旧金山南边的小镇半月湾被称为"世界南瓜之都"。南瓜节是加州最古老、规模最大的本地节日之一。这附近种着很多南瓜，这个季节过去旅行的话，一路都能看到地里的南瓜，还有堆放着稻草捆的南瓜市集，看着就很热闹！

目前世界上最大的南瓜953千克，出自瑞士的农场。这里要特别推荐下位于苏黎世附近的优棵农场（www.juckerfarm.ch）。我去过这座著名的有机农场，离城区不远，坐落在风景优美的湖边。这里不仅种着蓝莓和各类果树，还有一座壮阔的苹果树迷宫！整座迷宫用了两千多棵苹果树，是永远在生长的果树迷宫！

每年秋天，这里都会举办盛大的南瓜节，农

场里到处布置着各种各样的南瓜,并且做成了各种新奇的造型。苏黎世人每到周末就会来这里享用丰盛的早午餐。如果这个季节你正好去到瑞士,不如顺便去看看。

欧洲最著名的南瓜秀场可能是在德国,位于图宾根附近的路德维希堡南瓜节。巴登-符腾堡州的图宾根是一座历史名城,路德维希堡这个南瓜节也很有名,2021年是8月30日到11月3日在城堡的巴洛克花园举办的。这里有"世界南瓜品种展览":花园里摆放着超过 800 种来自世界各地的南瓜,它们的种子每年 4 月中旬植入培育盆中,在大约 3 到 4 周后移植到路德维希堡近郊的农场,直到 9 月初收成之前,南瓜们都将受到农夫们的关爱及专业照顾。收成时,最大的挑战在于,如何为瓜田里的每颗南瓜标示正确的品种名称。之后,南瓜们则移师前往"绽放的巴洛克花园",并将在南瓜展上展出——真正的南瓜开大会啊!

其实,现代农业让南瓜一年四季都可以买到,但只有在秋季,是品种最多、最丰富,也是最当令的时节。下次逛菜市场的时候不如关注下身边的南瓜都有哪些,遇到好看的、好吃的,可以收些里面的种子,留到明年春天种上试试!

南瓜主题的金秋美味

桂花南瓜冻

南瓜是这个月丰收的果实,桂花是这个月当令的花朵,不仅花期与果期相合,就连颜色也同属一个色系,所以这二者的结合属于金风玉露,是非常匹配的。

桂花南瓜冻就是很好的当季甜品,它是金秋的颜色,堪称下午茶的绝配。这是一款意式奶冻,特点是入口绵软。做法也很简单。

步骤：

1. 南瓜去皮切块，蒸熟后碾成泥状，加入牛奶，用料理机打成南瓜糊；
2. 将吉利丁片用温水泡软，然后放入锅中加热，亦可加入适量冰糖（不用太多，南瓜本身就有甜味）；
3. 将打好的南瓜糊倒入，一并熬煮，所有的材料都充分融合在一起后，倒入合适的容器中，置于冰箱冷藏；
4. 吃之前在表面浇上一层薄薄的桂花酱就可以啦！

南瓜桂花绿豆糕

南瓜糕很适合现在食用,加上桂花后颜值和口感都得到了提升,而且操作简便,不加馅直接冷藏就可以吃。

配料:

> 桂花酱或新鲜桂花若干,
> 少许黄油或橄榄油,
> 去皮绿豆一斤,
> 南瓜粉一包,
> 压花模具。

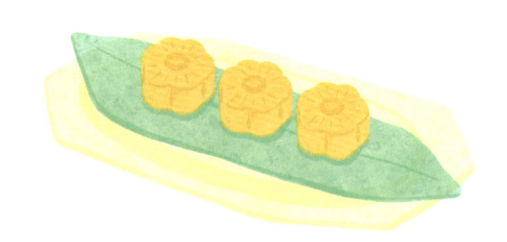

步骤:

1. 去皮绿豆提前浸泡数小时,泡软后上锅蒸熟;
2. 蒸熟后的绿豆碾碎,加入适量南瓜粉,绿豆沙的颜色就变成了金黄色,也可以用料理机直接打碎,越细腻越好;
3. 锅中倒入黄油(橄榄油等植物油亦可)炒制,去除豆沙中的大部分水分,出锅前五分钟,调入桂花酱(如不加桂花酱,则需要在炒制过程中加入白糖);
4. 将绿豆沙揉成丸状,用模具压制出漂亮的花形,最后轻轻撒上新鲜桂花作为点缀;
5. 冷藏后食用,口感会更好。

柠檬南瓜汤

南瓜和柑橘是秋天的果实,可以一直收藏到冬季。在凛冬将至的时节,分享一杯我最拿手的柠檬南瓜汤给大家,这也是一杯金黄色如花园般充满能量的热饮。

板栗南瓜和贝贝南瓜是最合适的南瓜品种,它们色泽金黄,口感醇厚。但光有南瓜还不够,需要加上轻盈的口感,这来自金黄色的柠檬。

配料包括:

1. 五分之一个板栗南瓜,也可以是1节山药,或几枚小芋头,或一点土豆块。一般家里有什么就用什么,作为辅助南瓜浓汤的配料(比纯南瓜的口感要更丰富,更香)。
2. 半包牛奶,一杯清水,如果想更香醇一些,可以加一小块黄油,没有也可以不加。

3. 柠檬皮削几片，用来给南瓜浓汤提香。最初我是擦成柠檬碎，后来发现不需要多此一举，因为它们在破壁机里都能打碎融合在一起。不过柠檬皮不必多，一小撮就很好——若有若无的柠檬香气是最吸引人的！

把以上所有食材一并加入破壁机，剩下的工作就交给它了。

我一般用"浓汤"模式，30分钟后，金黄色、充满能量的南瓜浓汤就完成了！饮一杯，好像把金灿灿的暖阳也喝进了肚子。

口感面面的南瓜适合烘焙做甜点，嫩的水分多的倭瓜类就可以清炒或者剁馅儿做成饺子等中式面食。我还从朋友那里学来一种蒜香南瓜的做法，大家也可以试一试：

1. 五花肉切大块，垫在砂锅或铸铁锅锅底。
2. 大蒜切片铺在第二层。
3. 南瓜切块垒在第三层（可以不去皮，带皮能保证南瓜块的完整性，而不至火候掌握不好煨成烂糊状）。还可以根据手边食材，加入其他根茎类的蔬果，比如胡萝卜块和玉米段。
4. 根据食材的量，大火焖5~8分钟后转小火煨20分钟（无需加油、加水，因为五花肉已有足够的油脂，蔬果类食材有足够的水分）。
5. 开盖换大火，淋上生抽或蒸鱼豉油，然后盖上锅盖，关火即可。

10月

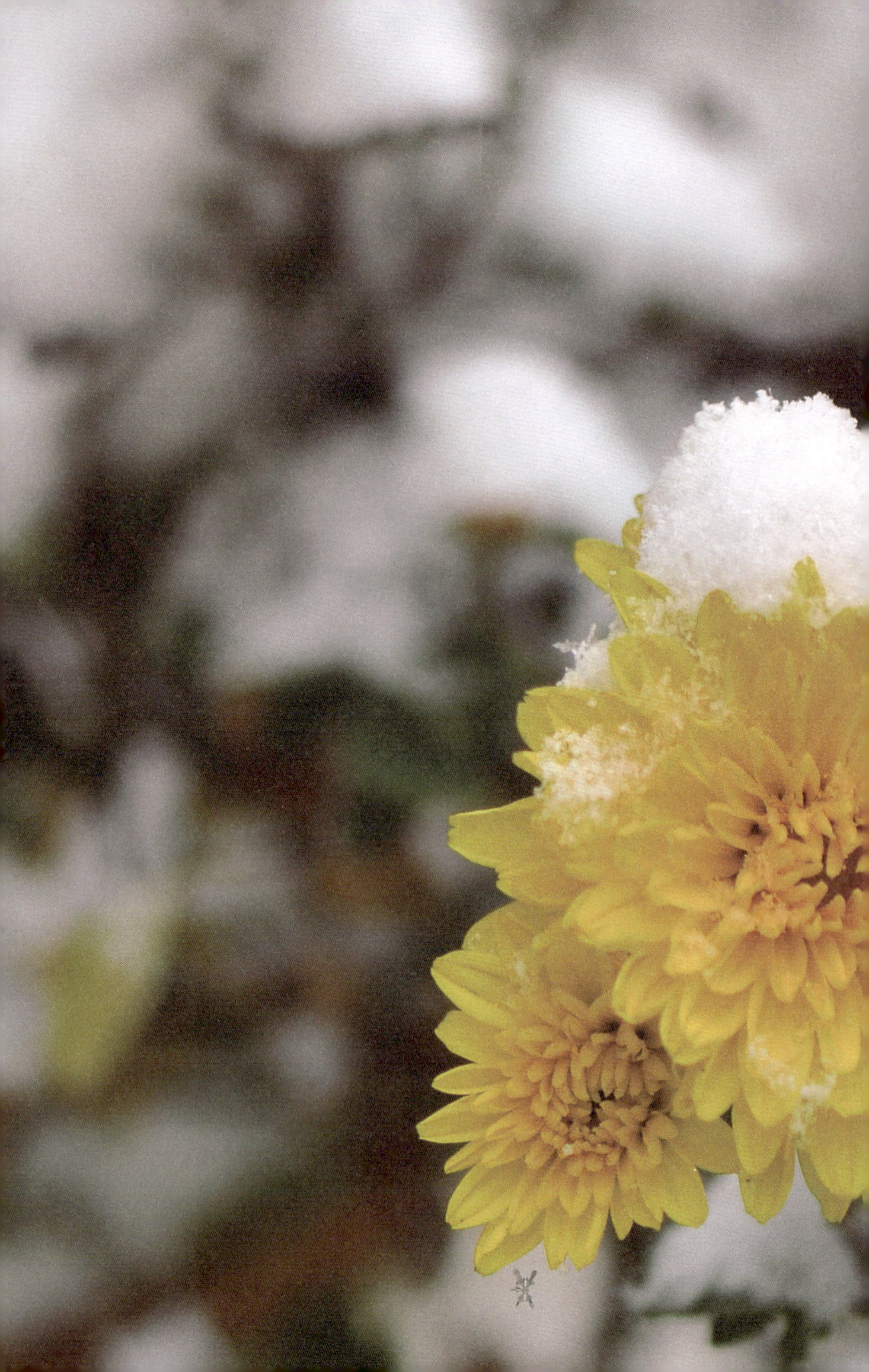

11月

柑橘风味香

秋收冬藏

随风而去的秋叶和飞鸟一起拉上了秋的帷幕，11月已经正式进入冬天了：寒来暑往，秋收冬藏。园丁们的战场逐渐转入室内。这个月的节气有立冬和小雪。

立冬，是冬季的第一个节气，冬，终也。每年11月7日和8日交接的时候，就是立冬了，这个月也是万物收藏的季节。在农耕时代，秋天的作物全部收晒完毕，收藏入库，动物们也藏起来准备冬眠，我们的花园生活进入了另一个空间。通常11月22日到23日，是小雪的节气，此时"地寒未甚"，下雪还不会太大，所以叫"小雪"。这也是一个能反映降水的节气。

封存你的花园：上冻水的作用

立冬前后，我国大部分地区降水都显著减少，空气一般渐趋干燥，土壤含水较少。11月是浇上冻水的最后时节。所谓"上冻水"是指在天气寒冷、上冻之前，气温差不多在5℃左右时，就应该为花园和植物浇灌足够的水分了，也有地方叫作"封冻水"。北方有句谚语："没有冬一片冰，难得春天一片青。"冬灌对于农作物来说特别重要，能有效控制地下害虫、改善土壤结构，非常有利于增加产量。上冻水对我们的花园也是如此，它的作用非常强大，这也将是你今年在花园中最后的劳作啦。具体而言，上冻水的作用包括以下几个方面：

1. 水结冰后，在地面之下形成了保护层，这层冰下面的土壤温度就不会再继续下降了，植物的根部也就能很好地防冻，顺利度过寒冬。
2. 封冻水让土壤沉实，变得较为踏实，植物根系和土壤密接，对花园里的植物越冬有利，尤其对那些新生长的植物而言。
3. 水分让各类肥料溶解，有利于根系吸收利用。
4. 当然还有防止干旱的作用。冬灌为土壤蓄水，提高了植物抗冻能力，也能防止冬季和早春的干旱。

有很多植物能熬过寒冬，却没能在春天萌发，它们很多不是被冻死的，而是干死的！所以冬季到来之前浇灌"封冻水"对植物安全越冬有重要作用。一般在11月下旬、小雪节气前后浇灌"封冻水"，浇灌过早，气温偏高，水分都蒸发掉了，并不能起到保温增墒的作用。浇灌过晚，温度太低之后水分不易下渗，起不到保护作用。一般在太阳晴好的上午9点到下午4点之间浇灌比较好。当然各地有不同的情况，小雪到大雪这段时间通常是北方花园灌水的时期。南方的花园水分充足，不需要

墒（shāng）指的是土壤适合种子发芽和作物生长的湿度，简单说就是"土壤里的湿度"。根系层需要储存充足的水分，才可以满足越冬返青对水分的要求。

像北方一样浇水。花园主人如果掌握不好浇灌的时间，就观察下自己所在小区绿化或周边公园的园林工人吧，当看到他们拿着水管浇水的时候，你也就可以考虑给自己的花园浇今年最后一遍透水了！

在北京，每年 11 月 15 日来暖气，我把这个时间作为冬季真正的开始。此前我会让花园里的树木们稍微冻一冻，从这个月下旬开始，我才会给那些怕寒冷的植物裹上一层防护装置，一般用无纺布、稻草绳、棉絮等包裹树干部分，根部则雍上厚厚一层土壤，我有时候会用松软的草炭土掺上普通园土，一起覆盖在树木的根系周围，到第二年春天再打开。这些保护措施对于那些新移栽的树苗是很重要的，等它们长成大树，耐寒性增强，不作防护也没有问题了。

树叶的玫瑰心意

11 月其实还有一点秋天的尾巴，这个月树叶逐渐开始飘零，红色的、黄色的、绿色的，一片片被风吹落在地上。在我眼里，每一片秋叶都是一朵鲜花！天气晴好的时候我会在孩子放学后带着他去附近的公园，那里有很多银杏树，风吹过后，草地上洒满了金色的叶片，孩子喜欢在草坡上奔跑，而我闲着没事就会在树下捡些漂亮的叶片。

捡来做什么用呢？并没有想过，有时候我会随手用它们叠出一朵朵花的形状。方法很简单：从本身就很漂亮的银杏叶里，挑选出大小差不多的一沓，然后顺着树叶的方向窝成一圈，立刻就变成了一朵玫瑰花的样子，在下面用绳子系上，或者用橡皮筋捆好就行了。如此制作几朵插在酸奶瓶子里，摆放在窗台上，能放很久很久呢！

如果是大片的梧桐叶或枫叶，就将树叶上部稍微对折一下，依次重叠摆放，最后用橡皮筋固定叶柄即可。大多数宽大的树叶都可以如法炮制，网上也有很多教程，叠出的不仅是树叶做的花朵，还是一片季节的心意，是秋天送给自己的礼物。

这两年我又多了一些好奇的事：这些彩色的树叶如果用来染色，会是什么效果呢？请教了一些植物染专家，她们都说其实所见非所得，几乎所有叶子染出来的颜色都不会是肉眼见到的颜色——但这正是自然界的神秘所在。

前两年，听说日本德仁天皇即位时所穿的御袍是黄栌染的，那一身"黄栌染御袍"只有天皇才能穿。我本打算等黄栌变色的时候也去捡一些试试染条围巾，会不会是初冬的色彩呢？查过资料才发现，黄栌染御袍并不是用叶子染出，而是以黄栌木的心材与苏木染成的。

有植物染老师告诉我，栀子果和雪菊合用可以染出我想要的金秋的色彩，但我还没来得及试。不过我并没有打算成为植物染专家，对于这类美好的事物，我经常随性而为，只为享受那份体验。

每年秋冬，我送给朋友们的礼物都是亲手制作的，有时候是季节限定的雪花酥，有一年则是植物染的围巾。她们都很吃惊，以为植物染很难，还好奇怎么能染得那么均匀。其实植物染很简单，煮开染料素材后，投入织物继续熬煮并浸泡，就完成了一大半工作，即使后面稍有褪色也没有关系，因为植物染就是这样自然而然。

你有柿吗？

2018 年的国庆节假期去京都旅行，看到街上的广告写着"新柿入荷"（入荷是到货的意思），于是立刻感受到了甜甜的秋意。日本特别重视季节风物，人们把新上市的新柿、新柚和新栗作为秋天风物的标记。要是提到这个季节北京的风物水果，那一定是柿子、石榴、山楂这三样了！

小时候我家附近有一棵柿子树，每年秋天都高高地挂着红彤彤的果实，让院子里的孩子们垂涎不已。来北京上大学后，我发现北京的街头巷尾到处是柿子树，校园里也不少，是那种果实很大的磨盘柿，在蓝天下特别醒目，很有故都的秋的气质！当我自己有了花园后，第一年就种了一棵柿子树，卖树的人说这是小火柿子。北方这类树苗很便宜，一棵树干拳头粗细的柿子树只要 50 元，而且种下的第二年就结果了，之后每年结果越来越多，一到深秋就有一树红红火火、喜盈盈的柿子高高悬挂在枝头招展。最开心的莫过于喜鹊，它们在树上喳喳地上蹿下跳，每一枚柿子俨然都是它们的蜜罐子！

柿子是深根性树种，根系较深，它非常喜欢阳光，如果秋天给它上足肥料，第二年就会开特别多的花，结很多果实。最初种下去的几年，每年冬天我都坚持给它做防护措施，把树干部分裹起来御寒，后来就不怎么管它了。其实柿子树很耐寒，而且耐瘠薄，所以北京郊野的很多柿子树尽管无人问津，也长得自得其乐。我经常组织全职妈妈们一起去郊外徒步，拍摄秋柿的美景。

但我种的柿子每年总是长很多白色的柿绵蚧。这种白色的虫子又叫作柿毛毡蚧，它们附着在柿子的果实和果蒂上，密密麻麻，黏附过的果实表面就会坑坑洼洼，看起来实在很恶心。防止这种病虫害据说需要喷洒大量农药，在农药和虫害二者间，我选择了后者。每年只用最简单的方法除虫：对于那些能够得到的柿子，一旦出现这类白色虫子，就用抹布将它们擦掉。

我们家的柿子不能直接摘下来就吃，需要进行后期处理。实际上，我到后来才了解到：绝大多数我国原产柿子品种都属于完全涩柿类，无法自然脱涩。我种的火柿子也属于这种涩柿，即使挂在树上变软了，吃到最后也还是有涩味。所以还是需要进行脱涩处理。

如何让柿子脱涩呢？有多种方法可以实现。

- A. 将涩柿和一个苹果或梨放进保鲜袋中，扎紧袋口。三四天后生硬的柿子就会变软，涩味也完全去除了。
- B. 将柿子放进米缸中，埋入大米里面，也只需要几天，涩柿就变成了甜蜜的软柿。
- C. 将柿子用白酒擦一遍，放进密封袋，几天后也就脱涩了。

柿子脱涩的方法

这些处理方法会让硬邦邦的柿子变软变甜。想要酾成又甜又脆的柿子，就需要用另一种方法，这也很神奇，我在网上看到北京密云乡村有用水边常见的野花蓼花加山泉水浸泡的（据说用桑叶、番石榴叶也可以）：

1. 采摘粉红色的野生蓼花，只取花穗部分即可，清洗；
2. 将清洗过的蓼花一层花一层柿子地码放在坛子或瓶子中，加入山泉水（或凉白开），没过青柿子；
3. 盖上盖子，待柿子和花在泉水中浸泡四五天后就可以食用啦。

柿子变软后，一次吃不了可以冻在冰箱里，等到过年的时候就可以取出当作冰淇淋那样用勺挖着吃，还可以做成柿子酱，涂抹面包片。

蓼花酾柿子的方法

柿子的品种

我国的柿子品种很多，全世界据说有一千多种，我国就占了三百多种，根据能否在树上成熟自然脱涩，简单分为涩柿和甜柿两大类。甜柿从树上摘下来就可以吃，而涩柿采收后需要经过脱涩处理才能吃。现在去超市看到的各种柿子，很多都是引进的甜柿品种，因为还是这种甜柿更具商品性。那种还需要后期脱涩处理的涩柿，虽然保存方便，但对消费者来说太麻烦了。

除了区别于涩不涩，还有从果型上区分不同品种的：长得像磨盘、有上下两层的叫磨盘柿，北京、河北、天津这一带特别盛产；还有牛心柿，一听这名字就知道柿子长得像牛心，陕西安康一带特别多；安徽黄山产一种灯笼柿，河北有莲花柿；其他的还有扁柿、葫芦柿、珍珠柿等，都是"名如其柿"。

我特意请教过山东的果树专家高文胜博士，他说目前国内最流行的三种日本甜柿分别是富有、次郎和阳丰。它们除了可以在树上自然脱涩，即摘即食，还有很多优秀的特征，比如生长快、结果早、果实品质高。

富有原产日本歧县，据说1920年左右就引入我国了。这种柿子果实很大，圆而扁，十月底成熟，果实不易软化，所以很耐贮运，适合温暖的地区栽培，但它需要配植授粉树才行。次郎原产静冈，也是同期引入中国的。

很多年前的初冬，高博士专门送给我们北京的花友们一批日本甜柿的种苗。当时快递过来的时候比筷子粗不了多少，但成活率还不错。几年后大家纷纷汇报说柿子结果了，而且非常甜，摘下就能吃，不再需要脱涩处理。这真是让园丁们高兴的一件事！

高博士给我们推荐阳丰作为适合庭院种植的甜柿。阳丰的果实扁圆形，成熟时果面是橙红色，果顶是浓红色，肉质硬脆，味道甜美，是综合性状最好的甜柿推广品种。

阳丰是富有与次郎杂交育成的，属于完全甜柿品种，而且它单性结实能力强，不需要配植授粉树就可以结果很多，是特别好的中晚熟品种，难怪现在种的人很多。私家花园的面积通常较小，再要种两种不同的柿子树以便授粉的话就很麻烦，所以阳丰这种就很适合家庭，更何况还能鲜食呢！

柿子的应用

柿子果酱

材料：软熟的柿子若干只，柠檬一只，玉米淀粉，冰糖，干爽清洁的果酱瓶

步骤：

1. 将软熟的柿子用勺子掏出果肉，捣烂备用；
2. 将柿肉倒入平底锅中，加热后倒入适量白糖，挤入适量柠檬汁提味；
3. 清水融化适量玉米淀粉，倒入锅中，继续熬煮，直至黏稠；
4. 倒入果酱瓶中，加盖封存。

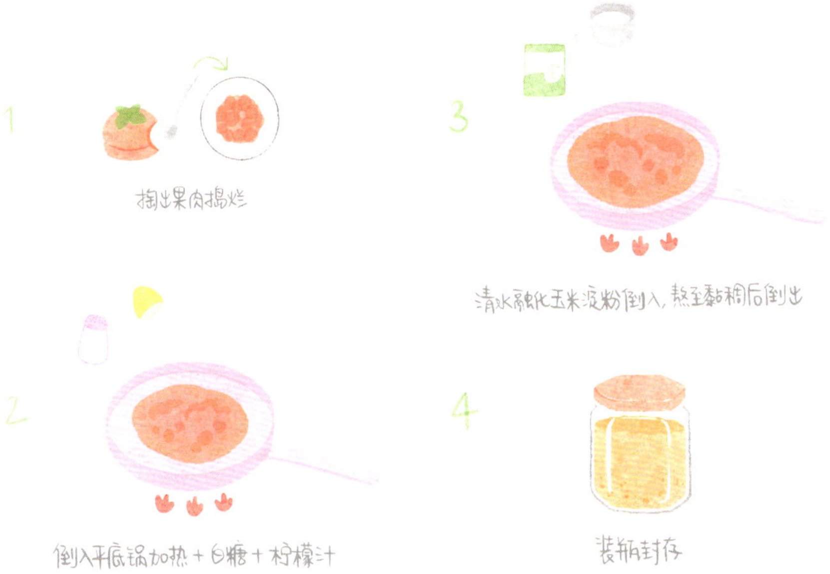

柿子果酱的做法

玫瑰甜柿挞

材料：脆柿，石榴，酥皮，蛋糕模具

步骤：

> 1. 在模具上铺上半成品的酥皮，放入烤箱烘烤至九成熟；
> 2. 脆柿切成半月形的片；
> 3. 取出烤好的酥皮，将柿子一片一片铺在上面，做成漂亮的玫瑰花形；

1 将酥皮烤至九成熟取出

2&3 脆柿切片成半月形
一片一片铺在酥皮上做成花形

4 再烘烤5分钟,待柿子软后出炉

5 点缀晶莹的红石榴粒作为装饰

◨ 玫瑰甜柿挞的做法

4.送入烤箱继续烘烤5分钟,待柿子烤软后即可出炉;
5.点缀几粒晶莹剔透的石榴籽,玫瑰甜柿挞就做好啦!

柿染和柿漆

每年我们总会等到柿子自然变红的时候再摘,成熟的柿子充满了阳光蜜意。不过,青涩的柿子也有特别的用处呢!用青柿子榨汁后过滤,然后把汁液涂抹在布料上,就能进行染色了。经过柿染的面料非常挺括,颜色是那种深褐色，日晒后会加深——大多数植物染在太阳暴晒下会褪色，而柿染会随着时间的变化和阳光的暴晒让着色更加牢固——很神奇吧？所以日本把柿染叫作"太阳之染"。韩国的济州岛特产柿染服，人们用这种柿染的服装作为劳作时穿的工作服，因为不仅结实耐磨，还耐脏呢！

柿漆也是提炼自青涩柿子的一种传统漆料，这是自然赋予柿子的能量。青柿子体内的单宁酸是人们想要的。将青柿子捣烂成汁，之后发酵氧化，一年后成为柿漆，可以用作木器、船只和家居的涂料，这是自然的颜色。它可以防水、防腐，还能防虫，结实耐用，所以古人会在很多地方用到柿漆，比如折扇、渔具还有建筑材料。现在日本和韩国依然有很多人在研究柿漆。

柿蒂纹和柿子叶

你注意到柿子的蒂部了吗？柿蒂一般有四个瓣，我国有一个传统的纹样就叫作"柿蒂纹"，从战国时期柿蒂纹就很流行啦！它们出现在一些铜镜、陶器、瓦当上面。

柿子叶也很棒，它们可以用来包寿司呢，柿叶寿司是日本奈良的应季名物哦！它们还能染色，这也是我日后想要尝试的。

柿帘和柿饼

前两年因为柿子大丰收,我就把长得周正好看的柿子精选出来,送给朋友们品尝,有时候还会让孩子带上一篮去学校分给小朋友。剩下一些有虫斑、略有缺陷的柿子,扔了会觉得可惜,可是也吃不完那么多,于是我学做了柿饼。

做柿饼不是什么难事,就是将已经成熟的硬柿子削去皮,然后用绳子拴成一串挂在窗前晒干。只有两点要注意:一是摘的时候要保留部分枝条,这样方便后期系上绳子;二是一定要削皮,不削皮的柿子如果直接挂在外面,可不会变成柿饼,只会变成一摊柿子泥掉落在地上。

至于自制的柿饼能否成功则要看天气。2020年我做的时候赶上阴雨天和雾霾天,柿子们最后干是干了,可是表皮发暗,而且表面还有霉点,所以基本算是失败了。当然,这是我自己在家做柿饼,真正商业化生产的柿饼肯定不能靠天吃饭!过去,传统的柿饼加工确实多采用自然干制法。这种方法基本靠露天晒和风吹,需要长达数月的时间才能完成干燥,长时间暴露于空气中也容易受到微生物的污染。近年来,人们改进了干制工艺,不再靠自然晾晒工艺,而是通过控制温度进行烘烤,来缩短柿饼加工所需时间,同时操作环境干净,柿饼也就更好吃了,尤其是那种流心柿饼口感更好。

不过我并不是为了期待吃上一枚柿饼而做,我喜欢的是柿子们一串串挂在窗前形成一道柿帘的风景!

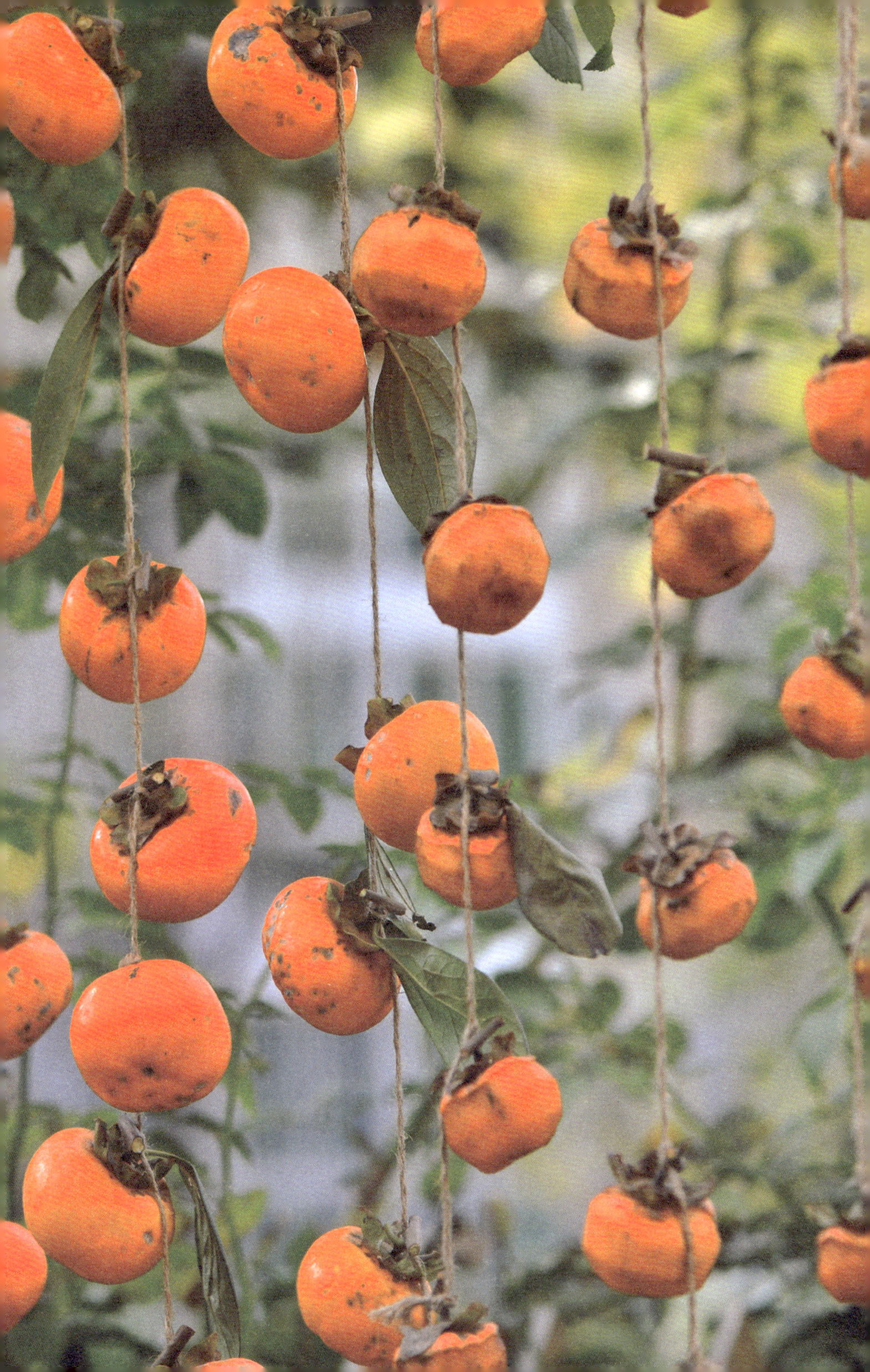

观赏草的冬日舞台

秋冬的花园已经趋于萧条，有一种植物在春夏通常都只作为花园布置的辅助而存在，然而这个月却勃发生机、大放异彩，这就是"草"。各种各样飘逸潇洒的观赏草，无论是清晨还是黄昏，无论是阳光下还是月光中，它们都迎风起舞、随风摇曳，在入冬之前更凸显魅力。

首先我们来了解下什么是观赏草（ornamental grasses）。观赏草的定义现在愈发宽泛，广义的观赏草包括真观赏草和类观赏草两大类。真观赏草就是指禾本科中有观赏价值的种类，是观赏草主要的来源。最初我们将狗尾草、狼尾草、芒草这类有着细长叶片且不会开出鲜艳花朵的禾本科草状植物称作观赏草。

但现在，园丁们将会把各类菖蒲、香茅草甚至那些不在花期的鸢尾、马蔺、萱草等都纳入观赏草的范畴。莎（suō）草科、灯芯草科、香蒲科、天南星科菖蒲属、花蔺科等植物都带来"草"园之感，它们就是类观赏草。当然，这里提到的观赏草不包括草坪里的那种草。观赏草并不是路边的杂草，能带来"美"的感觉，是观赏草的首要条件。

观赏草大多对环境要求不高，强健易繁殖，而且无需修剪。正因为如此，人们将它广泛应用在园林景观设计中。它们的色彩有绿色、金色、

11月
417

红色、白色、浅蓝色甚至黑色等。花序则形态各异，有的完全不起眼，有的形似羽毛，有的轻盈好似雪花。不过也要注意的是，它们会和其他植物在水、光和土地营养方面产生竞争，所以栽种繁殖能力过强的观赏草要慎重，或者采取盆栽方式。

草的隐喻

看到野草你会想起什么？荒原，河流，还是云雾？是的，它们像雾像风又像云霞。针茅草的叶片柔软而轻盈，它们长成一片的时候就好像空中缭绕的云雾，也像是花园隐约的面纱。湖边或是河岸，芦苇高高擎着的白色花序，总不免让人想起"风萧萧兮易水寒，壮士一去兮不复还"的萧瑟。而这几年非常流行的粉黛乱子草则轻柔好似一片粉色的云霞。狼尾草就和它的英文名字 fountain grass（喷泉草）一样，有着喷泉般勃发的花穗表现。

我印象最深刻的是有一年在法国卢瓦尔河谷的丽芙城堡看到的观赏草。这里的花园不同于常见的规则式城堡花园，具有浓浓的英国花园风格。其中有一处花境是用大花葱和观赏草一起配植，大花葱的花头饱满、色彩鲜艳，观赏草则从另一侧轻快流过。

这样的情景一下子让我想到了英国东南海岸的"伦敦阵列"（London Array）风力发电站。这是壳牌石油集团的一个风力发电项目。它绵延20公里，175台涡轮风力发电机就那样矗立在茫茫的海洋之中。大家去伦敦的时候可能会在飞机上俯瞰到这壮观的一幕。

我还在一本杂志上看到,花园设计师将几条游鱼雕塑插进了一片如河水般流动的观赏草丛中,这一幕立刻让人感受到观赏草那种如潮汐涨落般的波动效果。细细的草叶被风吹成了水流状,你看得到风拂过草叶的痕迹!或者你也可以认为是草捕捉到了风!

很多观赏草不但能捕捉到风,还能捕捉霞光!这源于它们特别的质感。不妨观察下,一早一晚,这些观赏草在朝霞和晚霞中会闪烁着忽隐忽现的光泽。水边的芒草就是捕光高手,它们晶莹剔透的花序在黄昏最为动人。

拂子茅是我特别喜欢的一种直立型观赏草,在初冬的季节,天气变冷,人们出门会忍不住缩着脖子,而拂子茅好像无惧严寒,总是保持挺拔的姿态,所以它很容易塑造一种坚挺的阵势,让人看了也不禁要挺直腰板。

假如你要找那种很乖的观赏草,即不会乱窜根,不会长得张牙舞爪,株型散乱过于野趣,那么短小刚硬的蓝羊茅值得推荐。它耐阴也耐寒,还耐干旱,我把它种在户外的陶罐中都能在北京露地越冬。

路边的狗尾巴草你肯定见过,其实它们包含了同科不同属的两种植物。狗尾草是一年生草本,比它霸气的自然应该叫狼尾草,是多年生草本植物。狼尾草也分好多种呢!比如紫穗狼尾草、矮株狼尾草、长穗狼尾草、小兔子狼尾草(简称兔尾草)、羽绒狼尾草,它们的叶色株型不一样,花序都是那种毛茸茸的触感,小朋友们特别喜欢去摸这些植物的大尾巴。我们家附近的公园里,路边常常看到被撸秃的"大尾巴狼"。狼

粉色花序的糖蜜草

尾草们的花序开在秋季,风吹拂过,好像浪花在翻滚。

"蒲苇纫如丝。"蒲苇这种观赏草非常中国风,无论南北,郊外河边都很常见,它们的花序好像鸟儿在枝头飞翔。在很多描述秋天的画面中,尤其是送别的场景,都能看到它们的身影。同时蒲苇也非常西方,英文名叫作"潘帕斯草"(Pampas grass)。潘帕斯是南美洲的大草原,以它命名,可见在那边也是分布广泛,欧美则有更多蒲苇的园艺品种,它们壮丽豪华的圆锥花序通常能增加整个花境的高度和效果,花序有金色、银色、淡玫瑰粉色的,所以也广泛运用于装饰性干花。

糖蜜草的花序是粉红色的,非常精致可爱!在北京延庆的世园公园中看到过它,配植在山石旁边,一看就是那种很乖巧的观赏草,尤其是粉色花序还闪烁着光泽!遗憾的是,据说它不耐寒,不能在北京过冬。如果特别喜欢的话,估计只能在冬天挖回室内当作盆栽了。

观赏草的搭配和使用理念

也正因为观赏草的自然形态很容易让人们产生丰富的联想,所以它们在花园中的配植和设计会更有挑战性。创意和灵感很重要。草和花的搭配、草与容器或小景的搭配,是花园设计中常见的几种形式。

除了丛植、片植,高大的芒草、蒲苇适合孤植,有那么一两棵就让花园宛若仙境。很多耐阴的观赏草适合种在轻度遮阴的墙角路边,勾画出花园的动线,比如各种麦冬、薹草。有着特别形态和颜色的观赏草很适合种植在漂亮的花器中，比如新西兰麻、红狼尾草等。而色彩醒目的花器和花园装饰则可以配饰在茫茫的草叶之中。

皮埃特·欧多夫（Piet Oudolf）是一位特别擅长运用"草"来造景的景观设计师，他是荷兰自然美学景观的领军人物、世界泰斗级园艺大师。世界各国都有他设计的经典花园，比如纽约的高线公园（High Line Park）、英国威斯丽花园（Wisley Gardens）温室附近的新花境、特伦特姆庄园（Trentham Estate）主体花境和彭斯索普（Pensthorpe）自然主义花境。这些作品都充满野性之美，也可称之为荒原之美。

他最重要的影响是引领了种植设计的新变革。他认为：评判一座花园的景观是否结构出众，不是看它开花时有多么美丽，而是看它在凋零时是否依然优雅、令人动容。欧多夫说，他所有的作品都致力于创造出植物在大自然中真实的状态，但这并不意味着只是简单地复制自然，而是要让植物在景观中有"自然"的感觉。

欧多夫所有的景观作品都大量运用了观赏草，无一例外，也许是因为只有观赏草开花和不开花的时候区别不大，也只有观赏草，能让人们时刻体会到自由、恣意、自然。

他的种植让花园爱好者大开眼界。他也通过这些设计提

醒人们，花园不必过于控制和规范，而应该成为野生植物、昆虫和动物的庇护所，当然，也是人类的绿洲。

所以我们现在可以看到这个世界是如此丰富：修剪整齐的草坪依然存在，但都市里也会存在令人着迷的"荒野"花园。这样的组合是令人兴奋的，尤其是在钢筋水泥的大都市，高耸的建筑、精致的园林以及欧多夫的自然主义种植共同存在。这类花园的成功和对观赏草的有序使用是分不开的，因为那些已经不再是野草和杂草了。

柑橘风味轮

11月正当令的水果非柑橘莫属。它们的展示从超市水果柜台一直来到我们的花园。柑橘的世界很大，橙檬橘柚太多品种让人们眼花缭乱。花园中很适合种一棵柑橘属植物，初夏洁白的橙花散发出迷人的香气，随之而来的果实可以一直挂到秋末甚至次年的初春，而且它的叶片经冬不凋，四季常青。芸香科柑橘属的植物盛产于亚热带，在我国栽培非常普遍，加上它们鲜艳的果实缀在绿意盎然的枝头看起来喜庆得很，所以也是庭院主人们喜爱的果树品种。

柑橘的地图

欧洲从很早就开始食用并种植柑橘类植物了，在中世纪，柠檬就进入了地中海沿岸居民的食谱中。让柠檬和柑橘的种植走向繁荣的，是大航海时代的到来。因为各国的航海者们都发现，柠檬和柑橘能够预防在远洋航海途中容易得的坏血病。一直到现在，在各类水果中，柑橘也几乎是维生素 C 的代名词！丰富的维生素 C 含量让它们备受人们的喜爱。人们把绿色的小个儿酸橙叫作 lime（lime 还有石灰、椴树的意思），黄色厚皮的叫作 lemon。柑橘类果实是公认

人体最好的维生素 C 来源。

此外，柑橘是饮料行业的一种关键口味，是满足当今不断变化的消费者需求的完整解决方案组合中必不可少的味道之一，与香草和薄荷一样。我们平时喝的汽水很多是橘子口味的，比如葡萄柚汁、橙汁、青柠汁等；小朋友吃的药、泡腾片很多也是橘子味的，这些风味大多来自柑橘的天然香精配料。无论是鲜食还是榨汁饮用，酸甜适中的柑橘是很多家庭早餐必备的水果之一，最常见的是甜橙（orange），其次是葡萄柚（grapefruit）。

然而，柑橘家族既庞大又复杂：香橼（citron）、佛手柑（bergamot）、柚子（pomelo）、金橘（kumquat）、橘柚（tangelo）……人们可以根据自己的喜爱选择不同用途的柑橘树。

现在我们把视线收回中国。在我国，柑橘是仅次于苹果的第二大类水果，据说在全球排名也处前列，主产区集中在广西、湖南、江西、湖北、四川、福建、浙江等19个省区。广西沃柑、砂糖橘、南丰蜜橘、赣南脐橙、琯溪蜜柚、永春芦柑、涌泉蜜橘、金华佛手、黔阳冰糖橙、德庆贡柑、台湾柳丁、东势椪柑、安岳柠檬、宁波红美人、眉山爱媛、四川耙耙柑……从这些大家熟知且带有地理标志的柑橘名称就可以看出，它们适应的地理范围实在很广泛。很多柑橘品种比如不知火、春见这类，不一定是当地原产，但引进多年后已经成为了当地的特产。

柑橘的日历

从这个月开始，我陆续收到朋友们寄来的各类柑橘，非常感恩，它们带着枝头的绿叶新鲜而来。

11月

1. 靖江香橼

首先收到的是高中同学从老家寄来的香橼,也递来了故乡的香气。

我的老家江苏靖江并不产橘子,可是有一种特殊的柑橘,它为香气而生,那就是香橼。也许更正确的写法是"香圆"。它还是靖江的市树。

辰山植物园的刘凤博士介绍说,庞大的柑橘类水果家族中,除了少数边缘成员,绝大多数品种都是三个野生种的后代,它们是宽皮橘、柚和香橼(也叫枸橼)。然而这里提到的香橼和我家乡的香橼是不一样的。所以,可能"香圆"的写法更准确。无论写成哪个字,有一点我都非常坚定:靖江的香橼(香圆)是全世界最香的柑橘品种。

事实上,无论是佛手柑还是柠檬,如果不凑近闻或切开表皮,它们的香气都不足以弥漫在空气中。而我家乡的香橼——个头比脐橙略大,和胡柚差不多——表皮粗糙,散发着特别的香气,家里放一只,整个屋子都能闻到它清新的香气:不浓烈,但足可让你感受到它的存在。小时候每到深秋就是香橼成熟的季节,邻里总会送来圆滚滚的大香橼,我喜欢把它藏进被窝里,晚上睡觉前一掀开被子,就有特别好闻的香味弥散开来。把它放在枕边是一个很好的选择,它能帮助你快速进入香甜的梦乡。

香橼不能直接吃，或者说不适合鲜食，家乡的人们种植它主要是为了闻香，作为一种清供摆在家里。它还可以入药，每年秋天镇上的中药店会收香橼。乡村的人家经常会在房前种一株高大的香橼树，一方面是因为香橼树长寿，树龄可长达百年，树干笔直而高大，另一方面是它的树枝上有很长的刺，乡间认为这是可以辟邪镇宅的树种，所以大家都喜欢种它。

从十八岁离开家乡来北京上学，到后来在这里工作、生活，一住就是二十多年，我总是分外想念童年时代的香气，于是高中同学每年在这个季节都会给我寄上一大箱香橼。我会分给北京的好朋友们，特别虔诚地介绍这是来自故乡的特产，北京是没有的。除了放在床前闻着香味入睡，我还会切成片泡茶，用法和柠檬是一样的。

多年前我带了一棵香橼苗回北京盆栽，没有给它特意浇硫酸亚铁这类，所以它总也不开花结果。不过每到圣诞节前后，我都会在树枝上挂上圣诞装饰，于是它就成为一棵漂亮的圣诞树了！

2. 涌泉蜜橘

我的故乡属于长江中下游平原地带，这里的香橼树都是种在平地里的门前屋后，而浙江临海的花友阿斯克说，他们那边的涌泉蜜橘很多是种在陡峭的山坡上的，因为平地里容易被水淹。涌泉蜜橘最大的特点是可以连皮一起吃！

涌泉是一个古镇，被誉为江南橘乡，这里的人们世代以种橘为生。涌泉蜜橘是橘中极品，鲜嫩多汁，橘皮非常细薄，又没有苦涩味，所以可以连皮一起吃下去。阿斯克特意给我寄来三种蜜橘，说是来自不同产区的同一个品种，口感也有所区别。他的橘园也位于山坡，三面环山一面环水，这里阳光充裕、雨水充沛、日夜温差大，而蜜橘的糖度、水分和果皮厚薄与这些气候因素息息相关。

阿斯克原本有一份制药公司的工作，后来和家人在家乡租了山地，自己开荒，打理橘园。橘树3年后才开花结果，现在他的橘树们已经超过10岁，逐渐进入盛果期，他告诉我说橘子的甜味和树龄有关，橘树越老则果实越好吃。阿斯克是新一代蜜橘人，他的兴趣爱好非常广泛，订阅了三联中读的很多与花园、茶饮相关的专栏和文化节目。在家乡，他非常用心地种树并研究柑橘，还计划绘制自家橘园的甜度曲线图，从蜜橘初上市的酸甜到爽甜，最后到蜜甜，都用糖度数据来体现，用以即时告知客户。

我在和他沟通的过程中了解了不少有关柑橘的知识，比如柑橘的化渣性。之前没有注意过这个术语，阿斯克告诉我，化渣性是涌泉蜜橘最突出的特点，

柑橘风味轮示意图

花园生活美学
430

使其有别于其他蜜橘（比如砂糖橘、不知火、春见等）。化渣性的体验可以概括为果冻口感。肥料和雨水都会影响化渣性，使用复合肥后，橘子入口的渣感会特别明显，雨水太多或太少也会增加果渣。橘子个头并非越大越好，单果直径在6.5厘米的化渣性体验最好。

于是我给他发了一份风味轮的图片，建议他可以尝试制作一份柑橘风味轮，这样能够确认涌泉蜜橘在行业中的位置，也方便客户了解该品种的各个特性。

风味轮是一种感官评价系统的图表工具，即用科学的态度来定义我们常说的"好吃"二字。实际上，是否好吃常常因人而异，有人喜欢酸甜，有人喜欢没有酸度的蜜甜。咖啡行业中也有这个风味轮，直观呈现咖啡千变万化的风味。酒类也有相应的风味轮，用来定义各个不同风味，统一各种酒的感官描述标准，比如葡萄酒香味轮、威士忌风味轮等。

3. 爱媛、春见、不知火

"况当风物一年好，盘荐黄橙并绿橘。"接下来要介绍的爱媛28号柑橘是四川的病虫害专家孟飞安排寄来的。他说，你要写柑橘的话，还是应该多品尝各种不同的柑橘才行。

孟飞也是一名果树专家，他在一家以色列农业技术公司工作，是四川农业大学植保专业毕业的，他给我提供了很多关于柑橘的资料，还给我发来一份四川柑橘成熟的时间表。他说妻子娘家正好有一座柑橘园，也在通过各电商网站销售产品。作为新一代橘农，妻子最近正日夜兼程采摘爱媛橙，再分发物流递送到各电商平台，需要这样一直忙到明年4月下旬。

从他发来的时间表看，现在上市的是爱媛橙（江浙一带叫红美人，也叫果冻橙），接下来分别是春见、不知火、柠檬不知火、青见（耙耙柑）和沃柑、砂糖橘，从8月底上市一直持续到次年4月！柑橘真是一类非常厉害的水果！

四川是盆地，没有霜与雪，所以柑橘可以持续出产到4月，甚至有些品种5月都还有。孟飞骄傲地说："我们四川真是好地方！四川的水果品种特别多，北方的苹果啊梨啊我们四川有，热带有的水果比如芒果、莲雾、释迦、荔枝、桂圆，我们四川也有！"

四川本地的传统柑橘叫红橘，吃多了上火，此外它还带籽，吃起来不方便。所以随着日本新品种的引进，传统的红橘和普通橙子都被淘汰了，被更多、更新、更流行的品种取而代之。红橘这类树成为新品种的嫁接砧木。

日本的爱媛县得益于温暖湿润的气候条件，从江户时代就开始种植柑橘，被誉为"柑橘王国"。2005年前后，国内通过民间渠道引进了爱媛28号柑橘，很快受到欢迎。现在中国多个柑橘产区都引进了爱媛橙，其中浙江和四川等地种植规模较大。由于气候土壤条件的差异，各地所产的爱媛橙口感有细微的差别。

红橘虽已成为老品种，可它依然还有自己的价值：可以做成小橘灯，可以挖空放入艾灸条制成小香炉，还可以直接在香薰炉上炙烤，散发好闻的冬日香气。

花园生活美学
432

孟飞还提到，柑橘的更新换代非常快，它不像其他植物，换品种需要重新播种，而是直接把上面的枝条锯掉，把新品种枝条嫁接在上面，就完成了品种的改良，成为一个新品种了！

全国有60%的柠檬都来自四川。一款"柠檬不知火"也接踵而至，孟飞说这是传统不知火和柠檬高枝嫁接而来的一款杂柑，产量较低，所以算是一款高端小众柑橘产品。外观是柠檬黄，表皮有柠檬的清香，而且果肉脆甜，早期带点果酸，到中后期就完全达到纯甜了。

我一直以为柑橘不能在北方过冬，没想到也有遗世而独立的种类。有个春天，我在国家植物园南园里看到一棵大树，开着满树的白色橙花，它生长在一处避风向阳的地方，物种说明牌上写着"枸橘"，树枝上都是尖尖的刺儿。原来这就是枸橘，即传说中"生于淮北的枳"。它是芸香科柑橘亚科枳属植物，是中国独有的树种。它长这么多刺，果然是"雀不站"、天生的"铁寨篱"，作为耐寒的柑橘类，它是独一无二的！去年秋天我还特意跑到植物园去看它，地上落满了一颗颗乒乓球大小的枸橘果实。我捡了一些带回来，里面种子很多，扔在花盆里很快就发芽了呢！

柑橘的世界很大，这些内容也不过是为大家打开了一扇小小的窗户，下一节我想介绍柑橘在我们生活中扮演的角色——它们除了能吃，还能做什么呢？

柑橘的花样生活

皮

柑橘的果实具有很高的药用价值。自古以来，橘络、枳壳、枳实、陈皮就是传统的中药材，在中医临床上广泛应用。现代药理研究认为，橘皮中的胡萝卜素、维生素C等比果肉含量还要高。平日里我们最常见的"陈皮"就是陈年的红柑皮，风干后可用于烹调、泡茶、入药，而且越陈价值越高。

关于皮，大家最为熟悉的一定是广东的新会陈皮了，这是中国国家地理标志产品。需选用特有的茶枝柑柑苗，在新会当地培育种植，存足三年或以上的才能称为新会陈皮，在良好的仓储环境下，陈皮以贮藏的时间越久、陈化年份越高越好。人们普遍认为陈皮味苦、辛，性温，有理气、健脾、燥湿、化痰的功效。

云南人会将柚子皮缝制成容器，用于填充茶叶，干燥经年，让茶叶获得柚子中丰富的香气和养分。这种陈年柚子普洱茶还有理气化痰、治疗咳嗽、清火顺气、去油解腻的功效。当然还有现在流行的小青柑，通常是用新会的青柑和百年古树普洱茶制作而成，其实这种做法很简单，我们平时也可以试一试。

叶

泰国有一种苦橙，它以叶片取胜！这种绿色的叶子具有特殊的香味，非常好闻，有时候也被叫作柠檬叶，但实际并不是柠檬，看它结出来的果实就知道了：表面凹凸不平，小小的样子。泰国人将它的叶片油炸后佐以花生、凤尾鱼干，作为零食吃。果实切开后挤出果汁，还能用来洗头发。

柑橘的叶片很厚，我觉得它的枝叶也适合作为节日的花环，只是需要小心上面的刺。

香气

前文已经提到柑橘类水果适合放在床头，因为芳香分子能与人的嗅觉感受器结合，启动一系列化学反应，作用于大脑主管情绪的边缘系统。橙子、柠檬、柚子等柑橘类水果中，含有散发香味的苎烯，能刺激大脑产生 α 脑电波，使大脑放松，从而助眠。睡眠不好的人，今晚就放个橘子试试吧。

超爱柚子香的日本人把柚子当作冬天的代名词。柚子独特的香味和酸味很让人着迷，所以他们研发出很多柚子香型的护肤品，包括护手霜、沐浴液等。日本的超市里还有一款柚子粉，是作为食物调料来用的。然而，日语中的柚子和我们汉语里的其实不是一回事。不同于中国人所称的柚子（文旦），日本柚子（*Citrus junos*）其实是一种果实很小的柑橘属水果，皮比较皱，果肉味道很酸，常用作日本的调味醋，它的果皮也被日本人用来入浴增加香气。上次在京都入住的酒店就提供用柚子皮、薄荷、薰衣草、京都柏树皮一起混合的森林浴包，闻起来是特别舒服的自然之味。

果实

西方人也善于运用柑橘的香味，比如圣诞节的热红酒（mulled wine）就会用到橙子和丁香，人们也会将其悬挂作为装饰，让它自然风干。在制作热红酒时，人们把丁香插到橙子上，是为了不让丁香散落到酒汤里，而家居环境中将丁香插在橙子上并排列出各种造型，则是为了美观。随着橙子渐渐干燥，它依然可以释放出美妙的香味。丁香橙经常被制

丁香橙

成美丽的装饰品，作为送给朋友的礼物，或用来装饰圣诞树，兼备空气清新剂的作用。

西方把丁香和橙子一起制作的这个装饰球叫作 pomander，这个词源自法语 pomme d'ambre，意思是"琥珀苹果"（apple of amber）。最早中世纪的草药学家用布袋或有孔的盒子装上混合的、芳香的干药草，用来预防疾病或寓意带来力量和福气。黑死病暴发期间，欧洲人用浓郁的龙涎香来掩盖和净化"不良空气"；现在这种香丸状的芳香球要简单很多，通常就是用橙子或其他柑橘类水果组成，上面钉着丁香，并撒上其他香料。丁香本身有特殊的香味，同时也是天然的防腐剂。后面橙子会干缩，最后成为一只干燥的香囊。

制作的时候你可以先用牙签打孔，想好排列的顺序和图形，然后插入丁香。最后给橙子扎上丝带，打上结，漂亮的丁香橙就完成了！完全干燥后，可以把丁香橙丸挂在壁橱中，或者像香囊那样放入抽屉里。

在缺少新鲜果蔬的冬季，柑橘绝对是很好的维生素 C 来源。据说两个中等大小的橙子，就能满足人们一天维生素 C 需求的一半。不过要注意，一次吃太多，可能会变成小黄人！这是因为柑橘类水果含有胡萝卜素，一次吃太多，过量的胡萝卜素一时代谢不掉，就会进入血液循环，流向全身各个组织器官，把皮肤染黄。不过，这只是短时间的颜值问题，并不会影响健康。只要暂时不吃黄色蔬果（橘子、橙子、胡萝卜、南瓜等），过三五天就能恢复正常。

种植

一年四季，现代农业环境下的我们很容易就能买到各地盛产的各种柑橘：蜜柚、甜橙、丑柑、蜜橘……唇齿留香之后不如就地取材，试着做一些有趣的手作吧！

小盆景：柑橘森林

材料：带籽的柑橘（橙子、柚子、柠檬、橘子等水果均可），花盆或花器一件，园艺土，陶粒或鹿沼土，镊子，喷壶，保鲜膜或塑料袋

步骤：

1. 从果肉中掏出种子，放到水杯中清洗，挑出饱满的备用；
2. 在花盆或造型特别的容器中装上八成满的园艺栽培介质；
3. 将种子一粒一粒播种到花盆中，可以摆出一圈一圈的造型；
4. 在种子表面覆上陶粒或鹿沼土，然后喷水，最后覆上保鲜膜或塑料袋，把花盆搬到窗台有阳光处；
5. 一般两周左右就能看到小小的绿苗萌发，不久就会长成密密的森林状。

柑橘森林小盆景的做法

果酱：橙檬相会

我喜欢的玫瑰中有一个著名的绞纹品种，英文名叫作"Oranges 'n' lemons"，因其花瓣是橙色与柠檬色交织的外观而得名，我将其译作"橙檬相会"。而水果中的"橙檬相会"别有一番风味。橙皮中含有大量果胶和各类养分，每次吃完果肉扔掉橙皮总是觉得很可惜，不如利用起来。

步骤：

1. 橙皮洗净后，选用最外侧的橙色部分，分成两份，一份切成丝，一份擦成蓉状，备用；
2. 整颗柠檬洗净后，用擦子在表皮擦出柠檬碎；
3. 将橙皮碎、橙皮丝、柠檬碎一同倒入锅中，依口味添入适量冰糖，熬煮到黏稠即可出锅；
4. 趁热盛入果酱瓶中，冷却后盖上盖子，然后置入冰箱保存。

"橙檬相会"果酱的做法

柑橘染

如果你有很多橘子,一时吃不完,橘子肉可以做成果酱,鲜艳的橘子皮也别扔掉,它们可以用来染色。成品是淡淡的柑橘黄。

柑橘染的方法也非常简单,需要收集一批新鲜的橘子皮,当然干的也可以,不过色彩肯定是新鲜的更好。

步骤:

1. 把清洗后的橘子皮放进锅中,加入清水熬煮,很快水就会变成黄色,煮20分钟;
2. 熬煮柑橘皮的同时,将需要染的织物浸泡在60℃左右的明矾水中;
3. 等柑橘水已经很浓了,过滤掉柑橘皮(埋在花园里做堆肥很好);
4. 拧干事先泡在明矾水中的织物,投入黄色的柑橘水染剂中,煮30分钟左右关火,浸泡一晚,第二天拧干晾晒,基本上就可以啦!如果觉得黄色不够鲜亮,还可以再次投入染液中浸泡熬煮一遍。

柚子杯垫

这款杯垫可以在吃柚子的时候随手制作。柚子有那么大片的皮,如果不用上直接扔掉总觉得好可惜。把柚子皮内侧的白色部分用水果刀片掉,然后根据杯子底部的大小,剪成略大的圆形,还可以带上一点花边作为装饰,然后压在重物之下,几天后它就自然风干了,而且很平整,用来作为茶杯的杯垫，也是很有趣的。

柚子花艺

不要浪费每一颗柑橘的果实。比如这颗硕大的柚子还没等我开吃，就发现有霉烂部分，于是切掉烂的部分，剩下的就是一件很好的插花容器呢！当然，平时吃的橙子也可以是信手拈来的花器。

材料：柚子或橙子一只，各类松枝若干，花泥若干

步骤：

1. 新鲜的柚子切去靠近果蒂的一部分，约1/3为宜；
2. 选择适当的花材——尽量选用木质化枝条，这个季节松柏枝是信手拈来的素材（注意不可使用草花，因为草花遇到糖分会蔫）；
3. 调整枝叶和柚子的角度，选择瓷盘等器皿盛放即可。
4. 平时可以适当添加水分，能够维持两周左右。

生活中就是有很多这样微小的精致，它们甚至可以化腐朽为神奇。

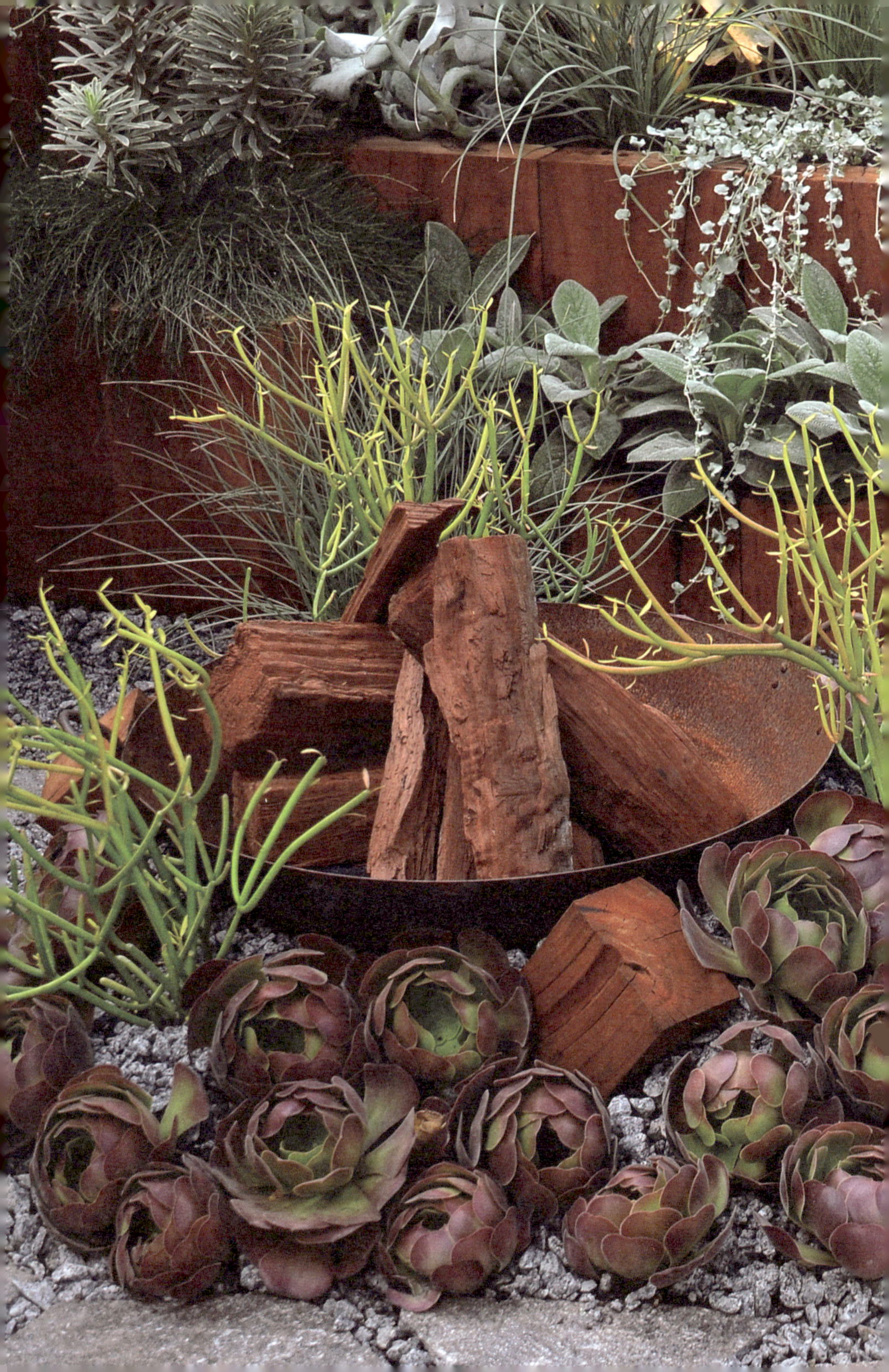

12 月

冬日多肉之乐

新雪 & 花草茶

时光的洪流裹挟着我们正式进入寒冬，花园是否与我们渐行渐远？是的，除了四季如春的南方，北方的花园里，就连常绿的松竹也是黯然的。不过，冬天来了，春天还会远吗？

这个月有大雪和冬至节气，还有重要的圣诞节和元旦新年。不知道你所在的地区下雪了吗？大雪节气交节在 12 月 7 日和 8 日。"大雪，十一月节。大者，盛也。至此而雪盛矣。"在北方这时候的花园已经没有什么可看的了，那些耐寒的乔木灌木还有宿根类，全部进入冬眠状态，停止生长，所以花园里也基本上没有什么需要做的事情，我们就转战室内的花园生活吧！

新雪

俗话说，"瑞雪兆丰年"。严冬的雪可以缓解干燥，积雪覆盖大地，不仅可以起到提升地温的作用，还可以防止春旱，有助于植物返青，大雪也能冻死泥土中的害虫。因此农民们最为期待下雪。

同样，积雪对我们的小花园也是好处多多。如果这个季节下雪了，那么赶快去户外扫雪吧！扫来的雪可以堆到自己的花园里或是路边的树下——这是天然的水分，融化后就可以滋润干旱的土地啦！当然，你还可以在花园里堆上可爱的雪人。堆雪人，不仅好玩好看，而且还有一个深层的好处：为花园储存了新雪。

洁净的雪水可以用来泡茶，《红楼梦》中就提到妙玉在栊翠庵里用雪水为宝黛二人煮茶。不过考虑到北京经常性的雾霾和空气污染，这里的雪水可不敢喝，还是留给花园吧，植物们更喜欢汲取天然的软质水。

我们的室内盆栽中，经常浇水的盆沿处会泛起白色的碱性物质，那就是都市自来水的"杰作"。据说雪水中的重水含量比普通水少四分之一，具有很强的生物活性，因此特别适合浸种发芽；而且雪水中的氮素含量比同体积的雨水还要高出四倍，有助于作物和禽畜的生长发育，所以普遍认为特别有利于农牧业生产。北魏《齐民要术》中就有雪水浸种的记载，明代李时珍的《本草纲目》中也有相关记述："腊雪密封阴处，数十年亦不坏；用水浸五谷，则耐旱不生虫。"

当然，被撒过融雪剂的路边的雪是不能用的！这一点千万要注意。

花草茶 & 花果茶

用花坛上的白雪融化后煮茶，这种雅兴我在小时候就试过。收集花坛上看起来洁白无瑕的雪融化后就会发现，其实里面有很多杂质，并没有看上去那么洁净。所以如果用雪水泡茶，一定要过滤、煮沸。虽然我不懂茶饮之道，但我知道有哪些花草可以泡茶喝，其实这也是花园生活美学的一种体现，花草和花园是可以绽放在透明的茶杯中的。

"晚来天欲雪，能饮一杯无？"在飘雪的冬至时节，捧一杯暖融融的茶饮在手，一定会心生幸福之感。

花茶的种类繁多，玫瑰、茶菊、牡丹、金银花这类是大家熟悉的花茶素材。现代的工艺花茶有了很多新颖漂亮的造型，通常都是选用可食用花卉和茶叶，经过整形、捆扎等手法制成。成品工艺花茶的结构分为茶座和内饰花两部分，冲泡时花朵渐渐舒展开来，造型各异，色彩鲜明，看起来非常优雅，喝起来的口感也带有不同的层次。

工艺花茶中用到的花朵主要是粉色的千日红、白色的茉莉花和黄色的金盏菊。在沸水的冲泡下，它们的花朵依旧可以保持完整，而且色彩不变，所以工艺花茶中最常使用它们。工艺花茶应该是我们中国人的发明，西方人则更多饮用花果茶。

欧洲人（尤其是德国人）喜欢喝花果茶，这类茶由水果搭配花卉和茶叶精制而成。其中果料一般以蔷薇果、橙皮、蓝莓、柠檬片、蜜桃粒、苹果干、杏干颗粒等为主要元素；叶片通常有迷迭香、百里香、薄荷等各类香草；花朵则有蓝色的矢车菊、红色的玫瑰花瓣、白色的洋甘菊、黄色的金盏花、粉色的木槿花、红色的锦葵花等。

其中，蓝色的矢车菊是很特别的，中国较少使用这种蓝色的花朵，但它不仅是花果茶中常见配料，也会和伯爵红茶一起搭配。我比较喜欢喝的一款红茶叫"俄罗斯伯爵茶"，就是添加了蓝色的矢车菊花瓣。另一种"伯爵夫人茶"也是混合了蓝色矢车菊,还有加入玫瑰花瓣的伯爵茶,花瓣的添加不仅点缀了茶叶的色彩,也提升了茶汤的浪漫气质。在奥地利阿尔卑斯山地区,人们喝咖啡和红茶,但由于当地出产很多高山的香草类植物,所以大家也很爱喝这类健康的香草茶。

冬至之后很快就迎来了平安夜、圣诞节,这在西方是一年一度最重要的节日,而我们也迎来了自己的元旦新年。用花园的元素来装点冬天的家,也是一件乐事。

圣诞之花：冬青和一品红

对于许多人而言，冬青是很熟悉的名字。但是你真的认识冬青吗？冬青科是个大家族，包括了400多种原生于温带的物种，它们的高度从2米到25米都有，有些是乔木，有些是灌木。

在中文中，冬青这个名字用得有点混乱，就连我这个资深的园艺爱好者都分不清楚。小区楼下的绿篱是卫矛，我曾把它误认为冬青。不过，圣诞花环中常用的枸骨（holly）倒的确是一种冬青。在英文中，holly可是大名鼎鼎的，除了是圣诞的标配植物，因为有了"圣"（Holy）的意义，有好听的女性名字就叫Holly，可以翻译成"郝莉"。还有更著名的Hollywood（好莱坞），那里曾经是栽种过一批冬青树的农场。冬青是女主人特意从苏格兰运来的，遗憾的是，南加州极热的气候不适合它们，这批植物并没有在那里存活很久。

在整个欧洲，冬青被认为可以驱赶邪恶，这一信念一直流传到现代。确实，西方人最熟悉冬青的日子是冬至和圣诞的节日。它们的叶子和浆果自古以来就被用于季节性装饰。古罗马人用冬青做成花环来致敬农业之神，因为农神节的盛宴就在冬至举办。在凯尔特人的故事中，冬青王打败了橡树王，因为冬青王统治死亡和冬天，而橡树王统治生命和夏天。

其实这二者之间并没有竞争，因为它们的巅峰时刻出现在不同的季节。

冬青的叶片坚挺有光泽，鲜红色浆果簇附枝上特别好看，因此有些冬青树品种也被称为圣诞树。各种冬青的叶子不同、形状不同（叶片小而不带刺或叶片大而带棘刺），根据各自习性和高度的不同可以适用于不同花园。这也促使园艺学家培育出很多广受欢迎的栽培品种。有一些冬青属植物的嫩叶可以作为代茶饮料，部分冬青属植物木材坚硬细致，适合作为细木工和室内家具用材。别看它们花朵不起眼，但花多而密，是很好的蜜源植物呢！

冬青的种植

冬青属植物通常（但不总是）雌雄异株。雄株上的花粉对雌株结果很重要。一棵雄株可以服务于好几株雌株（每十棵雌株可搭配一棵雄株），即使是同时开花的不同物种也是如此。早春时节，就能看到蜜蜂等昆虫来帮助冬青的花朵授粉。别看冬青的花朵小小的、微不足道的样子，可是授粉后结出的浆果往往非常鲜艳。果实通常为红色，如北美落叶冬青和日本常绿的长柄冬青。日本冬青大多结黑色浆果，中国冬青"多尔"和"金丝雀"分别结黄色和白色浆果。虽然冬青的浆果并没有毒，但会引起人类的胃部不适，不过很多鸟儿喜欢冬青果实，尤其是那些迁徙较晚的鸟类。它们的灌木状枝丛也为野生动物提供了掩护和遮蔽。

冬青喜欢阳光充足的地方，也可以部分耐阴，它们喜欢腐殖质丰富的微酸性土壤，需要排水良好，但基本上它们并不挑剔。种植的时候要给它

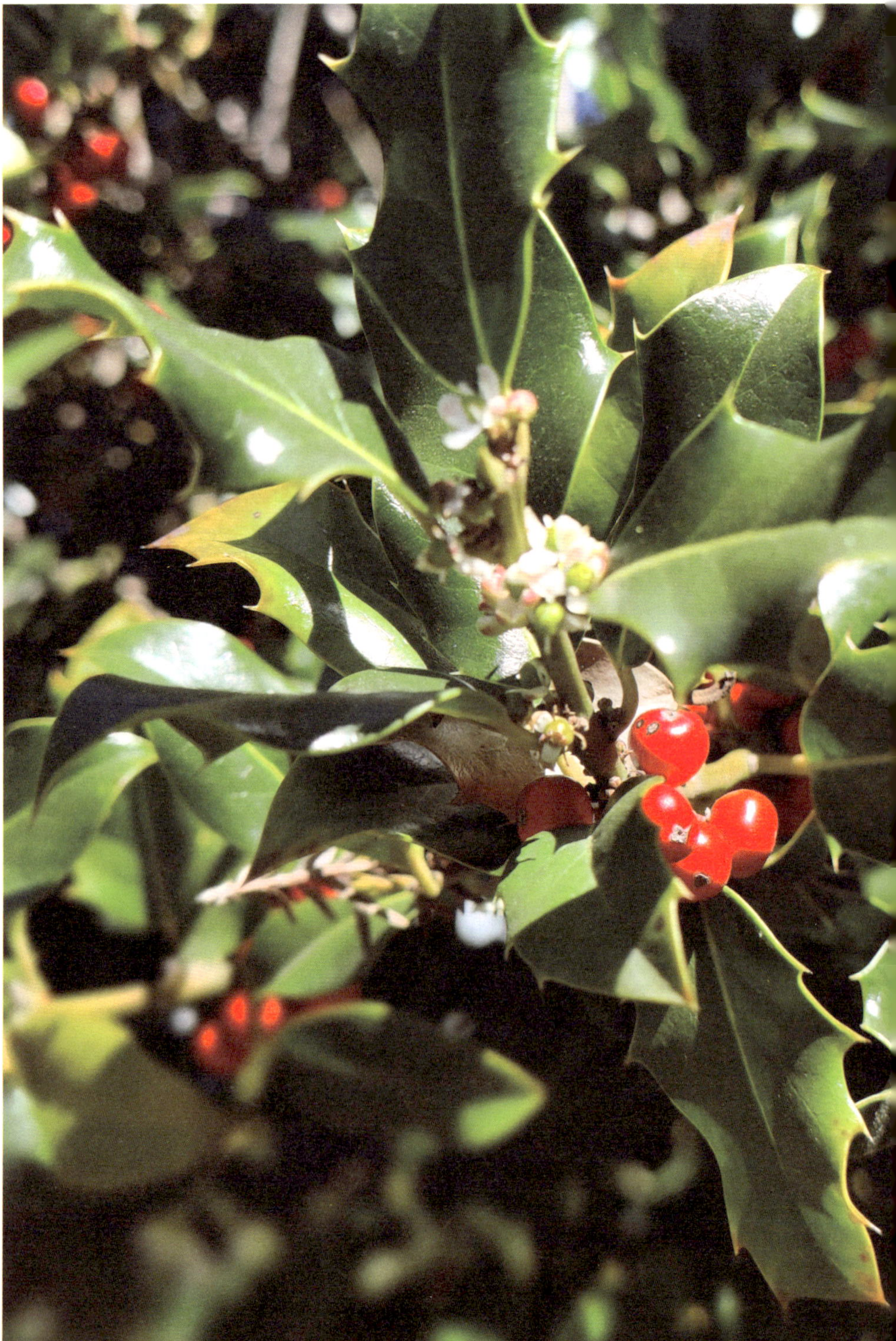

们预留出足够的空间，除非是作为密植的绿篱。最好在早春时节种植，在种植后的头一年务必要保证良好的灌溉。刚刚种下的冬青，尤其是孤植时，要用桩子辅助它固定根系。它耐强剪，所以可以将它修剪成任何你希望的形状，这不会影响它的健康生长。幼株可能会受到蚜虫的攻击。

如果你有足够的空间，花园里是很适合种些冬青的，但要避免距离房屋太近。小花园中适合种植灌木型的冬青作为基础，大花园则适合大树型的冬青品种。大多数小叶品种反倒是常绿的。中国和日本的栽培品种尤其适合作为绿篱和基础种植。细高型的"天空铅笔"可以种在花园的角落里，好像一个绿色的感叹号！

圣诞之红

圣诞红也叫一品红，是圣诞节不可缺少的"花朵"。其实那红色的并非花朵，而是从叶片异化而来的苞片，真正的花朵是非常不起眼的。

人们喜欢用圣诞红来布置家居，或者放在门外迎接圣诞和新年。其实，用圣诞红的鲜切花枝通过摆设和布置也可以达到好的效果。这种美丽的大戟科植物并不昂贵，所以在节日里直接剪几枝来插花，不仅可以展示它们的美丽，还可以营造出一些相当应景的装置艺术！

购买技巧：价格并不决定植株品质

无论是高端花艺店还是普通杂货店的圣诞红，其实都是一样的。不管是从哪儿买，都要注意选择看起来很健康的植株，没有蔫头耷脑的样子，也没有枯萎的状态。植株叶片从上而下都应该是绿色的，这是植株健康的证明。另外，如果低端叶片缺失，说明植物状态欠佳。选择健康的植株之后，你就可以持续从上面剪下很多花枝作为插花素材。

此外还可以从花朵来判断。圣诞红真正的花朵很小，就在彩色苞片的正中央基部。花朵尖端是绿色的，如果是红色的则意味着植株不是那么新鲜。避免选那些已经有花粉的，因为那表示花朵已经发育成熟，不会持续开太久啦。

圣诞红已经有超过100个品种，拥有一系列色彩，从红色到鲑鱼色，还有杏色、奶油色、黄色、白色等。还有很多大理石条纹般的复色品种，每年花市中都会有新品种推出。

圣诞红是很敏感的，照顾它需要注意冷热有度。它们不喜欢太热，比如靠近火炉附近，也不喜欢太冷，比如靠近窗户风口。

传统假日布置花艺

可以用复古的手法来配置圣诞红花枝，即选取深红色的圣诞红，辅以常青的绿枝，这种红配绿的传统展示在节日中会很有气氛。找一只大小合适的容器，在容器的顶部贴上横向的胶带（各种胶带都可以），形成网格，然后将枝条的茎干插入，这样会让花枝看起来很伸展。同时胶带也能够被花枝遮住，而不会影响美观。如果直接使用花泥的话，茎干是很容易折断的。

新年主题手作

这个月意味着年终,是迎来新一年的月份,人们也会相互赠送新年的礼物。新年卡片在我国似乎已经不再流行,取而代之的是各类电子卡片和微信的问候;不过在欧美,人们似乎还保留着这项赠送卡片的传统,在文具店、书店包括超市都能看到各色漂亮的卡片。这里想和大家分享如何用花朵来装饰一张卡片。

盛放的樱草卡片

我们先介绍樱草吧。可能你对这个名字不是那么熟悉,其实它还有一个更通俗的名字叫作报春花,这个季节去花市说不定可以看到它,因为它是特别常见的年宵花。

报春花属植物分布广泛、种类繁多、栽培历史悠久,已成为中国早春的重要盆栽植物,报春花为多年生草本植物,但人们常把它们作二年生栽培。常见的报春花有四季报春、藏报春、欧洲报春及多花报春。四季报春和多花报春常常以盆栽的形式出现在年宵花的序列中,它的自然花期是1月到5月。到了真正的春天,花园里会绽放出更漂亮的西洋樱草，我国西南山野还有一种灯盏报春（也叫灯台报春），花葶很高，非常优雅，更适合花园，欧洲特别喜欢这种报春，已经培育出很多园艺版本。

报春花属的多数种类花冠鲜艳美丽，可栽培供观赏。产于温暖地区的种类适合温室栽培，高山种类则为布置岩石园的理想材料。一百多年来，西方国家的植物猎人们曾多次来到中国四川、云南、西藏等地搜集报春花种苗。在欧美庭园栽培的报春花种类中，许多皆引种自中国。中国栽培较普遍的有报春花、四季报春和藏报春这三种。

无论是哪个品种的报春，它们的共同点都是：叶片全部从基部生长出来，呈莲座状；花葶从叶丛中抽出，花朵是伞形花序，花冠呈漏斗形或高脚杯状，看起来像一枝微缩版绣球。

伞形花序是花序分类中非常经典的一种：每朵花有近于等长的花柄，从一个花序梗顶部伸出多个花梗近等长的花，整个花序形状如伞，因此得名。根据这个特点，我们来制作伞形花序的新年卡片吧！

这种立体花朵卡片的难点并不在于折叠本身，而是最后的粘贴环节：七份小花如何能粘成一个一打开就能绽放的花球，才是关键。

举一反三，能够得到更多灵感。你不仅可以设计粉色的报春花，也可以制作蓝色的勿忘我，它也是伞形花序，还有绣球花。总之纸艺的原理是一样的，但花瓣的形状和色彩可以千变万化呢！

1. 准备正方形的纸 (7.5cm)

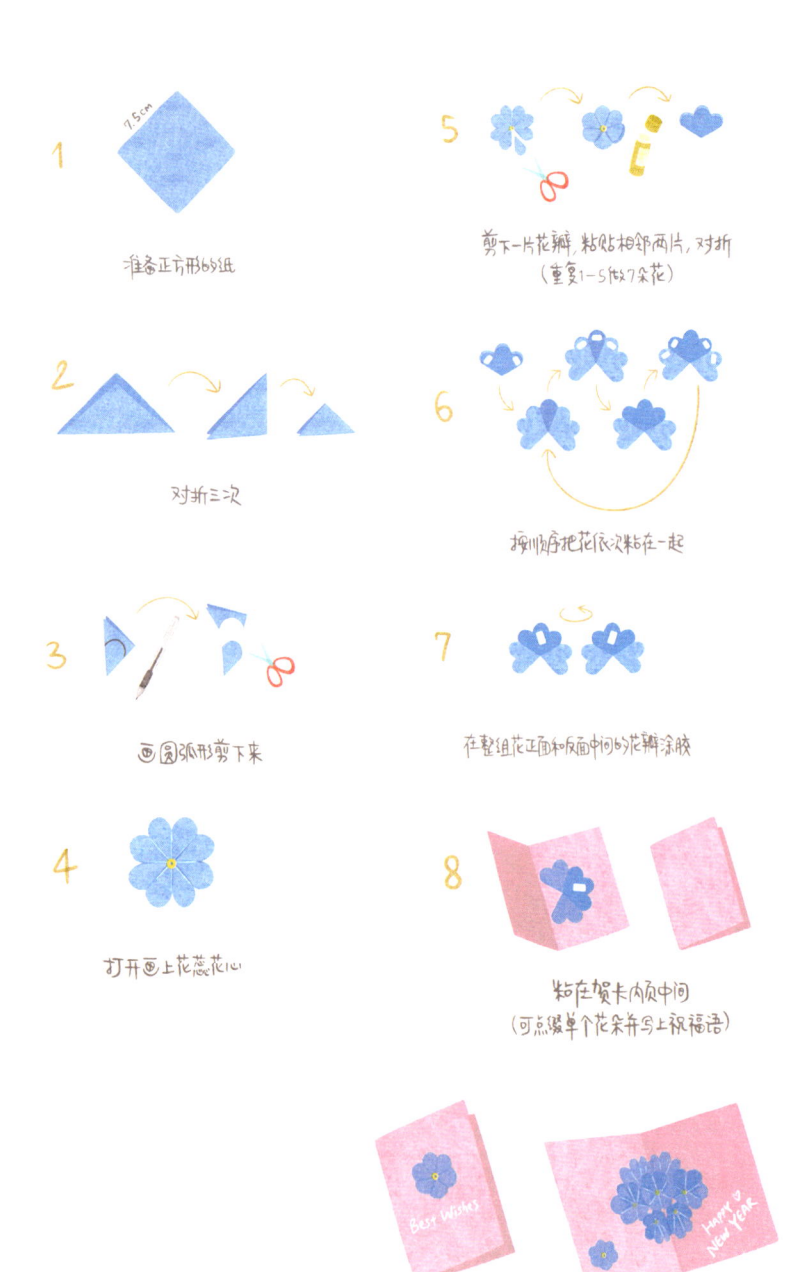

2. 对折三次

3. 画圆弧形剪下来

4. 打开画上花蕊花心

5. 剪下一片花瓣，粘贴相邻两片，对折
（重复1-5做7朵花）

6. 按顺序把花依次粘在一起

7. 在整组花正面和反面中间的花瓣涂胶

8. 粘在贺卡内页中间
（可点缀单个花朵并写上祝福语）

❀ 立体花朵卡片的做法

圣诞尤加利花环

接下来介绍花环的制作。实际上花环的内容足足可以讲一整节。今天我们只重点讲一种。

选择花环材料的原则是：花果或枝叶厚实，不易萎缩，最好能色彩持久。松枝和松果做成的圣诞花环只是花环中最常见的一种。作为一名花草爱好者，身边的素材都可以不拘一格为花环所用。我的花友紫嫣是一位花环高手，她在花园里种满了各种花花草草，于是，一年四季她都能随手采撷当中的素材做成花环，从普通的茅草到蔬菜花园中的红色辣椒、迷迭香、尤加利，还有各类松柏枝条，她都能信手拈来。

尤加利其实是桃金娘科桉属植物英文名"eucalyptus"的音译。我想用它来制作花环好久了，因为它的叶片相当厚实，是非常漂亮的银白色，可以说是天然的干花，即使干燥后也不会萎缩起皱，而能保持原状，表面还有一层淡淡的白粉，让灰蓝色革质叶片看起来更有质感。它的叶子根据品种不同有圆叶、细叶和小碎叶等，而且最关键的是，尤加利枝条本身修长柔软，做出来的花环可以很飘逸也可以很紧密，即使不增加其他装饰物也非常出彩，能够单独成为花环的主体。它作为鲜切花的时候不容易枯萎凋零，状态可以保持很久。

除了特别的色彩，尤加利还有好闻的味道。尤加利是桉属植物的统称，为常绿高大乔木，全球约有七百种，澳大利亚尤其多。如果去澳大利亚旅行的话，能看到很多种桉树。还有特别治愈的尤加利精油，它对消炎、鼻炎、发烧这类症状有很好的疗效。用一束尤加利制成花环挂在室内，便可享受它持续散发的澄清冷静的香气。

尤加利的兴起要归功于花艺行业，它是设计中常见的叶材。前几年尤加利在鲜切花市场主要靠进口，主要生产国是意大利和法国等国家，价格和形象都显得高冷，这几年国内已经生产跟上了，而且供应充沛，所以价格也趋于平民化，高冷的它在中国已经成为网红植物。尤加利是既可以配花朵作为辅材，也可以成为主角的一种叶子：作为主花衬托之时，它低调不张扬；成为主角的时候又备显奢华！

制作尤加利花环的方法和其他花环是一样的，用柳条编成圆框后，将尤加利枝条一枝接着一枝绑扎上去就可以。注意后面一枝的叶子要能遮蔽前面一枝的基部，以不露出柳条框架为宜。粗细合适的园艺扎线不会伤手，网上就能买到。切记不要蹭掉尤加利叶片上的白粉，这是尤加利树叶的标记之一，也是保持完好品相的要点。

用天然材质制作而成的花环会展现出特别的生机能量。虽然无法像仿真花环那样色彩保持得很久，但天然花环即使褪色后也能呈现出另一番自然之美。

其中基础的藤环可以选择那些修长柔软的枝条来制作，比如柳条、常春藤、地锦、风车茉莉、葡萄藤、尤加利枝条等。将它们绕出圆形后，枝

条反复缠绕、彼此交织后就能形成花环的雏形。如果觉得枝条过于柔软，可以多缠绕几圈。或者更为简单的是用金属作为主架构，外面包裹缠绕上天然藤条，这样的好处是不会变形，坚固耐用（如果枝条本身硬度足够，那么不用金属铁丝类也可以）。

至于花环上的点缀则更加丰富多彩，还可以出其不意。不妨根据不同季节选择不同的植物素材，体现不同的主题。比如复活节点缀上彩色的鸡蛋壳，万圣节镶嵌小型的玩具南瓜，圣诞节则是松果和冬青果，它们都是季节的风物，也是节日的代表性元素。此外亦可充分发挥你的想象力：鲜红的辣椒、金黄色的小玉米、洁白的棉铃、路边灌木的可爱种荚……厨房里的香料、零食中的坚果、剪成心形的柑橘皮等，都能插入藤环的缝隙中活色生香。有些可以用园艺扎线捆绑，有些需要用热熔胶固定在藤环表面。

枝叶柔弱、含水量较高的花草不适合点缀花环，它们很快就会因为缺水而耷拉下来，选择那种叶子坚挺或有革质光泽的素材会让花环更为持久，各类松树、杉树、柏树就是很好的选择。形状特别、色彩鲜艳的果实是常见的素材，如红色的蔷薇果、棕色的松果、戴着帽子的橡果等壳斗科果实，这些都可以在公园里或郊外山野捡到，在电商网站也能买到。身边信手拈来的素材就好，寻常的枝叶花果也能组合出令人耳目一新的花环。

多肉之乐

园艺爱好者基本可以分成两类：一类是喜欢花园本身，重视造园的设计、强调造景本身，植物是为设计服务；另一类是喜欢种植，他们可能更关注植物本身的姿态，不那么介意整体的效果。而后者又可以大致分成两种：一种是比较博爱，好看的植物都喜欢，什么都喜欢，什么都种；另一种则是品种控，专注于某一科属的植物，比如喜欢收集各种铁线莲、各类兰花，或者各式多肉。

多肉植物确实是一类肉嘟嘟、外形可爱的植物。它们姿态万千又不娇生惯养，受到人们欢迎已经很多年了，甚至现在看来风头已经过了，不过无论它是否当红，都值得推荐给大家。但这一节我并不是要给大家介绍具体的品种，因为在我看来，品种（尤其那些所谓的珍稀品种）对于普通的爱好者来说其实并不重要，重要的是它们本身很别致，以及我们在种植运用它们的时候如何提升这种别致感。

不苛求生长条件，只需充足的阳光就能生长，是多肉植物最主要的特质。而且它们通常个头娇小，很适合做组合盆栽，搭配花器成为漂亮的造型。每当工作疲累，静静凝视它们的时候，看到这一盆盆敦实而充满能量的小生命，心情一下子就会变安静。

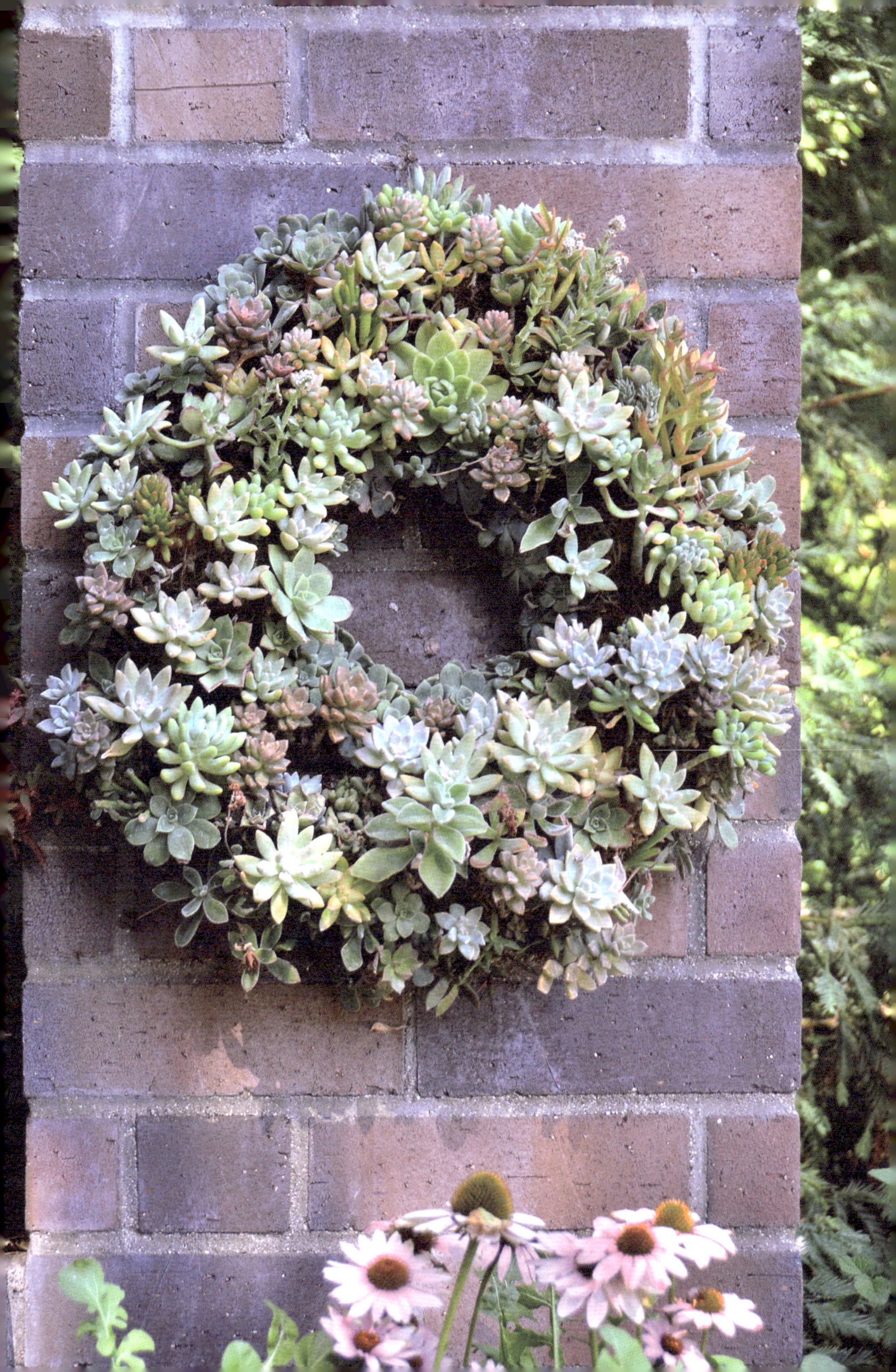

多肉植物就像一朵朵永不言谢的"花"。特别是其中的石莲花属、莲花掌属、十二卷属色彩缤纷，形态本身就像是盛开的花。如果已经厌倦了一盆一棵的多肉种植方法，不妨尝试做一个多肉组合吧。颜色各异、形态各异的多肉植物聚合种植在一起，也有着惊艳的效果呢！而且这一盆五彩缤纷的"花"持续的时间很久，似乎永远都不会凋零。

组合素材的习性选择和色彩原则

在多肉组合的植材选择上，应尽量选择生长习性相同的多肉品种，以保证生长势态相似，随着养护时间的增加，盆栽组合呈现整体效果，株型统一。

颜色上，则应选择3～4种色彩。常见多肉植物有绿色、棕色、红色、紫色、蓝色及黄色，色彩越是丰富，组合的视觉效果就越强烈。种植的时候，可以将不同颜色间隔开种植，营造出五彩斑斓的调色板效果，也可以用近似色原则。有时候为了视觉效果的美观，人们喜欢把花盆种得满满的，但其实以种完不露种植介质为最佳效果。如果不是为了立刻展现效果，那么可以给它们留出一定空间，它们很快就会滋生出很多新芽。

种植多肉的介质

很多多肉植物原本就生长在荒漠地区,那里土壤贫瘠,大多是砾石和粗砂,只有少量土壤和有机质而已,所以人工种多肉本身没有什么难度,只需要阳光和一定的水分。至于种在土壤里还是岩石缝隙中,根据周边的环境来选择即可。假如是花园,只要是疏松透气、不会被水淹的地方都适合;如果是盆栽,普通的园土,或者用泥炭土搭配蛭石、珍珠岩、河沙这类都可以,配比这些介质并没有一个特定的组合比例,原则就是能达到疏松透气、排水良好的效果,通常有机介质的比例占30%就足够了。

园土、腐殖土和泥炭这类带有肥力的介质就是有机介质。

在室内种植多肉植物时，如果花盆里用普通的园土掺上河沙这类，表面可以用更为洁净的栽培介质来铺上，这不仅可以遮盖裸露的土壤，而且也帮助吸水、保水和排水。那些价格略贵的火山石比如鹿沼土、植金石、赤玉土都是很好的铺面材料。

涉及多肉植物和别致花器的组合时，水苔会是不错的选择，尤其适合那些铁艺类的花器，比如鸟笼、画框等。它们可以帮助固定多肉植物的根系，同时也能提供水分和养分。

水苔的选择和种植

水苔是一种生长在高海拔地区的苔藓，这种材质十分柔软，吸水力极强，具有保水时间较长而又透气的特点，常用于兰花的保水和水培植物的种植。近年来，由于多肉植物的风靡，水苔也可代替常规的土壤，成为另一种生长介质。一般在兰花店或网络上均可买到，价格也非常便宜。水苔种植的多肉植物日常养护和用土壤种植的差不多，需要浇水的时候将铁艺花器浸泡在水中即可。但是切记不要完全没过水苔和植物，同时浸泡时间也不宜过长，待水苔吸饱水便可取出。

多肉花器选择

不夸张地说，几乎所有的容器都可以成为多肉植物的居所！如果是初次制作可考虑外观大方、颜色清爽的盆器，可以是白瓷盆、红陶盆、铁皮

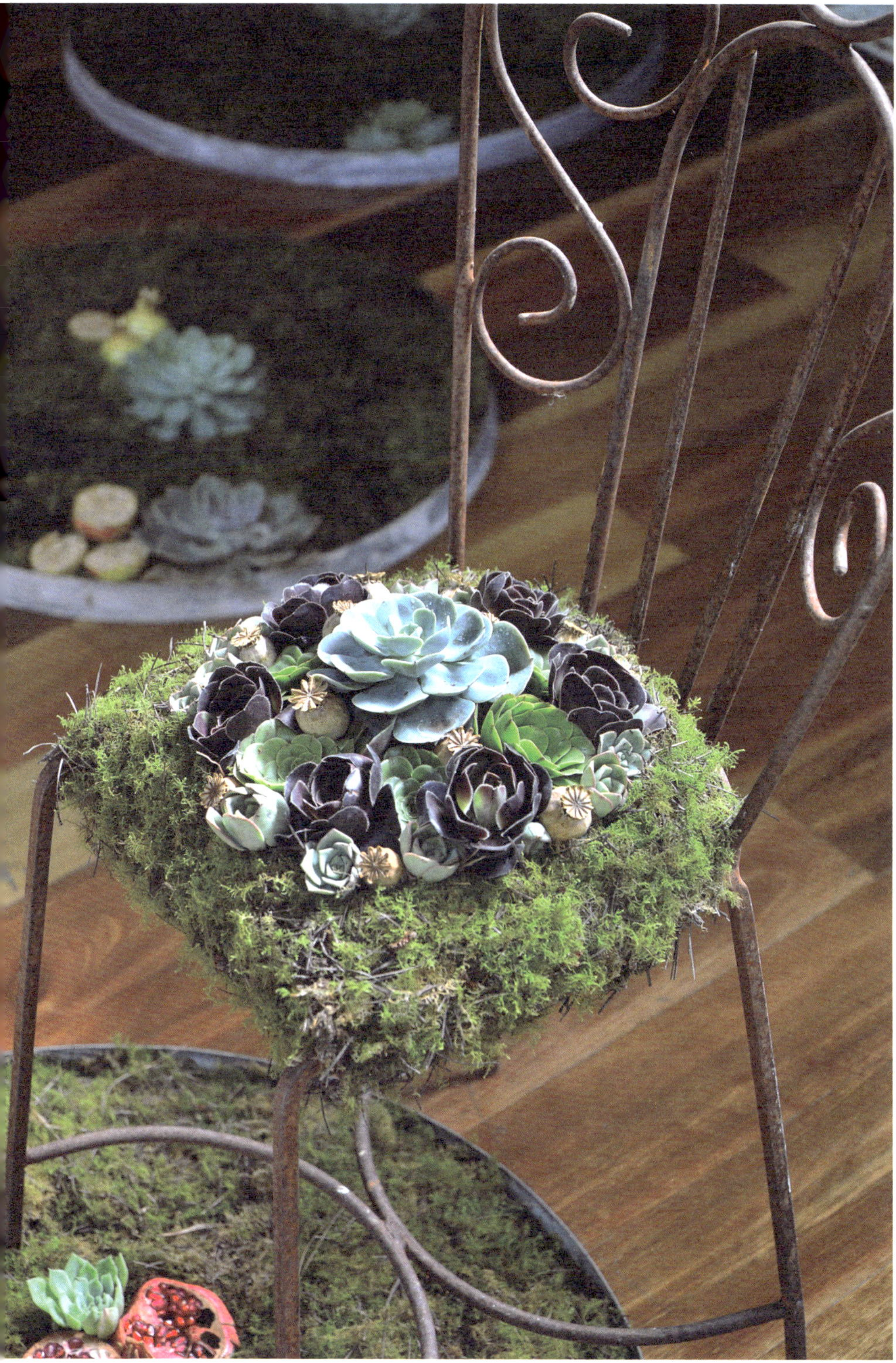

盆或者木质盆。

我自己种植多肉更喜欢那些特别的、让人意想不到的容器，比如铁艺的烛台、鸟笼、贝壳等，以此来充分发挥多肉植物本身的株型和叶态的质感，模拟出另一种场景。创意和趣味性，是花园生活中一个很重要的点。

比如莲花座类的多肉本身就像花朵，那么就干脆把它们设计成花的模样吧，在花盆中模拟花瓶插花就不错。

有一种泪滴状的多肉植物叫佛珠（也叫珍珠吊兰），假如把它们垂在喷壶的开口处，会不会看起来像流水的形态呢？

玉缀看起来好像松鼠的尾巴，也像粗粗的辫子，它们长到一定程度就很丰厚，这时候作为红陶雕塑花器的头发不错！

我曾把观音莲种在铁艺母鸡翅膀的位置。观音莲是最普通的多肉植物，到处都能买到，做成母鸡翅膀也很好看。总之结合植物本身的形态，再搭配相应的花器，会起到事半功倍的效果。

承担种植载体的铁艺，在形态的选择上需要有明确的主题，同时又需要有作为盆器的容量。立体造型的铁艺编织洞隙太大或者太小都不好，以2～3厘米洞隙为宜，方便填充水苔和插入植物根系。填入水苔的时候尽量保证较整块地填入，同时也需边压实边填充，达到即使晃动铁艺，也不会有大量水苔掉出的紧实度。铁艺并不是所有区域都必须填满，只需填满需要种植的部位即可。

心花怒放的铁艺鸭子

1. 将商品水苔撕成小块,以方便填充;

2. 往盛有水苔的碗里注入三分之二的水,用手按压水苔,使其充分吸收水分;

3. 将吸饱水分的水苔拧干,用镊子将水苔一块一块填入铁艺中,填充至七八成满即可停止,准备种植多肉植物;

4. 将多肉植物脱盆脱土,洗净,将分散较开的多余须根修剪干净,保留1~2条主要根系即可。

5. 把多肉植物嵌入水苔,就完成这只铁艺鸭子的制作啦!

花园生活美学

468

种植和养护

种植多肉的水苔内不需要额外添加土壤或是肥料，日后的施肥可采用液体肥稀释浸泡的方法。另外，用于立体水苔种植的多肉植物，需要有较长较强健的根系，以便附着在铁艺上。立体种植时，应事先考虑好1~2种作为主体的多肉品种，建议选择形态饱满或颜色特别艳丽的品种。相对土壤组合种植来说，水苔种植的过程更加繁复。插入植物的时候需小心，不要碰伤已经种入植物的根部，同时避免种植得过密。通常每隔一周左右用喷壶喷水就可以满足生长的水分所需。

多肉的花艺也非常简单，很适合做成新年花束和圣诞花环。除了多肉素材本身，用到的最重要的材料是园艺扎线和园艺铁丝。剪下一些漂亮的多肉，注意要保留一定长度的叶柄，如果叶柄不够长，那么需要将硬度合适的铁丝插进叶柄用于延长，将它们捆在一起就自然形成了多肉的花束；若是觉得铁丝和扎线捆扎的地方不好看，可以用丝带再缠绕一圈。此后它们不需要任何打理，能够维持好几周。过后，也可以拆下来继续种回土里，它们还会继续生长。

烛光中的绽放

压花

压花艺术据说起源于 19 世纪的西欧,它取材自天然花卉,将植物和美学融合在一起,定格了自然界中美丽的花花草草,并升华了艺术价值和欣赏价值。20 世纪 70 年代压花流传到亚洲,在日本发展最为迅速,所以在日本可以买到很多种压花工具。压花界比较著名的比赛有每年 3 月底举办的美国费城压花大赛,此外韩国、日本和俄罗斯也有相应的压花比赛和展览。

对于普通人来说,压花的难度在哪里呢?成都的压花老师吴让曾经获得过美国费城国际压花大赛的奖项,她告诉我,对于一个没有接触过压花的普通人来说,花时间去收集一年四季中的素材是最大的挑战。每个季节有不同的花草,各类花材有不同的压制方法。花材压得好,后期才能做出很好的作品。如果做大型复杂的压花作品,那么需要一定的美术功底,但如果是一些小巧的压花用品,只要具备简单的审美就可以了。

压花其实非常容易上手。只要有一套压花板,就可以在生活中寻找各类材料作为压花的素材,包括日常吃的瓜果蔬菜、路边的野草野花。压花是一种很好的与自然结合的生活方式。

在压制花朵的过程中，一般来说是先收集素材，有了想法后再构图，再对素材进行查缺补漏。

压花设计和其他设计是相通的，同样需要色彩、造型、画面的构图等。花卉本身就有自己的姿态，从植物身上可以学习到很多。吴让老师说要学会观察植物从新鲜到干燥的状态，然后再慢慢学会表达、运用。她的理念是按照植物本身的形状来做设计，灵感主要来自平时的积累。摄影的构图也可以用在压花制作上。比如她曾用洋葱内侧很薄的一层膜来制作一幅静物画里的高脚玻璃杯，这种透明的质感竟然用不起眼的洋葱皮表达出来了，真是很神奇。

香氛蜡烛

"蜡"具有相当宽泛的定义：它是一种易燃的含碳固体，加热到室温以上时会变成液体。因此，蜡和油之间的区别在于蜡在室温下保持固态，而油则会液化。

蜡烛最早用来照明，现在我们则用它来渲染空间氛围。香氛蜡烛不仅可以带来摇曳烛光，还有洁净空气、吐露芳香的作用。

照明用的蜡烛最早来源于动物的油脂，19世纪法国化学家从石油中提炼出石蜡，此后蜡烛一般都来自石蜡。现在市面上卖的香薰蜡烛原料则有三种：椰子蜡、大豆蜡和蜂蜡。

与石蜡不同，椰子蜡是纯天然的。一般的椰子油具有在室温下易于融化的特点，因此它不是蜡。椰子蜡是高熔点椰子油和其他天然蜡的混合物，在室温下为固体。

大豆蜡是以大豆为原料生产的植物蜡，熔点为45～52℃，燃烧时无烟无味。大豆蜡能很好地与精油融合，是目前制作香薰蜡烛的推荐材质。

蜂蜡是工蜂分泌的蜡。蜜蜂用蜂蜡在蜂巢里建造分隔的房间，用来育幼或储存花粉。蜂巢中的蜡接近于白色，但在花粉的油及蜂胶的作用下逐渐变成黄色或棕色。养蜂人在从蜂巢中采集蜂蜜的同时，也会将蜂蜡刮下作其他用途。蜂蜡的熔点是62℃。它的韧性强，硬度大，凝固速度快，燃烧时无烟无味。在制作蜡烛、蜡片时添加蜂蜡，可以提高熔点、增加硬度，使成品结实漂亮。

香薰蜡烛的制作其实很简单：

将大豆蜡（或椰子蜡、蜂蜡）隔水融化，灌装到合适的容器中。在融化的蜡液中加入精油，5%左右是合适的比例。最后插入蜡烛芯，凝固后就成为一枝香薰蜡烛。

但我还要教大家如何在蜡烛外粘上压花作品。这些漂亮的花朵是如何贴上去的呢？

有两种方法，一种是用烧热的金属勺将干花熨烫上去，一种是用毛笔蘸取融化的蜡液，把花朵粘上去。前者的效果会更服帖，后者处理不好会显得坑坑洼洼，影响视觉效果。

所以你首先需要有很好看的干花素材，再有一枝靠谱的香氛蜡烛，二者紧密结合，就会呈现出更美好的效果。而且这是送给好朋友最有诚意的节日手作了！

现在，我们不再因为照明而点蜡烛，但我希望这本书能成为一盏花园的烛光，照亮你的花园之路。

Ro

Carolina

ar Farms
1913

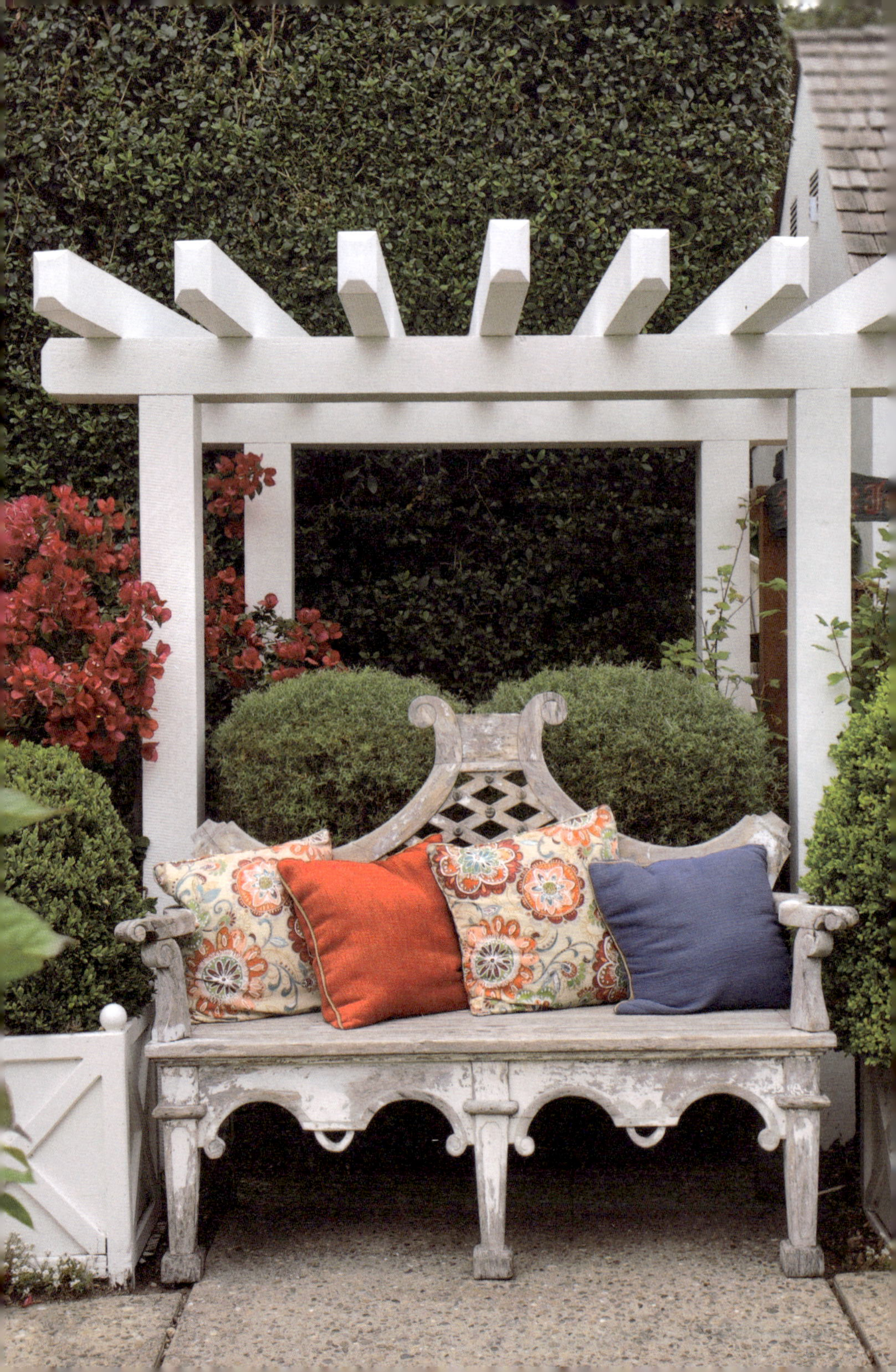

一年四季的 ○ 花样手作创意

中读音频课《蔡丸子·花园生活美学指南》出品信息
出 品 人：李鸿谷
总 编 辑：贾冬婷
制 作 人：俞力莎
策划&编辑：汤 伟

扫码试听中读音频课

365 天 的

花草伴随

计　划

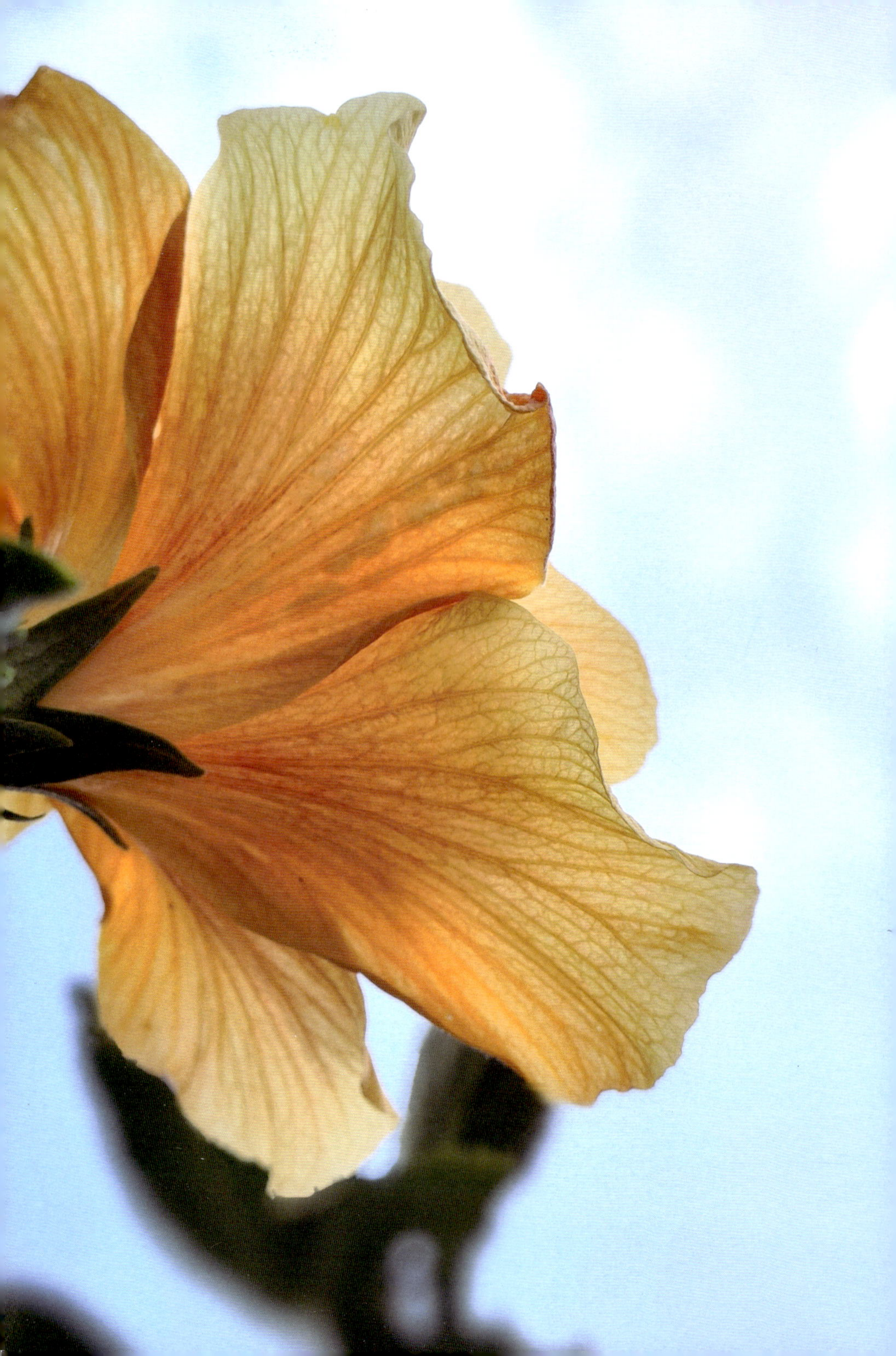